通用航空安全管理理论与方法

陈农田　宁威峰　马　婷　满永政　周长春　编著

北京航空航天大学出版社

内 容 简 介

通用航空作为民用航空重要组成部分，在应急救援、民生保障及国民经济发展促进方面起着重要作用。通用航空运行呈现出机型多、环境复杂等安全突出问题。本书旨在关注通用航空安全运行，聚焦通用航空安全管理理论与方法，重点介绍通用航空基本概念和安全管理基础理论，内容主要有通用航空安全管理基本理论、通用航空安全政策与目标、通用航空安全风险管理、通用航空安全信息管理、通用航空安全绩效管理、通用航空器事件技术调查、通用航空安全应急管理、通用航空等效安全审核与监察、通用航空企业诚信经营评价、通用航空安全管理实践与应用等内容。

本书适用于通用航空相关专业院校学生以及从事通用航空相关工作或研究的人员。

图书在版编目(CIP)数据

通用航空安全管理理论与方法 / 陈农田等编著. --北京 ：北京航空航天大学出版社，2024.3

ISBN 978-7-5124-4366-2

Ⅰ.①通… Ⅱ.①陈… Ⅲ.①民用航空—航空安全—安全管理 Ⅳ.①F560.69

中国国家版本馆 CIP 数据核字(2024)第 050429 号

通用航空安全管理理论与方法

陈农田　宁威峰　马　婷　满永政　周长春　编著

策划编辑　陈守平　　责任编辑　龚　雪

北京航空航天大学出版社出版发行

北京市海淀区学院路 37 号(邮编 100191)　http://www.buaapress.com.cn

发行部电话：(010)82317024　传真：(010)82328026

读者信箱：goodtextbook@126.com　邮购电话：(010)82316936

北京建宏印刷有限公司印装　各地书店经销

开本：710×1 000　1/16　印张：16.25　字数：319 千字

2024 年 4 月第 1 版　2024 年 4 月第 1 次印刷

ISBN 978-7-5124-4366-2　定价：55.00 元

若本书有倒页、脱页、缺页等印装质量问题，请与本社发行部联系调换。

联系电话：(010)82317024

前言

通用航空作为航空运输领域的一个重要组成部分，具有方便、快捷的特点，但也面临着安全管理等方面的挑战。随着低空经济的发展，通用航空的重要性愈发凸显，如何加强和规范其安全管理已成为值得关注的问题。

本书的内容由浅入深、循序渐进，从基础理论到具体实践，逐步引领读者了解通用航空安全管理基本理论与方法。本书共11章。第1章为通用航空的概述，介绍通用航空的定义、分类和特点，以及通用航空的安全管理概念和历史演变；第2～10章详细介绍通用航空安全管理的内容，包括通用航空安全管理基本理论、通用航空安全政策与目标、通用航空安全风险管理、通用航空安全信息管理、通用航空安全绩效管理、通用航空器事件技术调查、通用航空安全应急管理、通用航空等效安全审核与监察、通用航空企业诚信经营评价等基础理论方法；第11章为通用航空安全管理实践与应用。

焚膏油以继晷，恒兀兀以穷年。非常幸运和感谢得到四川省重点科技项目(2022YFG0213)和中国民用航空局安全能力基金项目(ASSA2022/17)的支持，本书是笔者所在的教学科研团队在通用航空领域多年教学与科研工作的总结提炼。在本书的编写过程中，我们也得到了行业专家学者的支持和帮助，他们对我们的工作提供了很多宝贵的意见和建议。感谢李俊辉、陈凯、韩亦杨、张玉城、苏清宇等积极参与。另外，对本书提供了重要参考价值的所有文献的作者，我们在此也表示深深的感谢！

随着新技术、新理念、新方法、新手段和新设备的发展和演变，通用航空安全管理需要持续创新探索。本书可供通用航空从业人员学习参考。

纸上得来终觉浅，绝知此事要躬行。实践是理论的基础，理论是实践的指南。本书难免有不妥之处，以抛砖引玉，恳请读者批评指正，共同促进低空经济通用航空高质量发展。

联系邮箱：289277263@qq.com。

编　者

2024年1月

目录

第1章 绪论

1.1 通用航空基本理论

1.1.1 通用航空的定义与分类

1. 通用航空的定义

民用航空是一种快捷的交通运输方式，具有重要的基础性作用，包括公共运输飞行和通用航空飞行。

(1) 我国通用航空的定义

按照《中华人民共和国民用航空法》第一百四十五条的定义，通用航空是指“使用民用航空器从事公共航空运输以外的民用航空活动，包括从事工业、农业、林业、渔业和建筑业的作业飞行以及医疗卫生、抢险救灾、气象探测、海洋监测、科学实验、教育训练、文化体育等方面的飞行活动”。

(2) 国际民航组织的定义

《国际民用航空公约》将民用航空活动主要分为三类，分别为商业航空运输、空中作业以及通用航空。其中，商业航空运输是指“航空器为取酬或收费而从事旅客、货物或邮件运输的运行”；空中作业是指“使用航空器进行专业服务的航空器运行，如农业、建筑、摄影、测量观察与巡逻、搜寻与援救、空中广告等”；通用航空运行是指“除商业航空运输运行和空中作业运行以外的航空器运行”。

在《国际民用航空公约》早些年的版本中，空中作业属于通用航空。1986 年后，国际民航组织航行委员会开始对附件 6 第 II 部分进行审查，认为应当修订通用航空的定义，将航空作业排除出去。2014 年第八版的《国际民用航空公约》认为空中作业是民用航空的一个独特方面，已经专门将其从附件 6 第 1.2 章——适用范围的规定中排除出去，变成与通用航空并行的一个类别。

(3) 美国通用航空的定义

美国关于通用航空的定义存在广义和狭义之分。美国通用航空活动可分为三种：通用航空、空中作业和商业航空。这一分类与国际民航组织的基本一致。狭义的通用航空指除由 14 CFR 中 Part 121 或 Part 135 所规定的证书持有人之外的承运人所进行的飞行活动，以及即时、非定期的商业运营；广义的通用航空是指除军队、警察和民用航空定期航班之外的民用航空活动，因此空中作业也包括在里面。每年美国通用航空制造商协会（General Aviation Manufacturers Association，GAMA）依据此口径发布相关的数据和报告。

(4) 欧洲通用航空的定义

欧洲航空安全局(European Aviation Safety Agency,EASA)关于通用航空的定义与国际民航组织(International Civil Aviation Organization,ICAO)的一致,指的是"除商业航空运输和空中作业之外的运行",其中"商业航空运输"及"空中作业"与国际民航组织的描述相同。

英国民航局将通用航空的范围定义为"除定期航空服务和为取酬或收费而从事的非定期的航空运输之外的民用航空运行"。可以看出,英国关于通用航空的定义要比ICAO的范围广,包括了空中作业和非主要的商业运输,其中通用航空的主要构成部分是体育和娱乐航空。

综上所述,我国通用航空的定义与国际民航组织的差别主要表现在空中作业上,与美国广义的范围接近,但我国没有像美国那样对通用航空进行区分,缺乏针对通用航空私人和休闲领域的系统政策、法规。

2. 通用航空的分类

我国通用航空应用分类如表1-1所列。按照《通用航空经营许可管理规定》(交通运输部令2016年第31号)的规定,开展有关经营项目的企业应当取得通用航空经营许可。

表1-1 我国通用航空分类

类别	经营项目
甲类	通用航空包机飞行、石油服务、直升机引航、医疗救护、商用驾驶员执照培训
乙类	空中游览、直升机机外载荷飞行、人工降水、航空探矿、航空摄影、海洋监测、渔业飞行、城市消防、空中巡查、电力作业、航空器代管、跳伞飞行服务
丙类	私用驾驶员执照培训、航空护林、航空喷洒、空中拍照、空中广告、科学实验、气象探测
丁类	使用具有标准适航证的载人自由气球、飞艇开展空中游览;使用具有特殊适航证的航空器开展航空表演飞行、个人娱乐飞行、运动驾驶员执照培训、航空喷洒、电力作业等经营项目

为了进一步体现通用航空的行业特点,促进通用航空的发展,民航局重构了通用航空法规体系,确立了新的通用航空业务框架,对现行的分类进行了较大调整,将通用航空的经营项目分为以下三类:

① 载客类。通用航空企业使用民航局规定的民用航空器从事的旅客运输经营性飞行服务活动,包括通用航空定期运输和通用航空不定期运输。

② 载人类。通用航空企业使用民用航空器搭载非机组人员从事的非载客类经营性飞行服务活动,包括面向社会公众的通用航空活动、非面向社会公众的通用

航空活动、飞行训练的通用航空活动。

③ 非载人类。通用航空企业使用民用航空器从事载客类和载人类以外的其他经营性飞行服务活动，包括通用航空货运和其他非载人类通用航空活动。

2020年7月29日，新的《通用航空经营许可管理规定》(CCAR-290-R3)公布，自2021年1月1日起正式施行，重新划分了通用航空经营项目类别：取消原按注册资金规模划分的甲、乙、丙、丁四分法，采取按飞行活动性质划分的“载客”“载人”和“其他”三类。

① 载客类：是指通用航空企业使用符合民航局规定的民用航空器，从事旅客运输的经营性飞行服务活动。

② 载人类：是指通用航空企业使用符合民航局规定的民用航空器，搭载除机组成员以及飞行活动必需人员以外的其他乘员，从事载客类以外的经营性飞行服务活动。

③ 其他类：是指通用航空企业使用符合民航局规定的民用航空器，从事载客类、载人类以外的经营性飞行服务活动。

载客类经营活动的主要类型包括通用航空短途运输和通用航空包机飞行。载人类、其他类经营活动的主要类型由民航局另行规定。

不同类型的通用航空飞行活动，在企业设立及后续的监管中，局方将采取差异化的监督管理方式，践行“放管结合，以放为主”的精神。

因为国际民航组织的通用航空不含商业运输航空和空中作业，因此范围较小，主要指非商业航空、娱乐飞行、教学飞行和其他飞行。

美国的通用航空应用领域包括公务飞行(机组付费和机组不付费)、私人飞行、空中游览、训练飞行、空中作业、Part 135部下的即时商业运行(空中游览、医疗救护、空中的士)等。

1.1.2 通用航空的特点

通用航空是民航运输的重要组成部分，因而首先具备民航运输的特点，即安全性、高速性、经济性、舒适性、环保性等。

(1) 安全性

减少了通信导航、电子设备、动力装置对气象的依赖，解决了人和飞机之间的界面优化、驾驶舱设计和改进以及自动化(包括飞机操纵和数据处理)的应用，大大减轻了驾驶员的工作负荷。

(2) 高速性

20世纪50年代，飞机速度达到800～1 000 km/h(高亚声速范围)；20世纪

70年代，飞机速度达到2 200 km/h，如协和式超声速客机。

(3) 经济性

在油耗、使用寿命、材料耐用性等方面都已大大改善。

(4) 舒适性

飞机的使用空间、座位的舒适性、饮食、娱乐、服务等方面都有所改善。

(5) 环保性

在噪声、污染等方面有很大改善。

另外，通用航空的最大优势就是其通用性，适用于工农业生产、人民的文化生活、科学研究等各个领域。对工农业生产来说，它直接参与工农业生产活动，是工农业生产活动的重要组成部分；对交通运输来说，它优于其他各种交通运输方式，不受地理环境条件的约束；对人民文化生活来说，它渗透于人民生活的各个领域，是其他任何交通运输方式无法替代的。

通用航空除了具有民航运输的特点之外，和公共航空相比，一般还具有以下几个方面的特点：

(1) 环境特点

通用航空在野外进行作业，点多、线长、面广，流动性大，高度分散，易受气候环境的制约，表现出很强的季节性和突击性。作业人员的工作条件和生活条件相当艰苦。

(2) 工作特点

通用航空专业技术性强，不同的作业项目有不同的技术要求和质量标准。没有熟练的飞行技术、丰富的专业知识和对各种特殊情况的处置能力，飞机的飞行安全和作业的质量是很难保证的。

(3) 工具特点

通用航空一般使用小型飞机或活动翼飞机，大多进行低空或超低空飞行，加上在各种专业飞行过程中使用的仪器设备各不相同，需要通用航空人员对其实施的作业和使用的工具进行深入地了解和掌握。

(4) 经济特点

通用航空的发展既受到经济发展的制约，也受到国家政策、措施的影响。通用航空不同于公共运输，不仅是生产的前提、价值实现的手段和桥梁，而且直接参与了各项生产活动。对通用航空的需求，取决于工农业的生产和社会发展的程度。

(5) 不可替代性

通用航空的服务范围广泛，涵盖工业、农业、林业、渔业、建筑业、医疗卫生、抢险救灾、气象探测、海洋监测、科学实验、教育训练、文化体育等方面的飞行活动。有些项目需在夜间飞行，也有些项目如抢险救灾、防治农业病虫害等，是别的作业手段不可替代的。

(6) 行业依附性

随着生产力的发展,生产向综合集团化方向迈进,产生了许多依附于行业的飞行作业项目,如农牧业使用的飞机已成为农牧场机械的组成部分。

(7) 地区差异性

我国幅员辽阔,各地资源条件不一,经济发展也具有明显差异性,所以通用航空的地区差异性十分明显。例如,东北、西北地区的农林业航空作业项目比较多,西南地区的林业航空作业项目比较多,华东、华南地区的海上石油开发等业务量比较大。

1.2 通用航空发展及作用

1.2.1 通用航空的产生与发展

作为一种灵活机动的航空服务,通用航空在国家经济建设、国防建设、民生建设和科学研究中发挥着重要的推动作用。

1. 我国通用航空的产生与发展

我国的通用航空事业最早可以追溯到 1930 年,当时的国民政府军事陆地测绘局领导建立了一个小规模的航空测量队,该队的主要任务是采用航空摄影测量的办法测制军事地形图,同时承担水利、铁道、地质等部门委托的一些航测任务,由此翻开了中国通用航空史的第一页。到 1937 年,全国共有 12 架航摄飞机,但在中华人民共和国成立前夕,所有航摄飞机、设备和部分航摄资料以及技术人员都被运往台湾。中华人民共和国成立之后,为了适应国民经济恢复和发展需要,从 1951 年开始发展通用航空事业,并由民航归口领导和管理,我国的通用航空事业得以迅速发展。

中华人民共和国成立后至今,我国通用航空主要经历了低速增长期、转型期、快速发展期三个阶段。

(1) 低速增长期(1951—1977 年)

1951—1957 年,各民航地区管理处没有设置通用航空的管理机构,通用航空任务先后由民航商务处、民航局专业航空处负责,他们进行计划安排、业务宣传、任务组织、合同签订、任务电报下达、技术要求提出、作业质量检查等各项工作,并由民航局专业航空处具体负责执行,有关地区管理处或航站只负责实施专业航空飞行的各项勤务保障工作。

1952 年,中国民航组建第一个通用航空飞行队,即军委民航局农林航空队,基地设在天津，配备捷克制的爱罗-45型飞机10架，职工数十人。1954年，中国民航局成立专业航空队，基地设在天津，由民航局直接领导，下设农林业、航测两个飞行中队。1958年，该专业航空队改编为航测飞行大队，基地设在天津。1958年8月，航测飞行大队划归中国民航北京管理局，基地迁到北京，专管工业飞行，下设7个中队，1、2、3、4、7中队承担航空摄影工作，5、6中队承担磁测、放射性测量和石油普查工作。

1958年后，我国实行了民航局、地区管理局和省(区)局三级管理，以专业航空飞行队为基础的组织管理形式。年度专业航空飞行计划由民航局专业航空部门提出意见，计划部门综合平衡后以民航局的名义下达给各地区管理局。民航局专业航空部门负责生产计划的组织、指挥、协调和检查、监督评价。

在改革开放前，我国的通航事业长期沿用苏联的经营模式，由政府部门直接管理和经营通航队伍。在通航事业发展初期，这种模式确实促进了我国通航事业的起步和成长。但是，这种模式很难充分发挥民航局作为政府主管部门管理通用航空事业的职能，也使直接经营通用航空业务单位的责权利不能有机地统一，使企业缺乏活力和动力，也不能充分调动各个部门、各地方兴办通用航空事业的积极性。在发展了近三十年后，这种模式已在各个方面日益严重束缚了通航事业的发展。

(2) 转型期(1978—2000年)

改革开放后，我国的通用航空事业逐步成长壮大，业务涵盖面逐渐扩大，所用机型日益丰富。民航局在1980年2月成立了专业航空局，下设农业、工业和石油航空3个处。民航北京管理局同时成立专业航空处，1981年，上海、广州、成都、兰州、沈阳管理局也分别成立了专业航空处。随着通航作业对直升机需求的增大，民航局于1980年5月决定在湛江、天津，由民航北京、广州管理局组建直升机中队。到1980年底，中国民航系统已有14个从事农、林业航空为主的专业飞行队，它们依次是:第二十五飞行大队(驻哈尔滨)，第十二飞行大队(驻长春)，第二十飞行大队(驻朝阳)，第二十四飞行大队(驻呼和浩特)，第九飞行大队(驻乌鲁木齐)，第二十一飞行大队(驻兰州)，第十七飞行大队(驻重庆)，第十一飞行大队(驻衡阳)，第十五飞行大队(驻沙市)，第十六飞行大队(驻南阳)，第十四飞行大队(驻合肥)，第十三飞行大队(驻济南)，另2个独立中队分别驻南昌和西安。在改革开放方针的指引下，我国通航事业做出了积极调整。1982年7月16日，中国民航局把原来第二飞行总队改建为中国民航工业航空服务公司，实行独立核算、自主经营、自负盈亏，调动了企业和职工的积极性。该公司从1983年1月正式开业，在企业化的道路上取得了较大的成绩，实现了产量、产值和利润的逐年增长。

我国通用航空在1995年之前具有典型的计划体制特征，作业主要在工农林业领域，进入到20世纪90年代，通用航空的规模萎缩和作业量下降十分明显，通用航空传统的计划式运作已远远适应不了市场经济下各行业的要求，通航企业大规模转轨从事航空运输，发展进入低谷。

1995 年 10 月 30 日，全国人大颁布了《中华人民共和国民用航空法》，自 1996 年3 月 1 日起实施。1996 年，中国民航局出台《中国民航局关于发展通用航空若干问题的决定》，提出了若干扶持和鼓励性政策措施。该决定出台之后，原有的通用航空企业纷纷与运输航空剥离、转让、合并和重组。在此期间，各地方政府和不同所有制的产业部门、企业乃至个人都创办了通用航空企业，给通用航空注入了新的活力，改变了过去基本上由民航和军航两家服务的局面。相关利好政策的驱动，加上通用航空计划体制转变为市场体制，通用航空规模持续稳步增长。

(3) 快速发展期(2001 年至今)

进入 21 世纪后，我国的通用航空座谈会和交流会逐年增多，给通用航空企业带来了更多的交流的机会，我国的通用航空事业发展环境进一步得到优化。

2004 年之后，随着通用航空的发展，民航通用航空行政管理划分为经济类准入许可和安全类运行审定两大体系。经济类准入许可以市场管理为主体，以盈利或取酬为目的，将通用航空划分为经营性和非经营性两类，分别施行审批和登记管理。2010 年 8 月，国务院、中央军委印发《关于深化我国低空空域管理改革的意见》，对深化我国低空空域管理改革做出部署，通用航空开始迅速发展，通用航空市场结构也发生较大变化，新兴通用航空业务(培训飞行、医疗救护、石油服务、公务飞行等)不断涌现，各级政府及社会民众对通用航空发展的关注度持续上升。2016 年 5 月 13 日，国务院办公厅印发了《关于促进通用航空业发展的指导意见》，将通用航空定义为“战略性新兴体系”，统一了社会认识，为通用航空的发展做出了系统部署。

2. 世界通用航空的产生与发展

(1) 航空业的出现和民航的开始

1783 年，法国蒙哥尔费兄弟制造的热气球载人升空，标志着民航的开始。1852 年，法国制造出飞艇(有动力、人可操纵的航空器)，在 20 世纪初到 20 世纪 30 年代，飞艇在航运中起过重要作用。

通用航空是民用航空的重要组成部分，是伴随着民用航空的产生与发展而诞生和成长起来的。1903 年 12 月 17 日，美国莱特兄弟发明的飞机飞行成功，开创了现代航空的新纪元，同时也揭开了世界通用航空发展的序幕。

20 世纪上半叶，世界发生了重大的变化，特别是两次世界大战的爆发，对世界航空技术的发展产生了深远的影响。

第一次世界大战期间(1914—1918 年)，由于飞机在战争中的应用，一些国家注意到了飞机的军事意义，相继成立了航空科学技术研究机构，航空工业体系初见端倪。第一次世界大战结束时，德国是唯一拥有民航飞机专门设计机构的国家，英法开通了定期空中客运，欧洲的几个航空公司组建了国际航空运输协会(International Air Transport Association，IATA)。其他一些欧洲国家也纷纷发展自己的航空事业，特别是意大利，它的航空事业发展较快，在 20 世纪 30 年代，其客运量仅次于德国和法国，位于欧洲的第三位。

世界各国在发展航空运输的同时，十分重视通用航空事业。例如，使用通用航空为澳大利亚广大农牧业地区提供服务，为阿拉斯加、太平洋上的岛屿提供医药、邮递、救援等服务。与此同时，飞行训练学校和特技飞行队开始出现。

第二次世界大战的爆发(1939—1945 年)又一次推动了航空工业的发展。在战争期间，各国参战飞机的数量剧增，飞机的性能迅速提高，使军事航空对战争的影响越来越大。第二次世界大战结束后，世界航空科学技术得到进一步提升，进入了超声速飞行时代。

军用航空技术的大力发展为民航发展奠定了基础。科学技术的进步和航空器的发展改变了交通运输结构，为人们提供了一种快捷、方便、安全的运输方式，特别是垂直起落飞机及直升机的产生和发展，推动了民用航空运输业的发展，也推动了通用航空事业的开展。

(2) 第二阶段，民用航空大发展时期(1945—1958 年)

1944 年，54 个国家签署了国际航空运输的《芝加哥公约》，《芝加哥公约》是国际航空法的基础。1947 年国际民航组织(ICAO)正式成立。机场和航路网等基础设施大量兴建，逐步形成全球范围的航空网。直升机成为民航的又一种主要飞行器，开辟了民航的新领域。喷气式飞机开始研制并使用，开启了喷气式航空时代。1939 年，德国首次出现喷气式飞机。1941 年，英国喷气战斗机装备部队。1952 年，英国喷气式客机“彗星号”开始使用。1956 年，苏联图-104 客机开始使用。1958 年，美国波音 707、DC-8 开始使用。波音 707 速度为 900～1 000 km/h，航程 12 000 km，载客 158 人。

(3) 第三阶段，民用航空的全球化、大众化时期(1958 年至今)

喷气式飞机时代民航系统的三大变化：①大量航空公司的竞争使远程、大众化和廉价的航运成为可能；需求和利润的驱动，使发达国家形成了数十个大型航空公司；参与国际航空市场成为国家尊严和地位的象征。②改造旧机场，兴建新机场，满足不断增加的客流、货流的需求，至今潮流仍在继续。③对航行管理系统改造，包括航行管制、航路建设、航行情报等都要跟上喷气时代的速度和容量。

1970 年，波音 747 宽体客机投入航线，是大型化客机的重要标志。

1978 年前，各国对航空运营实行严格控制，只有国营航空公司。

1978 年后，美国开始“放松管制”，引起美国航运的混乱。

20世纪80年代末至今，民航发展成为一个巨大的国际性行业。

在全球通用航空领域，美国一直保持领先地位。2017年全球通航飞机交付量方面，北美占7成，美国与欧洲地区为通用航空飞行器的主要制造、销售地区。从出产地区（即生产市场）来看，北美占据全球通航飞机交付量主导地位，2017年北美地区通航飞机交付量达到1 722架，占全球2 324架的74%。从制造商所属国家来看，2017年美国制造商的交付量占到全球的6成以上。2017年美国制造商通航飞机交付量为1 596架，占全球的68.67%。从交付金额来看，2017年美国制造商通航飞机交付金额为105.73亿美元，占全球的52.35%。从交付所在地区（即消费市场）来看，北美作为通航飞机最大的制造地区同时也是最大的消费市场，2017年通航飞机全球交付量占据6成。从保有量来看，全球通用飞机市场主要集中在美国、加拿大、巴西、法国、意大利等国家，其通用航空器存量合计为约31.3万架，约占全球的7成，其中美国占到一半左右。此外德国、英国、澳大利亚的通用航空发展也较为领先。而我国受制于空域管制的影响，对通用航空器的需求及消费力不足，2017年底拥有的通用航空器数量仅为2 297架。在通用机场建设方面，美国遥遥领先，由于发展历史的原因，我国目前仍然大量使用民航机场作为通用机场，尤其是公务机起降机场、专门服务于通用航空作业的小型机场（在我国通航划分为Ⅳ类直线/直升机机场）十分匮乏。

2022年美国通用机场约有2 941个，而我国到2022年底仅有389个，这方面的差距说明了我国通航产业还有很大的不足，同时也说明了我国通航产业存在很大的发展空间。目前，我国的航空产业与欧美国家相比规模仍然较小，基础设施建设和低空管理领域仍然处于缓慢发展、改革进程中，在自主研发航空器能力不足、运营服务薄弱的弊端下，我国航空产业发展和社会发展对新兴航空消费提出的需求相比仍存在很大的差距。

1.2.2 影响我国通用航空运输的因素

1. 经济发展是保障

2022年，在高效统筹疫情防控和经济社会发展、多项稳定宏观经济大盘的政策陆续推出并加快落地的情况下，中国国内生产总值（Gross Domestic Product，GDP）达到121万亿元，按不变价格计算，比上年增长3.0%；以2019年为基期，疫情后三年的年均复合增速为4.5%，在全球主要经济体中居于绝对前列。

“十四五”时期是我国开启全面建设社会主义现代化国家新征程、向第二个百年奋斗目标进军的第一个五年，民航发展迎来阶段转换期、质量提升期和格局拓展期三期叠加，通用航空在综合交通运输领域和国家经济社会发展中的战略作用更加凸显，将面临新机遇与新挑战。

2. 低空空域放开程度较低

我国对境内所有飞行实行统一的飞行管制。目前,民航空中交通管制部门的权限只在主要运输航线上,而通用航空由于其大多在运输航线外的区域内执行任务,受到民航和空军的双重管理,飞行计划审批程序复杂、时间长、限制条件多,导致飞行困难,往往延误最佳作业时机。

3. 通航机场供给不足

通用机场数量严重不足。造成通用机场数量短缺的原因主要有以下几个方面:一是通用航空产业规模小,机场维护费用较高,大多数机场处于亏损状态;二是机场建设的严格审批制度。长时间以来,通用航空机场的建设审批程序等同于航空运输机场,审批层级过高、周期过长,严重影响到地方、社会修建通用航空机场的积极性。通用机场的不足,使得距离机场较远的地区无法享受航空服务,通用机场之间、通用机场与运输机场之间均无法形成网络,限制了通用航空交通运输功能的发挥。

通航作业使用机场类型多,而机场是处于自然垄断地位的国家重要基础设施。在比较繁忙的运输机场,起降间隔时间很短,航班安排密集,停机坪机位紧张,加之保障通用航空要比保障运输航空收费低,通用航空飞行不受欢迎;在军民合用机场,通航企业又往往面临双重收费(机场民航管理部门和空军都要收费)的问题。

4. 通航保障设施建设落后

目前的空中交通管制设施难以对通用航空活动提供必要的监控和管理。虽然军、民航空管部门增加了许多通信、导航、雷达设备,但是仍不能完全对通用航空活动进行有效监控,低空空域管理缺乏有效的预警探测、指挥设备,低空通信、雷达覆盖严重不足,飞行动态难以准确掌握,势必给飞行安全带来威胁。另外,通用航空机场分布也不均衡,地面保障设施设备不完善,更没有形成网络化;航空油料供应、维修等基础保障设施建设滞后。

5. 通航飞行人才是核心

通航企业的成熟飞行员短缺,来源仅限于军航退役飞行员和极少量的自费训练飞行员。其中,军航退役飞行员转业通航还需办理各类相关手续。同时,航空指挥、天气情况分析、飞机地面维护等人才也相对缺乏,加之通航人才无法通过市场机制进行资源配置,这些无疑制约了我国通用航空的发展。此外,由于过去几十年我国重点发展军用航空,航空文化基础薄弱,国民对航空的认知和参与过少,广大民众对航空及飞行既渴望又感到神秘。

1.2.3 通用航空的作用

通用航空是民用航空的重要组成部分,在推动社会政治、经济、文化、教育、体育等事业发展方面,发挥着越来越重要的作用。首先,它具有公共航空的作用,可以担负起重要旅客和货物的运输作用。其次,它的通用性是公共航空或其他交通运输方式无法替代的,这也是发展通用航空的重要意义所在。通用航空的作用具体表现在以下几个方面。

1. 对保持国家稳定、促进社会政治的发展起着重要作用

通用航空具有准军事化的作用。在国家和平与建设时期,通用航空在促进国家经济建设与发展、提高人民生活水平方面发挥着重要的作用。一旦战争爆发,它将作为重要的军事运输力量,在保卫国家的和平与正义事业中发挥重要的作用。

2. 为经济发展和建设提供基础性、超前性服务

首先,运用航空摄影、遥感手段获取航空图像及其他遥感信息,可以为国民经济各有关部门进行勘探、设计、调查、科研等活动提供可靠、精确的原始数据和基础资料。通用航空所获取的航摄、遥感图像资料还能广泛应用于航空制图、国土资源调查、环境检测及宣传教育和军事侦察等方面。其次,运用航空物探方法获取的图像资料,可广泛应用于地质找矿等领域。例如,用于大地结构研究,以探索石油、天然气的分布规律,直接为油气资源普查服务;用于大地深部结构研究,以期发现新的矿藏资源;用于区域地质、工程地质和水文地质研究,为国家经济建设与发展服务。

3. 为发展农林牧副渔业生产提供空中作业服务

首先,可以利用通用航空飞行进行航空种植,这主要是指在大面积的荒原、荒山,用飞机播种造林、种草,还可以用飞机直播农作物。其次,可以利用通用航空飞行进行施肥,达到增产的目的。再次,可以利用通用航空飞行进行管护,这里的管护主要包括对农作物、牧草和森林的管护,其主要任务是喷洒化学药剂:一是对棉花、小麦、水稻等进行脱叶催熟;二是对烟草、马铃薯、向日葵等进行脱叶干化;三是用于防治病虫害、灭鼠、降雨、防雹和护林等。最后,可以利用通用航空飞行进行勘查,主要是指对动物、植物和渔业资源,以及虫情、水情和火情等实施空中勘察和调查。

4. 为海洋和陆地石油资源开发提供后勤保障服务

在开发海洋和陆地石油资源的过程中,通用航空起了至关重要的作用,是其他方式无法替代的。在石油勘探和开采过程中,一般都是使用通用航空的直升机来提供后勤保障服务,不论是在浩瀚的海洋、无垠的沙漠,还是在险峻的高原,没有通用航空的参与,石油工业是不可能发展的。这是因为:第一,在海上钻井、船上工作的人员,乘船上下班极为不便,还要受到海浪颠簸和晕船的折磨,而乘坐直升机往返既快速又舒适;第二,在石油勘探和开采过程中,一旦发生严重的工伤事故或出现危急病人,可以使用直升机把伤病员直接、迅速地送到医院,使他们及时得到治疗，减少不必要的伤亡；第三，在遇到台风或其他灾难性事故时，工作人员可以乘坐直升机迅速撤离；第四，石油勘探或开采所在地一般交通都十分不便，若因缺少某个重要的零部件和工具造成钻探工作无法开展，就可用飞机运输，既能提高工作效率，又能减少经济损失。

5. 为旅游事业提供游览飞行服务

随着人民生活水平的不断提高，世界各国的旅游业都得到了快速发展，利用通用航空来开发旅游业已经是一件很普遍的事情。1981 年 2 月 26 日，我国云南省德宏、临沧的少数民族参观团乘坐民航飞机游览了昆明市的滇池、西山风景区。1986 年 7～8 月，中国民航工业服务公司和中国民航西安管理局共同组织了在西安市上空游览 31 个飞行日的活动，乘坐飞机游览的中外游客达 6 715 人。到目前为止，已有不少家航空公司开发了此项服务。与我国毗邻的尼泊尔，其最大的私人航空公司——考斯米克航空公司(Cosmic Air)使用福克 100 飞机运载游客，在珠穆朗玛峰和另一座海拔 8 000 m 以上的世界高峰——安纳布尔纳峰上空进行了鸟瞰飞行。为了让游客更好地从飞机窗口欣赏喜马拉雅山脉的壮美景观，公司在能搭载 108 人的客机上只安排了 72 个座位。据了解，开发观山旅游已经成为尼泊尔旅游业的一个重要组成部分，成为国民经济支柱产业。

6. 公务航空可全方位提高工作质量和水平

公务机(bussiness aircraft)是在行政事务和商务活动中用作交通工具的飞机，亦称行政机或商务飞机，一般为政府机构或企业部门和个人拥有。公务航空是通用航空的重要组成部分，具有搭乘便捷、省时、高效、私密性强、乘坐舒适等优点，已逐步成为经济建设、商业贸易和行政管理等诸多领域中最理想的旅行方式。截至 2019 年底，我国公务机运营商所运营的公务机数量为 311 架。尽管公务机数量在 2018 年和 2019 年出现下降，但我国公务机运营市场规模仍然保持持续增长，2019 年我国公务机运营市场规模达 62.1 亿元，同比增长 3.5％，2015—2019 年四年间年均复合增长率达 8.5％，预计随着未来公务机配套服务和基础设施的不断完善，我国公务机运营市场规模将继续保持增长。

7. 在危险和突发事件的处理方面发挥重要作用

通用航空飞行具有快速性、灵活性和直达性，其应用领域非常广泛，特别是在危险和突发事件的处理上，通用航空发挥了其他交通运输方式无法替代的作用。随着科学技术的发展，抢险救援工作在西方已成为继银行、邮电、保险之后的第四大产业。为了适应这一形势变化，将我国的抢险救援工作发展成为科技产业，已经成为社会发展的必然趋势。因此，不论抢险救灾还是危险区域的勘探，亦或人们的日常生活还是工农业生产，都离不开通用航空。

8. 为我国西部建设和发展服务

我国西部地区与发达的东南沿海地区之间，大漠为阻、高山相隔。西部地区的资源优势由于交通不便而长期得不到发挥，交通已成为制约西部地区经济发展的瓶颈。我国西部地区铁路网单薄，公路等级低、密度小，机场规模小，不便大型飞机起降。而进行西部大开发，必然要有大量人员和物资进出西部地区，交通运输必须先行。铁路和公路的延伸需要相当长的时间，短期内难以奏效，但如果应用通用航空飞机和简易机场，就能收到投资少、见效快的效果。我国的西部开发，通用航空应当先行。我国现有的几种通用航空飞机就能作为开发西部的空运工具，如运-8型飞机既可运载较多的货物，又可运送相当数量的人员，航程能覆盖整个西部地区，并且对起降条件要求较低，特别适合开创阶段使用；还有大型直-8型直升机，无须建机场就可承担运输、吊装等任务。在国外，有许多应用通用飞机迅速开发广袤内地的成功先例。如巴西在内陆深处的一片荒原上建设新首都——巴西利亚，开始根本没有任何道路，全靠小型运输机把最急需的人员和物资运进去，再逐步兴建必需的各项设施；又如，加拿大北极地区虽然资源丰富，但因长期没有交通设施而无法利用，20 世纪 50 年代，他们开始利用空运向北进军，北极广大地区已日益得到开发。

9. 展示国家建设与发展的壮丽图景

随着社会的进步、科学技术的发展以及人民文化水平的提高，人民的政治生活、精神生活和物质生活水平越来越高，特别是科学技术、教育、体育、文化、娱乐、旅游、卫生等事业的飞跃发展，推动了通用航空在相应领域应用的开展。通用航空的独特功能，已经得到越来越多人的认可，如空中摄影的方式已经成为展示我国建设与发展成果的重要手段。通用航空有着巨大的发展空间和广阔的应用前景。

1.3 通用航空安全概况

通用航空的安全管理是一个极其复杂的系统性工程，飞行事故及其飞行隐患(征候)的出现，是人员、设备、技术和管理等诸多因素共同影响的结果。这些影响因素，有的是造成通用航空飞行事故的直接原因，有的间接对通用航空安全构成威胁，有的则对通用航空安全产生不利影响。这些不利因素的产生，既有客观环境的影响，也有通用航空企业内部管理方面的原因，还有设备人员等方面的因素。

根据国际民航组织对已经发生的空难事故的调查分析，空难事故的主要原因可以分为五大类，只有少部分空难发生的原因比较孤立，大部分是多种因素结合在一起所产生的后果。这五大类影响安全的主要因素如下。

1. 人为因素

从历年世界空难事故的统计结果可以发现，人为过失原因直接导致飞机失事的约占整个飞行事故总量的2/3以上。根据分析，人为因素非常复杂，有机组飞行人员的原因，也有地面机务维修人员和空中交通指挥人员的原因等。

（1）机组人员的原因

对机组人员来说，安全责任感不高、操作技能不高、操作过失、判断失误、作业环境不熟悉、缺乏特殊情况的处置经验、心理素质差、反应不灵敏、身体突然发病、精力不集中、机组人员配合不和谐等因素，都会直接影响飞行安全。

（2）空中交通管制人员的原因

空中交通管制人员是飞机安全飞行的“警察”，“警察”指挥失误同样会对航空安全产生不利的影响。例如，在空中交通管制中所给信号的失误、语言交流的失误等。

（3）机务维修人员的原因

维修工作失误也是飞行事故的主要因素之一。飞机的设计和制造质量对保障飞行安全固然重要，然而，在实际过程中，飞机的维修更为重要。不仅是维修技术，部件质量也是关键。根据飞机失事事故统计分析，与机械有关的事故占空难事故的30%左右。

2. 作业环境因素

航路结构的难易程度、作业现场的净空条件及通用航空作业的复杂程度等，会直接影响飞行安全。在通用航空飞行作业中，作业现场千变万化，各种复杂的情况都会对通用航空飞行产生消极影响。

3. 飞机性能因素

飞机性能因素主要是指飞机的部件质量出现问题而影响飞行安全。根据统计，喷气式飞机飞行事故的40%左右是由于飞机部件损坏引起的，如发动机故障、起落架失控、驾驶控制与通信系统失灵等。飞机的部件质量与结构设计、材料选择和操作水平等因素有关。

4. 天气因素

现代飞机可以进行全天候飞行。但是，恶劣的天气情况如雷电、风切变、冰雹等，都会引起飞机机械或通信导航问题。通用航空飞行的高度不如公共航空，更容易受到气象因素的影响。如果飞行人员临场心理素质不好而判断处理失误，都有可能导致飞机失事。

5. 其他因素

飞行事故的发生除以上比较常见的原因之外，还有一些其他因素，如人为蓄意破坏、暴力行为及鸟撞等，都会对通用航空飞行安全构成严重威胁。

此外，还存在一些影响飞机飞行安全的间接因素。虽然这些因素并不能直接导致飞行事故，但是它们有可能产生一些影响飞行安全的隐患。当这些隐患发展到一定程度或受其他条件激发时，就可能引起质的变化，导致飞行事故的发生。这些因素有以下几个方面：

① 随着通用航空飞行任务的加重，飞机的日利用率不断提高，飞机日飞行时间延长，加快了飞机部件的损耗；机组和机务人员工作量增加，体能和精力消耗增加可能导致工作失误。

② 技术培训水平。技术培训的好与坏不会直接造成飞行事故，但是，培训对提高飞行和机务维修人员的操作能力和技术水准有直接作用。如飞行员的模拟驾驶训练、机务维修工程技术人员的故障分析讲评，都会对飞行安全产生间接影响。

③ 安全管理。提高民航旅客运输的安全水平，不仅需要飞行人员、机务维修人员和安全检查人员的努力，而且需要必要的安全管理制度。对于机组人员，必须有严格的技术水准和身体标准考核制度；对于机务维修人员，不仅需要技术水准的考核，还需要机务维修质量的控制程序。民航管理当局对航空器、航材、航路、航线、航班、航油等生产部门，必须建立严格的质量管理和安全管理制度。管理不严格、不科学，都可能会诱发事故隐患，酿成灾难性后果。

第 2 章

通用航空安全管理基本理论

2.1 通用航空安全管理法制

目前我国涉及通用航空的法律只有《中华人民共和国民用航空法》(以下简称《民用航空法》)。《民用航空法》制定于1995年,由16章、214条构成,其中涉及通用航空的内容只有第十章("通用航空",145~150条)、第十五章("法律责任",203条和211条),而其余大多数的内容针对的是运输航空。《民用航空法》给出了通用航空活动的整体框架,对通用航空活动的范畴、从事通用航空活动的人员和企业应当具备的条件、从事通用航空活动的要求等做了方向性、原则性规定。

涉及通用航空的行政法规主要有《国务院关于通用航空管理的暂行规定》和《通用航空飞行管制条例》。《国务院关于通用航空管理的暂行规定》(国发〔1986〕2号)于1986年1月8日由国务院发布,明确了通用航空行业管理机构、从事通用航空活动需履行的报批手续、从事通用航空经营活动的审批管理程序、要求等。在《民用航空法》出台之前,该规定为通用航空行业管理提供了法规依据。到目前为止,该规定仍作为实施通用航空企业赴境外开展经营活动的行政许可的法律依据。《通用航空飞行管制条例》(国务院、中央军委第371号令)于2003年1月10日由国务院、中央军委发布,2003年5月1日起施行,该条例是管理通用航空飞行活动的基本依据,规范了从事通用航空飞行活动的单位或个人向当地飞行管制部门提出飞行计划申请的程序、时限要求;明确了在国内进行一些特殊飞行活动所需履行的报批手续和文件要求;并对升放和系留气球做出了具体要求。该条例在改善通用航空的空中交通管制服务方面做出了有益的尝试,提出了一次申请、可长期使用(最长不超过12个月)的"临时空域"概念。

目前涉及通用航空的民航规章共30多部,其中主要包括经济管理和安全运行管理的内容。

经济管理的规章包括《通用航空经营许可管理规定》(290部),其规范了行业管理部门的通用航空经营许可行为,规定了设立通用航空企业的条件、经营项目、申报文件要求、审批程序、时限等。

安全运行的规章包括:通用航空运行审定类,包括《一般运行和飞行规则》(CCAR-91)、《小型航空器商业运输运营人运行合格审定规则》(CCAR-135),上述规章对通用航空所涉及的一般运行、小型航空器商业运行的合格审定标准进行了规范;专业机构审定类,包括《民用航空器驾驶员学校合格审定规则》(CCAR-141)、《飞行训练中心合格审定规则》(CCAR-142)、《民用航空器维修单位合格审定规定》(CCAR-145),上述规章明确了对飞行训练机构、飞行驾驶执照培训机构以及维修单位的审定标准；专业人员执照、资质审定类，包括《民用航空器领航员、飞行机械员、飞行通信员合格审定规则》(CCAR－63FS)、《民用航空器维修人员执照管理规则》(CCAR－66－R3)、《民用航空飞行签派员执照和训练机构管理规则》(CCAR－65FS－R3)、《民用航空情报培训管理规则》(CCAR－65TM－IV－R1)、《民用航空情报员执照管理规则》(CCAR－65TM－III－R4)，上述规章明确了对申请专业人员执照、资质的具体条件和要求。

通用航空的生产与运营需要社会各个行业的支持，需要一定的资金保证。同样，通用航空的广泛应用也促进了社会经济的发展，创造出更大的经济效益和社会效益。通用航空对社会经济的发展起着重要的支撑作用，近年来发展通用航空产业的重要性已在各级政府的相关产业政策中有所体现。

2.2 通用航空安全管理体制

2.2.1 通用航空管理体制的演变

中华人民共和国成立以来，通用航空的管理体制在不断发生变化。1949 年 11 月 2 日，中共中央政治局在人民革命军事委员会下设民用航空局，受空军司令部指导。1950 年 1 月 20 日，中央人民政府军事委员会民用航空局改称为军委民用航空局，简称民航局，同年 3 月以后，民航局的组织机构逐步建立。在 1951—1955 年期间，没有单独设立通用航空的管理机构，通用航空业务由民航局商务部兼管。

1952 年 5 月 7 日，中央军委、政务院(国务院)做出了《关于整编民用航空的决定》，整编后的军委民航局下设三个民航管理处，实施政府管理民用航空的职能。

1952 年 7 月 17 日，中国人民航空公司(简称人航)在天津正式成立，进行了政企分开的管理体制尝试。中国人民航空公司实行集中经营、垂直领导的企业化管理体制，按经济核算的原则独立经营业务。公司设经理部，总管全公司的业务计划、生产调度、机务维修、资金使用、会计核算、人员调配等。

1953 年 1 月 24 日，中国人民航空公司经理方槐向中央军委并空军党委提交了关于民航局与中国人民航空公司合并的报告，并于 1953 年 6 月获得批准，中国人民航空公司被撤销合并后，民航局又恢复了政企合一的管理体制。1956 年，随着通用航空业务量的扩大，军委民航局成立了专门负责通用航空业务的专业航空处，具体负责通用航空各项任务的安排与协调。1958 年 2 月 27 日，国务院决定民航局归交通部管，原民航局专业航空处成为交通部民航局专业航空处，所有的管理职能不变。1962 年 4 月 15 日，国务院决定民航局脱离交通部管辖，由部属局改为国务院直属局，改名为中国民用航空总局(简称民航局)，专业航空处仍保留，所有的职能不变。1964年下半年，民航局设立二级局，专业航空处归二级局管。1969年11月20日，国务院、中央军委转发民航局党委《关于进一步改革民航体制和制度的请示报告》，批准民航划归中国人民解放军建制，成为空军的组成部分。民航各级机构设置随即按照军队机关和军队组织形式进行相应整编，民航局机关组织机构改为指挥部、政治部和后勤部三大部，民航局取消二级局专业航空处，专业与运输、计划处合并到指挥部生产处。1970年，民航局增设国内业务局，指挥部生产处撤销，通用航空业务划归国内业务局。1978年，国内业务局成立了专业航空组，负责处理通用航空业务。

1980年2月21日，民航局机关按国务院、中央军委批准的新编制，撤销指挥部、后勤部，民航局成立包括专业航空局在内的11个局，通用航空业务由专业航空局负责。1980年3月5日，国务院、中央军委发出《关于民航局不再归空军代管的通知》，决定民航局从1980年3月15日起划归国务院领导。1982年7月17日，国务院批准将包括民航局专业航空局在内的10个局改为司，同年12月10日，为了机构名称规范化，民航局改称为中国民用航空局(简称民航局)。

1989年11月30日，根据国务院批复的民航局机构改革方案，专业航空司撤销，通用航空业务划归新成立的企业管理司通用航空处负责。

1993年4月19日，中国民用航空局改称为中国民用航空总局(简称民航局)，属国务院直属机构。

1994年，根据国务院批复的民航局机构改革方案，专业航空司撤销，组建运输司，通用航空业务划归运输司通用航空处负责。

1958—1964年，民航各地区管理局先后成立了专业航空科，负责地区性通用航空工作。1964—1980年，民航各地区管理局通用航空组织机构基本上是按民航局机构变化进行相应调整的。在1985—1987年民航系统管理体制改革中，民航各地区管理局专业航空处先后取消或划给新成立的航空公司，地区性通用航空管理工作中断。1996年以后，根据民航局党委《关于发展通用航空若干问题的决定》，民航华北、中南、西南、新疆等地区管理局单独设立了通用航空处，其他地区管理局也在有关处室内设立了通用航空的管理机构，行业管理工作得以全面实施。

安全是通用航空生存发展的生命线和行业特点的必然要求。然而相较于公共航空运输，我国通用航空保障能力薄弱、规章体系不健全、安全管理体系机制落后、专业人才匮乏等原因造成我国通用航空飞行事故和征候居高不下。因此，随着我国通用航空企业规模的急速增长，亟需提高通用航空安全管理水平以保障通用航空更好更快地发展。

2.2.2 我国民航政府安全组织机构

我国民用航空安全管理体系采用的是“两级政府、三级管理”。“两级政府”指的是中国民用航空局和中国民用航空地区管理局;“三级管理”指的是民用航空局、民用航空地区管理局及地区管理局的派出所机构安全监督管理局。政府与民用航空企业在管理上各司其职,政府主要负责立法决策、组织实施、监督检查等宏观管理;民用航空企业主要负责组织实施、监督检查、执行操作等微观管理。

1. 航空安全办公室

航空安全办公室主要负责综合管理辖区内的民用航空安全;组织调查处理辖区内的一般民用航空飞行事故、地面事故和飞行征候及其他不安全事件;参与辖区内重、特大运输飞行事故的调查处理工作;发布安全指令和安全通告;负责辖区内民用航空安全信息的收集、分析和发布;按规定组织辖区内安全评估工作并承办航空安全奖惩工作;组织、指导辖区内的航空安全教育和航空安全管理研究工作;承担地区管理局航空安全委员会的日常工作。

2. 飞行标准司

飞行标准司主要负责对民用航空器安全运行状态进行审定和持续监督,制定民用航空器维修以及与航空器运营相关的各类人员的管理规章、标准和程序,并根据这些程序对其进行持续性的管理和监督。各地区管理局都设有飞行标准处来处理相关事务。

3. 航空器适航审定司

中国民用航空局航空器适航审定司的主要职能是负责与民用航空器适航审定有关的政策、法规、规章、标准的制定与监督执行,民用航空器国籍登记和注册,民用航空产品和零部件型号的生产合格、适航以及与民用航空产品安全和合理性有关的审定、评估,使民航系统科学化、规范化、制度化和程序化。

4. 地区管理局

民用航空地区管理局是在中国民用航空局的领导下,主要负责对所管辖区的民用航空事务实施行业管理和监督。我国现有华东地区管理局、中南地区管理局、西南地区管理局、西北地区管理局、东北地区管理局、新疆地区管理局。

地区管理局的主要职责如下:

① 监督检查安全活动;

② 发布安全通报和指令;

③ 航空企事业单位的安全评估工作;

④ 调查处理航空事故。

5. 安全监督局

安全监督局的主要职责如下：

① 承担对辖区内民航企事业单位执行国家有关法律法规和民航局有关规章、制度和标准的监督检查工作。

② 监督检查辖区内民用航空空中、地面安全工作；按规定承办民用航空飞行事故、航空地面事故和征候的调查处理工作。

③ 按授权承办辖区内民用航空运营人运行合格审定、飞行训练机构和维修单位合格审定、民用航空器适航审定、民用航空飞行等专业人员资格管理、民用航空器持续适航管理的有关事宜并实施监督管理；按授权对辖区内民用航空器及其部件的设计、制造实施监督检查；负责对辖区内民用机场安全运行实施监督管理。

④ 负责对辖区内民用航空市场实施监督管理；组织协调辖区内专机保障工作；承担辖区内国防动员和重大、特殊、紧急（通用）航空抢险救灾的有关协调工作。

⑤ 承办民航局、民航地区管理局交办的其他事项。

2.2.3 通用航空企业安全组织机构

通航单位的组织机构包括航空安全办公室、运行控制中心、机务处。

1. 航空安全办公室

大部分通用航空单位也设有航空安全办公室，其主要职责就是与安全监督局和地区管理局的航空安全办公室进行对接，第一时间接收来自局方的安全相关文件和指示，对本单位的民航规章、制度的执行情况进行内部监督，对运行过程中发生的不安全事件进行初步调查并配合局方的调查，负责本单位一些安全资质的审核工作，在发生紧急情况时，配合其他部门做好协调工作。

2. 运行控制中心

通航单位的运行控制中心主要负责日常工作运行的指挥和控制，运行控制中心的指挥质量会很大程度上影响飞行安全，如飞机地面滑行和起降的指挥。

3. 机务处

通航单位的机务处主要负责单位所属航空器的日常维护和修理工作，包含航前、航后及定检工作，其工作质量的好坏直接影响着飞机的飞行安全。

机务处通常由安委会、安全监察办和各部门风险管理人员担任风险管理的职责：

① 安委会职责：研究制定公司风险管理战略；确定单位重大危险源，审批重大风险控制措施/方案和应急处置预案；审批跨部门的重要风险控制方案/措施。

② 安全监察办职责：负责管理局方和公司的各类安全文件；负责召开公司安全会议，汇总各部门安全信息；负责分析与评估公司定期安全动态；负责整理和上报公司内部反应、举报不安全信息；负责填报安全事件或征候信息；负责公司飞行

月表、年报表的定期上报工作；对公司的安全培训工作实施统一指导、监督和管理；监督公司各部门对“保证飞行安全的方针、政策、指示和规章制度”等文件的贯彻执行情况；负责飞行安全情况、飞行安全形势的分析工作，督促有关部门及时调查和处理发生的事故和严重危及飞行安全的问题；确定公司重大危险源，审批公司重大风险控制措施/方案和应急处置预案；审批公司跨部门的重要风险控制方案/措施；按照公司风险管理要求，负责各部门的风险管理手册、程序和标准的制定工作，并适时进行更新。

③ 各部门风险管理人员职责：负责各部门风险管理组织和开展工作；在风险管理启动前对员工进行宣讲及相关培训；负责部门范围内的危险源识别工作，建立、监控、维护部门危险源数据库；组织评估风险缓解措施的有效性、适用性等；为确保措施按照进度完成，监督风险缓解措施进展情况；与安全监察办适时沟通风险管理进展情况，负责提交跨系统和超权限危险源的工作；其他相关的部门风险管理工作；监督和指导部门的风险管理工作。

通航安全运行组织机构如图 2－1 所示。

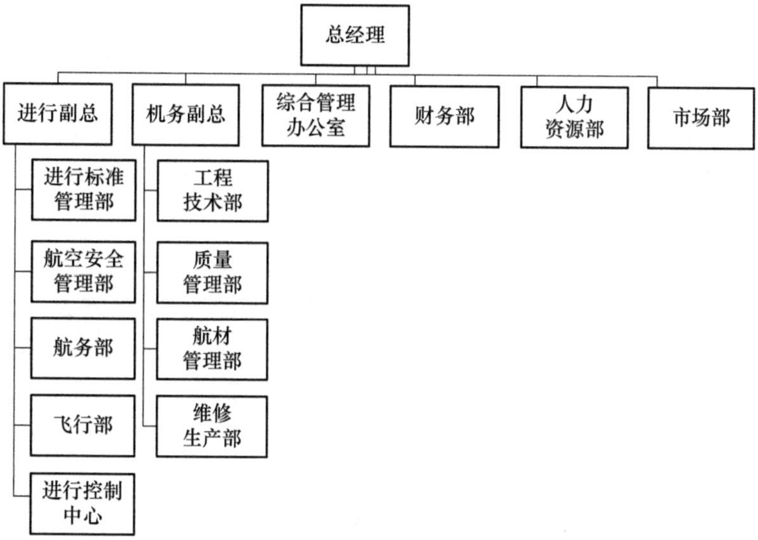

图 2－1 通航安全运行组织机构

2.3 通用航空安全管理机制

安全管理体系(Safety Management System，SMS)是指组织管理者建立的一套管理安全风险的系统，是通过系统管理影响组织安全运行的因素，识别出风险，进行数据收集与分析，并制定持续改善措施，对各种风险加以管理，提高组织的安全管理水平。安全管理体系是保证通用航空公司运行安全的有效措施。

安全管理是安全管理系统的核心，因此安全管理体系离不开安全管理所需要的理论基础，只有充分保证安全管理系统中各个组成部分的优越性，使其每一个元素都能达到最为理想的状态，安全管理系统才能有存在的必要，一旦离开了这些组成部分，安全管理系统便成了一个空壳，毫无价值可言。而安全管理体系是各个元素达到最优化的一个保障，这些元素只有在同一个系统中、充分考虑到其他因素之间的彼此影响和彼此作用，才能达到最优的效果，一旦离开了这个体系，各因素之间容易产生摩擦，从而造成互相干扰、互相影响的后果，不利于安全管理。所以，既要重视安全管理中各个元素本身的作用，又要将这些元素结合起来，使其形成统一的整体，进而更有力地保障安全。安全管理系统是一种有效的安全管理方法，像所有的管理系统一样，安全管理系统包括目标设定、计划和绩效评估，安全管理系统与组织密不可分，影响着人们的工作方式。

2.3.1 安全管理体系基本特征

① 理念(Philosophy)。即认识到存在的安全隐患，通过设定标准来确认安全性。

② 政策(Policy)。政策中明确如何实现安全，即明确责任、权利和义务，在制定组织程序和结构时，将安全目标结合到运行中的各个方面，发展进行工作所需的技术和知识。

③ 程序(Procedure)。管理者让从业人员贯彻落实政策的方法，即给全体员工明确指示、计划、组织和控制方法，监控并评估安全现状及进展的方法。

④ 实践(Practice)。工作中实际发生了什么，即遵循设计良好、有效率的程序，避免因走捷径而影响安全性，当发现涉及安全的事件时，必须采取适当措施加以防范。

通用航空的快速发展对于我国经济发展和实现经济转型升级有着强有力的推动作用，同时也是建设民航强国的强烈需求。虽然目前我国通用航空正处在蓬勃发展时期，但安全管理水平相对薄弱，面临着严峻的安全挑战，安全管理体系作为防控风险的主要手段，对于有效保障通用航空运行安全极具现实意义。建立适合我国国情的通用航空安全管理体系，旨在提高我国通用航空安全管理的水平，为航空安全管理部门提供科学的安全管理模式，实现安全管理的科学化、系统化和标准化。

2.3.2 通用航空安全管理体系构建

由于通用航空的飞机机型品种复杂多样，空域使用随意，作业项目种类繁多，飞行时间难以提前确定，因此我国通用航空在安全管理体系构建的内容上应更加全面，需要包括政策、基础保障、运营环境和支持服务环境四个方面。通用航空的发展环境与运输航空相比，由于通航运行环境复杂，风险因素多样，基础设施薄弱，从业人员专业技能水平不够高，局方针对通航的监督管理体系不够完善，部分情况下甚至难以监察，事件报告不稳定并且相对滞后，因此通航相较于运输航空在安全管理操作上存在更大的难度。基于《ICAO 安全管理体系手册》内容，根据现场走访，参考民航机场、航空公司和空管安全管理体系的构建方法和内容，结合通用航空特点与 PDCA 理论、安全目标管理以及管理的系统论，考虑到通用航空易受到多因素的制约，安全管理体系的建立应有许多侧重点。因此，我们将通用航空安全管理体系内容划分为基础、运行、监督、改进四个模块，这四大模块共同构成一个闭合循环运行系统，随着时间推移，该系统不断被完善和改进。通用航空安全管理体系基础模块包括安全政策、目标体系、组织机构体系、文件体系和教育培训体系；运行模块包括风险管理体系、安全管理信息系统和应急响应系统；监督模块包括评估审核系统和安全监督体系；改进模块包括改进体系和反馈体系。

1. 通用航空安全管理体系基础模块

通用航空安全管理体系基础模块是安全管理体系运行、监督和改进的前提，为整个体系运行提供了总的原则和宗旨、目标方向、组织保障、制度、环境和教育支持等运行条件，是决定体系运行成功与否最重要的一环。

安全政策由通用航空公司发布的安全目标和承诺组成，并且经过公司最高领导者的批准。安全政策作为安全管理体系构建的基本理念和行动准则，通常包括由国家或民航局发布的法律法规、规章标准、规范性文件等；企业全体员工的安全生产责任制和问责政策；为确保安全运营，由高层管理者所具体做出的承诺等。安全目标的制定包括远景目标和年度目标，不断地细化和尽可能量化安全目标，形成符合国家、行业主管部门相关要求及自身特点和定位的安全目标体系，安全目标体系必须具备明确的责任界定、可操作性和激励导向作用。在确定和分解安全目标时，由于通航与运输航空的组织体系之间差异较大，通用航空受到大量不确定性因素影响而难以达到要求，因此应结合不同通航企业特点来完成确定和分解安全目标的工作。组织机构要建立适应企业规模、公司生产发展需要、符合国家及民航行业要求的权责明晰、管理高效的运行机制，完善安全运行的问责办法，落实全员安全生产责任制。文件体系要方便查阅和追溯，不同的文件之间需要保证其一致性，文件应当与运行环境相符合，建立文件发布、发放、受控、搜集、审核、存档、记录、查阅、更新、修订及废止的程序和制度。安全文化的形成是安全管理者对企业安全生产实践进行抽象和概括的过程，其内容包括安全精神文化、安全行为文化、安全制度文化、安全物质文化等。企业还应建立教育培训体系，增强各级员工的安全意识、提高其安全素质，安全教育中应注意教育形式多样化、教育内容规范化，要有针对性地调动职工的积极性，避免安全教育走形式主义；安全教育主要包括安全生产思想教育、安全生产方针政策教育、业务能力培训、典型经验和事故教训教育等内容。

2. 通用航空安全管理体系运行模块

风险管理系统包括三个基本要素：风险识别、风险评估和风险控制。风险识别是针对运行过程中存在的各类危险源进行有效的识别，并针对结果建立危险源数据库；风险评估是依据危险源识别结果分析风险发生的可能性和后果的严重性，并基于风险矩阵建立评估系统；风险控制是针对风险评估的结果，选择合适的风险控制方案，实施风险控制，使风险保持在行业、企业可接受的范围之内，并通过收集、更新、编辑、整理和分析风险数据，追踪风险降低计划的有效性。安全信息管理系统的运行是运用现代信息手段，对安全信息进行收集整理、分析挖掘、处理、发布、信息储存和反馈的过程，构建畅通的信息渠道，为安全事件调查、安全监督、审核与评估、风险管理和安全目标制定等安全活动提供决策依据。依据民航局 90 号令的要求，必须建立一套由预防性减灾、应急准备、快速反应和事故现场恢复组成的综合应急救援保障体系，以便在发生紧急事件的情况下安全管理者能够应用综合应急救援保障体系正确处理危机，安全管理负责人应结合各个部门的实际业务特点，对应急计划程序的有效性和可行性定期进行检查和评估。

3. 通用航空安全管理体系监督模块

评估审核系统是对通用航空生产系统运行过程中存在的危险性进行定性、定量客观评价分析，以求获知系统状态的真实水平，寻找系统中不安全的薄弱环节，全面客观地评价生产系统中存在的危险性，评估审核系统主要包括：危险源辨识与分析、定量评价分析和安全对策措施等。安全监察体系是通过一整套措施，系统地、有针对性地对各职能部门的安全状况进行定期和不定期的监督，确保各项安全管理工作能够符合相关法律法规、规章和安全管理体系要求，安全监察体系主要包括的工作内容有：日常的安全监督、定期或不定期的安全检查、综合安全检查、专项安全检查。

4. 通用航空安全管理体系改进模块

安全管理体系作为一个不断更新、不断运动的动态系统，除了安全监察外，还需要具备能够完成自我改善的相应改进机制。持续提升系统安全水平是一个长久性的目标，需要周期性地审核现有的安全管理体系，识别存在不足的区域，从而持续地改进体系的效率和有效性，实施改进模块的目的也就在于此。改进模块主要包括的内容有：①对现有安全管理体系现状实施分析并评价，以识别改进的区域；②确定改进的目标；③探析可以用来改进的办法以实现改进目标；④评价这些办法并做出选择；⑤实施选定的解决办法；⑥验证、分析和评价改进的结果，确保目标完成;⑦正式采纳变革。有效的安全管理依赖于有效的反馈控制,反馈控制的效果又取决于控制系统能否及时且准确地接收、处理、利用各种反馈信息。通用航空反馈系统主要包含两个方面:一是控制系统本身接收、处理、利用各种信息的能力;二是反馈系统能否保证灵敏、正确、有力地反馈信息。

2.3.3 通用航空安全管理体系实施及审核

1. 通用航空安全管理体系实施

依据 ICAO 向各国推荐的《ICAO 安全管理体系手册》中的实施步骤,通用航空安全管理体系实施步骤如下:

第一阶段:安全管理体系初始阶段。对于刚刚建立通用航空安全管理体系的单位,可根据历年统计数据来探析系统中存在的问题,全面掌握企业单位安全运行状况,按法律、法规、条例、规章、规范标准和相关文件以及资料发现风险隐患,为安全管理体系策划提供依据。

第二阶段:安全管理体系策划。针对初始阶段形成的根源问题制订计划,并制订标准文件。如要求制订文件化的安全目标,则安全目标应与通航企事业单位的安全方针和安全目标协调一致并可测量考核,安全目标与安全管理体系的安全性能指标、安全绩效目标和安全条例相联系;安全策略的制订应将管理者分别在安全管理体系安全绩效中的职责和相关安全责任考虑在内,安全策略应将为安全管理体系的实施提供所需资源作为明确规定,并与所有的现行法律法规要求和国际标准、行业经验保持一致,应定期审查安全责任与安全策略,确保其与通用航空企业单位保持相符。

第三阶段:安全管理体系计划实施。探析并识别系统危险源,针对危险源进行风险评估,确定企业对于风险的可接受程度,并进行风险控制和安全管理行为;应用系统和工作分析法、经验分析方法、事故树分析方法、事件树分析方法、因果分析法、人的因素分析方法等常用的风险分析方法分析通用航空企业系统可能存在的风险因素;通过强制、自愿和秘密报告系统报告不安全问题,调查安全事件;针对不同培训对象,以及对各类人员技术水平的要求,明确培训需求,制订不同培训计划和培训方案,妥善保管各项培训记录;制订应急处理方案,建立应急指挥中心,合理分配不同人员应急责任,安全管理者负责制订现场应急计划,并定期检查和评估应急计划和程序的有效程度,在发现缺陷时及时进行修订,建立各类人员在紧急情况下以及恢复至正常运行状态下的行动程序,协调各个部门应急能力;收集并存储安全数据,对安全数据进行分析,并将从安全数据中提取的安全信息进行分类。

第四阶段:安全管理体系监督评审。根据通用航空安全生产特点,经常性、突击性、专业性地对现场生产过程进行检查活动,如果在检查中发现不符合规定的风险和隐患（设施、设备和不安全行为等），尤其是经常性发生的或比较严重的问题，应立即进入纠正和改进程序；为确保安全管理体系的持续性、时效性、系统性和有效性，通航企业对自身进行内部审核必不可少，其主要内容有：制订审核计划，实施审核，确定纠正措施，提交审核报告，监督整改措施；安全评估通过危险源识别及危险性评价，客观地描述通用航空企业系统的危险程度，预先采取相应措施，降低系统的危险性。安全评估程序和内容主要包括：准备阶段，危险源识别与分析，定性定量评价，提出安全对策措施，形成安全评价结论及建议，编制安全评价报告。

第五阶段：安全管理体系修订。文件是将安全问题的处理办法从制定人传递到整个组织的关键工具，主要记录危险源报告表、职责规定、有关运行安全管理的责任和权力、安全管理组织结构和安全策略等，应依据实际运行状况和运行结果，修订安全计划、安全目标、安全管理手段和方法等安全文件，以期符合运行实际；通航单位应适时和定期向全体员工发布行业安全管理动态、企业内部安全信息、安全事件信息以及航空安全统计分析信息等；为了能正确有效、迅速地反映信息，建立专门的信息反馈机制至关重要，信息反馈分为直接向信息源反馈和加工处理后集中反馈两种；依据通用航空安全管理体系实施的具体运行结果，决定下一循环，如若结果达到安全目标，则对计划中所确定的对策和措施进行标准化，进入下一个控制循环，或未达到安全目标时，应提出相应的安全对策措施，并制订新的安全管理体系计划，并进入下一个改良循环，在这个新的改善循环的阶段，则需要对未达到安全目标的原因进行分析，并针对原因制订新的计划。

2. 通用航空安全管理体系审核

通用航空安全管理体系作为一个复杂的系统，涉及诸多影响因素，在建立和实施过程中，各个因素之间又是相互联系和相互并存所组成的实现安全管理功能的有机整体。通用航空安全管理体系评估即是鉴定安全管理体系建立和实施的过程和结果，其主要目的是客观判定建立的安全管理体系是否达到了预期的目标，在减少事故、征候和安全事件发生方面的效果如何，以及能否满足实际运行实践活动的需要等。通用航空风险评估与运输航空的侧重方向有所差异，在考虑通用航空风险因素时，主要有航空器运行机型繁多、从业人员安全和健康、特殊环境运行、航空器长期使用状态等内容，不考虑空防和客舱安全。通用航空安全管理体系评估的步骤包括：收集调查评估安全管理体系实施状况；安全管理体系分析；确定评价指标体系（飞行事故万时率、征候万架次率）；选定合理评估方法；确定各指标项目得分；综合评定。在进行通用航空安全管理体系评估时要注意：建立好评价组织；评估应重视安全管理体系成果，以目标值的达到程度作为主要的依据；不同部门运行安全管理体系复杂困难程度和主观努力程度；单位之间的协作能力等。

第 3 章

通用航空安全政策与目标

3.1 安全管理承诺与责任

安全管理体系框架的第一个组成部分侧重于创建一个能够有效实施安全管理的环境。它建立在安全政策和目标的基础上，阐述了高级管理层对安全的承诺。管理层的承诺和带领开展安全工作是实施一个有效安全管理体系的关键所在，并通过安全政策和确定安全目标来体现。管理层的安全承诺是通过管理决策和资源分配来实现的，这些决策和行动应始终与安全政策和目标保持一致，以培养一种积极的安全文化。安全政策应由高级管理层制定和核准，并由责任主管签署。在拟定安全政策和安全目标时，应征求关键安全人员，并酌情征求员工代表机构（员工论坛、工会）的意见，以促进共同承担责任的意识。

1. 安全政策

安全政策是组织管理者安全管理理念的具体表现，是为建设积极的安全文化而提供的明确的导向，是组织管理者为了达到预期的安全目标而要采取的方法。安全政策是建立安全管理体系的基础，组织管理者制定的安全政策都必须符合国家的相关法律、法规和规章的要求。安全政策应得到高级管理层和责任主管的明显支持，“明显支持”指的是管理层对安全政策的积极支持可让组织机构的其他部门看到，这可以通过一些交流手段和使各项活动与安全政策保持一致来实现。管理层有责任在整个组织机构内传达安全政策，以确保所有人员都了解安全政策并据此开展工作。为了反映组织机构对安全所做的承诺，安全政策应包括以下方面的承诺：

① 不断提高安全绩效水平；

② 在组织内推动和维护一种积极的安全文化；

③ 遵守所有适用的规章要求；

④ 提供必要的资源以交付一种安全产品或服务；

⑤ 确保安全是所有管理人员的首要责任；

⑥ 确保各级了解、实施和维护安全政策。

安全政策还应提及安全报告系统，鼓励报告安全问题，并通知工作人员在报告安全事件或安全问题时适用的纪律政策。纪律政策用于确定是否发生了错误或违反规则的情况，以便组织机构能够确定是否应采取纪律处分行动。为了确保公平对待相关人员，负责做出这一决定的人必须具备必要的专门知识，以便能够充分考虑事件的背景。

安全数据和安全信息以及报告者的保护政策可以对报告文化产生积极影响。服务提供者和国家应允许隐去报告者的身份信息并对报告进行汇总，以便在不牵连个人或特定服务提供者的情况下进行有意义的安全分析。由于重大事件可能要求采用服务提供者安全管理体系之外的过程和程序，所以相关国家当局可能不允许所有情况下均及早隐去报告者的身份信息。但是，制定一项允许适当去除报告者身份信息的政策可提高所收集数据的质量。

2. 安全目标

安全目标是高层就有待取得的安全业绩或期望的结果所作的简要陈述。安全目标为组织机构的活动提供方向，因此应该与阐明组织机构高层在安全方面所作承诺的安全政策相一致，它们也有助于将安全优先事项传达给全体人员和整个航空界。确立安全目标为安全绩效管理过程提供了战略方向，并为安全相关的决策提供了可靠的依据。在修改政策或过程，或分配组织机构的资源以力求提高安全绩效时，安全绩效管理应成为首要的考量。

服务提供者应在考虑到安全政策的情况下确定安全目标，以规定其在安全成果方面所要实现的效果。安全目标应简短、高层次地陈述组织机构的安全优先事项，并应涉及最重大的安全风险。安全目标可以包括在安全政策中（或者单独形成文件），并规定组织机构在安全方面打算实现的目标。需要确定安全绩效指标（Safety Performance Indicators，SPIs）和安全绩效目标（Safety Performance Targets，SPTs），以便监测这些安全目标的实现情况，具体示例如表 3－1 所列。

表 3－1 安全目标示例

过程导向	国家或服务提供者	提高安全报告级别
结果导向	服务提供者	降低不良停机坪安全事件的发生率。（高层）或以上一年为基准，减少每年不良停机坪安全事件的数量
	国家	减少 X 部门每年安全事件数量

安全目标可以是：

① 过程导向的：从期望操作人员开展的安全行为或组织机构为管理安全风险而采取的行动绩效方面加以说明；

② 结果导向的：包含遏制事故发生或运行损失方面的行动和趋势。

整套安全目标应包括过程导向和结果导向两种目标的组合，以便为安全绩效指标和安全绩效目标提供足够的覆盖范围和方向。安全目标本身不必是具体的、可衡量的、可实现的、相关的和及时的 SMART，只要安全目标与配套的安全绩效指标和安全绩效目标构成一个整体，使组织机构能够展示它是否在保持或提高其安全绩效即可。

制订的安全目标应包括远景目标和年度目标，并且应被不断地细化和尽可能量化，从而形成符合国家、行业主管部门相关要求及自身特点和定位的安全目标体系，同时具有明确的责任界定、可操作性和激励导向作用。由于通用航空的组织体系与运输航空组织体系差异较大，通用航空受到许多因素影响难以达到要求，因此在制定和分解目标时应充分考虑不同通用航空企业的运行特点。组织机构要建立适应规模和生产发展需要、符合国家及民航行业要求的权责明晰、管理高效的组织机构和运行机制，完善安全运行的问责办法，落实全员安全责任制。文件体系要便于查阅和追溯，确保不同文件的一致性并与运行环境相符合，建立文件发布、发放、受控、搜集、审核、存档、记录、查阅、更新、修订及废止的程序和制度。

3.2 安全责任制

3.2.1 责任主管

责任主管通常是首席执行官，是对组织的安全运行有最高权力的人。责任主管制订并推动落实安全政策和安全目标，将安全作为组织机构的一项核心价值观予以灌输。责任主管有权代表组织机构做出决定、控制财政和人力资源，负责确保采取适当行动处理安全问题和安全风险，以及负责对事故和征候采取应对措施。

服务提供者在确定最合适担任责任主管的人选方面可能存在着挑战，对于拥有多个实体和多个证书、多重授权或批准的大型复杂组织，挑战尤为突出。被选中的人须在组织中处于最高层，从而确保可做出正确的战略性安全决策。

服务提供者须确定责任主管，将确保总体安全绩效的责任赋予组织内有权采取行动以确保有效实施安全管理体系的这一级。应界定所有管理人员的具体安全职责，他们在安全管理体系实施方面的作用应反映出他们如何推动建立一种积极的安全文化。安全责任、问责和权力应记录在案，并在整个组织内进行传达。管理人员的安全职责应包括分配必要的人力、技术、财政或其他资源，以有效和高效地实施安全管理体系。

如果安全管理体系适用于归属于同一法律实体的多个不同证书、授权或批准，则应确定一个单独的责任主管。如果无法做到这一点，则应为每个组织证书、授权或批准确定单独的责任主管，并明确界定职责分工；同时还必须确定如何对他们的安全职责进行协调。

责任主管以一种显见方式参与其中的有效方法之一是定期召开行政人员安全会议。由于责任主管对组织的安全负有最终责任，所以积极参与这些会议能够让他们：

① 审查安全目标；

② 监测安全绩效及安全目标达成情况；

③ 及时做出安全决策；

④ 分配适当的资源；

⑤ 要求管理人员对安全责任、绩效和实施时间表负责；

⑥ 被所有人员看到自己是一名关注并负责安全事务的行政人员。

通常，责任主管不参与组织的日常活动，也不参与处理工作场所面临的问题，但应确保有一个适当的组织结构来管理和运行安全管理体系。安全管理责任往往被委托给高级管理团队和其他关键安全人员。尽管安全管理体系日常运作的责任可以委托出去，但责任主管不能把对安全管理体系的问责也委托出去，也不能把安全风险的决策权委托出去。例如，不能委托下列安全问责：

① 确保安全政策是合适的并进行政策传达；

② 确保分配必要的资源(融资、人员、培训、采购)；

③ 设定可接受的安全风险范围，并提供资源以实施必要的控制措施。

责任主管宜承担下列安全问责：

① 提供足够的财政和人力资源，以适当实施有效的安全管理体系；

② 宣传一种积极的安全文化；

③ 制定和推行安全政策；

④ 确定组织的安全目标；

⑤ 确保安全管理体系得到适当实施且按照要求来执行；

⑥ 确保安全管理体系得以持续改进。

责任主管的权力包括但不限于在以下方面有最终权力：

① 解决所有安全问题；

② 根据组织的证书、授权或批准进行运作，包括有权停止运行或活动。

应界定就安全风险承受能力做出决定的权力，这涉及谁能就风险的可接受性做出决定，并涉及商定实施变更的权力。这种权力可以分配给某个人、某个管理职位或某个委员会。就安全风险承受能力做出决定的权力应与管理者的总体决策权和资源分配权相称，可授权级别较低的管理者(或管理小组)就不超过某个级别的安全风险的承受能力做出决定。超出管理者权力范围的风险水平必须交由权力更大的更高一级的管理者来考虑。

3.2.2 问责和责任

应明确界定参与履行安全相关职责以支持安全产品和服务交付的所有员工、管理人员和工作人员的问责和责任。安全责任应侧重于工作人员对组织安全绩效(组织安全成果)的贡献。安全管理是一项核心职能,因此每位高级管理人员都应在一定程度上参与安全管理体系的运行。

所有明确界定的问责、责任和权限都应在服务提供者的安全管理体系文件中说明,并应在整个组织内传达。每名高级管理人员的安全问责和责任是其职位说明的组成部分,还应对一线管理人员和安全管理人员之间的安全管理职能进行区分。

整个组织安全问责的划分及如何对划分加以界定取决于组织的类型和复杂性,以及它们的首选传达方法。通常,安全问责和责任将反映在组织结构图、部门责任的界定文件以及人员职务或职责说明中。服务提供者应力求避免工作人员的安全责任与其他组织责任之间出现利益冲突,在分配其安全管理体系问责和责任时,应最大程度减少他们的重叠和/或差距。

3.2.3 针对外部组织的问责和责任

1. 企业的安全主体责任

(1) 法律角度

企业(包括某些事业单位)是生产和经营的主体,企业的性质、功能、地位决定了它对于安全生产负有直接的主体性责任。根据《安全生产法》,企业承担安全生产的主体责任,发生安全生产事故,主体责任其无可推卸。

(2) 社会责任

企业作为社会组织不仅要履行经济功能还要履行社会功能,不仅要讲经济效益还要讲社会责任。消费者和全社会安全放心地使用产品、享受服务,是企业社会责任的最核心内容,也是企业道德规范的最集中体现。以民航而言,由于航空运输的特殊性,一旦出现安全问题、发生重大飞行事故,不仅会给国家和人民生命财产造成重大损失,还会影响人心的稳定和社会的和谐,造成严重的社会后果。航空企业的本质属性决定了航空企业一定要有政治意识和大局意识。

(3) 企业角度

安全事关消费者的切身利益,也事关企业自身的兴衰存亡。安全生产是企业发展的重要前提,安全永远比速度更重要,质量永远比数量更宝贵,对于航空企业来说安全更具有特殊意义。大量事实表明,发生飞行事故将对航空公司的品牌形象和经济效益带来巨大、持久的负面影响，恢复元气需要相当长的时间和付出数倍的努力，而由此一蹶不振乃至破产者也不乏其例。

企业作为安全生产的主体责任，主要应做到：

① 时刻牢记安全第一的方针，正确处理安全与效益的关系，把安全运营纳入企业总体规划防止以牺牲安全求效益。其实，安全第一与以效益为中心并不矛盾，安全第一是指企业在生产的运行中一定要坚持安全第一的方针，以效益为中心是指企业整个经营活动的指向，二者是相辅相成的。

② 注重维护安全链条的系统性和稳固性，安排和组织生产运营要全面考虑、统筹兼顾，防止顾此失彼在安全上出现漏洞，从而影响整个安全大局。

③ 要着力抓住影响安全的关键环节和细节，从抓主要矛盾入手，掌握安全生产的主动权，增强安全生产的可靠度，同时吸取以往安全漏洞往往出自细节的教训，关注细节，防止“安全之堤溃于蚁穴”。

④ 不断完善有关安全的规章制度，依法治企，从严治企，并加强督促检查确保规章制度落实到位不留死角。

⑤ 抓好安全培训，做到制度化、系统化、动态化、全员化。

企业作为安全生产的责任主体，必须把安全作为经营活动的中心，想尽一切办法采取一切措施落实责任、杜绝事故。

2. 政府的安全监督责任

（1）责任政府

在安全生产上，政府相关部门负有安全监管责任。这一责任同样是十分明确、无可推卸的，各级政府相关部门和相关工作人员都必须认识到位、监管到位、恪尽职守、有所作为。

政府相关部门对企业实施安全监管，既是法律赋予的神圣职责，也是落实党执政理念的实际行动。《安全生产法》等有关法律法规明确规定政府承担安全监管的责任。党是执政党，党的宗旨是全心全意为人民服务。对人民负责、为人民服务，其中最重要、最根本的是维护好人民群众的生命财产和生活安全。党的宗旨和国家性质决定了我国的政府机构是责任政府。

责任政府有两方面的含义：一方面，政府的部门职责和官员的岗位职责都是非常明确的，都有充分的法律依据，政府相关部门和官员完全应该而且能够依照法律法规，采用多种方式充分行使安全生产监管的职权，在保证安全上有所作为，最大限度维护人民群众的切身利益；另一方面，政府部门和官员如果在安全生产上监管不力，失察、失职、失责，一旦发生重大责任事故，就要被“问责”，甚至被依法追究法律责任。

我国航空安全监督体系架构如图 3－1 所示。

机构	（综合性：安全检查、安全信息和事故调查）	（专业性）
民航局 （立法决策层）	＝航空安全办公室＋	飞行标准司、航空器适航审定司、机场司、运输司、空管行业管理办公室、公安局
地区管理局 （组织实施层）	＝航空安全办公室＋	飞行标准处、适航维修处、航空卫生处、航务管理处、适航审定处、机场管理处、市场管理处、空中交通管制处、通信导航监视处、航空气象处、公安局、通用航空处
安全监督管理局 （监督执法层）	＝航空安全办公室＋	飞行标准处、适航维修处、航务处、机场处、运输处、空中交通管理处、空防处

图 3－1 我国航空安全监督体系架构（层级由高到低）

（2）政府做法

政府落实安全生产的监管责任，主要应把握以下几点：一是要建立和完善法律法规，做到有法可依，有规可鉴，依法监管。监管不是靠长官意志，也不能随心所欲，而要依法办事，按规行事。一部好的法律法规制定出台不易，颁发之后也不能一劳永逸，除了认真抓好落实之外，还要加强调查研究，根据新情况、新问题，不断总结、丰富、完善有关法律、法规。二是要按照公平、公正、公开的原则，依法行使监管职权。只有让权力在阳光下运行，自觉接受社会监督，才能取信于民，进而提高政府的权威，增强监管的力度和诚信度。三是要严肃执法，不徇私情。四是要对企业加强正面引导，在安全上给以切实有效的帮助。实现安全生产，重在预防。一个负责任、高效率、赢得企业尊重和拥护的政府监管部门，应当有远见卓识，在事前不断给企业提出行之有效的安全建议和指导性意见，引导和帮助企业做好安全运营。

近年来，随着经济的快速发展、国民需求的不断提高，国家开始大力发展通用航空。伴随着低空空域的逐步开放和鼓励政策的接连出台，我国通用航空受到各界人士越来越多的关注，逐渐成为发展的热点。根据中国航空运输协会发布的《2020—2021 中国通用航空发展报告》数据，2020 年，全国的通航企业中经营性通航企业 523 家，占到总数的 95％，非经营性通航企业 16 家，航校 9 家。截至 2021 年 6 月，我国通用航空运营企业数量达到 565 家。2020 年，受新冠肺炎疫情影响，全行业完成通用航空生产飞行 98.4 万小时，比上年下降 7.6％。2021 年上半年，完成通用航空飞行 52.6 万小时，同比增长 50.3％。

但是，在通用航空飞速发展的同时，通用航空公司的运行安全问题逐渐凸显出来，事故频发。2017年7月2日，黑龙江某通航公司Y5飞机在黑龙江佳木斯胜利农场执行农化作业任务，飞机着陆滑跑阶段偏出跑道，螺旋桨触地受损，无人员伤亡。2018年7月30日，北京某通航公司贝尔429直升机在执行任务过程中突发状况迫降，航空器报废，机上成员（机组成员2名，随机机务2名）均为轻伤。虽然与运输航空相比，通用航空事故的严重程度和损失要小得多，但是根据《中国民航安全信息统计报告》的数据来看，通用航空事故万架次率和通用航空死亡事故万架次率均处于较高的水平，在这种情况下，安全问题成为了制约发展的首要问题。因此，指导意见中明确指出，要强化安全监管，确保低空飞行安全有序。如何在放宽政策、降低标准的情况下，有效地预防和减少事故，尽可能地保障通用航空公司安全快速的发展；如何在符合发展政策的前提下，改变原本对于通用航空来说过于严苛的传统"保姆式"的监管模式，对通用航空进行精准高效的监管，更是成为了民航政府面临的重大挑战。

结合国内法律法规对通用航空的分类方式，只针对持有CCAR－91部商业非运输运营人运行合格证的通用航空公司进行研究。在施以相同的监管模式和监管内容但通航事故依旧频发的情况下，发现目前国内通航安全监管存在安全监管法规不健全和监管模式不适应通航发展需求的问题，对比运输航空和通用航空的运行特点，分析得出存在问题的原因是我国民航行政管理失衡和监管内容及重点缺乏针对性。

3. 领导者的安全领导责任

（1）领导者职责

这里所说的领导者，既包括政府部门、事业单位的领导干部，也包括企业的领导干部。任何单位的领导者都要在其位，谋其政，任其职，尽其责，任职一处，就要保一处平安。

领导干部特别是主要领导干部，是本行业、本部门、本单位的主要当家人，主要当家人自然是安全的第一责任人。领导干部特别是主要领导干部一定要有很强的安全意识、平安意识，带头研究安全生产和确保一方平安的工作规律，从而牢牢把握确保一方平安的主动权。

（2）领导者做法

从工作思路上说，领导干部履行安全领导责任主要应坚持以下几点：

一是把保证安全作为自己的重大职责，时刻把安全放在心上，带头强化安全意识，把安全与行业、部门、企业的整体发展进行统筹谋划，提出实现安全发展的理念，以统一思想，达成共识，形成合力。

二是将安全问题列入班子的议事日程，完善抓安全的工作机制，突出长效和务实特色，做到有计划、有部署、有检查、有分析、有反馈，运用集体智慧取得安全生产的领导权和主动权。

三是搞好组织协调，把安全作为系统工程，齐抓共管，形成主要领导亲自抓，分管领导具体抓，其他领导配合抓的生动局面，尤其要防止结合部上出现薄弱环节而导致问题发生。

四是严格管理，严格要求，严肃纪律，严明奖惩。敢于坚持原则，善于解决影响安全的老大难问题。

五是关注安全投入，合理配置安全资源，舍得在基础建设、网络建设、新技术和新设备采用、人员培训等事关安全的软硬件方面投入人力、物力、财力。

六是注重总结经验抓典型，善于运用正反两方面的典型经验、典型做法、典型人物推动安全工作，引领安全发展。

落实领导者的安全领导责任，忧患意识至关重要，领导干部无论是分析安全形势，还是部署安全工作，都要自我加压。

4. 员工的安全岗位责任

(1) 员工作用

领导者的安全领导责任和员工的安全岗位责任，都是企业安全主体责任的组成部分，只不过员工身处一线，是生产运营的直接实施者、操作者，也是安全责任的最后一道把关者。员工所负的安全责任同样是重大的，而且是最直接、无可替代的。

(2) 员工做法

员工认真履行安全岗位责任，实质上是爱岗敬业、恪守职业道德的表现。在保证安全生产上，爱岗敬业、恪守职业道德的内涵有五点：一是责任意识强，主人翁姿态鲜明。员工要真正把自己当作企业的主人、安全的主人。二是刻苦钻研业务，熟练掌握技术，能在本职业务方面及时发现安全问题，堵塞安全漏洞，化解技术难点，绝不因自己业务、技术方面的局限而危及安全，酿成事故。三是遵章守纪，严谨细致，章法意识强，工作一丝不苟，杜绝因违规操作和作风粗疏而导致征候，甚至发生事故。四是胸怀全局，善于协作，勇于把关，每个员工都是信息传递者、上下环直接沟通者，员工共同承担着安全重任，因此相互间的团结、协作，相互间的提醒、把关、监督非常必要。五是善于思考问题，积极建言献策，以安全生产为己任，随时将本单位存在的薄弱环节和安全隐患主动反馈给管理者，并积极提出合理化建议，为确保安全生产贡献自己的聪明才智。

通用航空公司能够合法运营的根本就是要有具备专业资质的一线人员，比如通航飞行员要通过 CCAR - 61 资质合格审定、空管和签派人员具备上岗执照、机务维修人员具备基本的维修资质等。从《通用航空经营许可管理规定》的内容可以看出，人员资质要求是市场准入过程中批准通用航空经营许可的基本要求，也是通用航空公司运行是否安全的基本保障。基本的专业技能是通航一线人员上岗的底线，通航人员专业的业务知识和业务能力（这里的业务能力指通航一线人员的专业技术水平，比如通航飞行员的飞行技术、通航机务人员的维修技术）是其完成一项任务的基本保障。以通航飞行员为例，他们必须具有扎实的基本理论飞行知识，并具备一定的驾驶技巧，通用航空执行任务的地域、气候等一系列因素都会对飞行任务的难度产生影响，对飞行员的飞行技术有着一定的要求，如果正常情况下飞行员的驾驶水平就一般，则很容易导致飞行事故。2018年6月2日，一架喷洒农药的直升飞机因驾驶员操作不当飞得过低，触碰到了高压线，造成直升机坠毁，驾驶员遇难。我国通用航空企业内的人员大多数是原本长期从事公共运输航空相关技术工作的人员，对通用航空有关的法律法规、规章及标准的要求并不熟悉，以通航机务人员为例，公共运输航空和通用航空执行飞行任务所使用的民用航空器机型存在着本质的区别，且因为通用航空飞行作业内容的不同，通用航空的航空器品种繁杂，需要机务维修人员至少熟悉并熟练掌握其所属通用航空公司在役的所有机型的航空器的相关维修知识。专业熟练的业务知识和高水准的技术水平，能够确保通航人员在错综复杂的情况下采取最有效的措施，最大程度地减少安全隐患，保证通用航空公司的安全运行。

3.3 任命关键的安全人员

任命一位或多位称职的人员来履行安全管理人员的职责，对安全管理体系的有效实施和运行至关重要。安全管理人员可以有不同的称谓，本章节使用“安全管理人员”这一通用术语，它指的是职能，不一定指个人。执行安全管理人员职能的个人由责任主管负责，负责实施安全管理体系并向组织内部其他部门提供安全服务。

安全管理人员还应向责任主管和一线管理人员提供安全管理事宜方面的建议，并负责在组织机构内部以及与航空界外部成员进行安全问题的协调和沟通。安全管理人员的职能包括但不限于以下方面：

① 代表责任主管管理安全管理体系的实施计划（在初步实施之后）；

② 开展/推动危险识别和安全风险分析；

③ 监测纠正行动并评估纠正行动的结果；

④ 提交关于组织安全绩效的定期报告；

⑤ 维护安全管理体系文件和记录；

⑥ 规划并推动员工安全培训；

⑦ 就安全事务提供独立意见；

⑧ 监测航空业内的安全问题，以及这些问题对组织提供产品和服务的运行所产生的可被感知的影响；

⑨（代表责任主管）与国家民航局和其他国家当局就安全相关事宜进行必要的协调和沟通。

大多数组织均任命某一个人为安全管理人员，根据组织的规模、性质和复杂性，安全管理人员的职责可能是一项专职，也可能同时包含其他职责。此外，一些组织可能需要将这一职责分配给一群人，组织必须确保所选择的选项不会导致任何利益冲突。安全管理人员应尽可能不直接参与产品或服务的交付，但应具备这些方面的工作知识。人员任命还应考虑到与其他任务和职能之间的潜在利益冲突，此类利益冲突可能包括：

① 资金方面的竞争（例如：财务经理兼职安全管理人员）；

② 资源方面的优先次序冲突；

③ 安全管理人员参与运行，同时还能对其参与的运行活动的安全管理体系的有效性进行评估。

如果将职能分配给一群人（例如：当服务提供者将其安全管理体系扩展到涵盖多项活动时），应指定其中一人为“首席”安全管理员，以保持一条向责任主管进行直接和明确报告的路径。安全管理人员的胜任能力应包括但不限于以下方面：

① 安全、质量管理经验；

② 组织所提供产品或服务方面的操作经验；

③ 具有技术背景，了解对运行或所提供产品/服务提供支持的系统；

④ 人际交往技能；

⑤ 分析和解决问题的技巧；

⑥ 项目管理技巧；

⑦ 口头和书面沟通技巧；

⑧ 了解人的因素。

根据组织的规模、性质和复杂性，可调用额外的工作人员来支持安全管理人员。安全管理人员和辅助人员负责确保及时收集和分析安全数据，并在组织内适当分发相关安全信息，以便必要时做出安全风险决策和采取控制措施。服务提供者应建立适当的安全委员会，以支持整个组织内各项安全管理体系职能，例如确定谁应参加安全委员会和会议召开频次。最高一级的安全委员会有时称为安全审查委员会（Safety Review Committee，SRC），它包括责任主管和高级管理人员，安全管理人员以顾问身份参加。安全审查委员会是战略性委员会，处理与安全政策、资源分配和组织绩效相关的高级别问题。安全审查委员会应监测以下内容：

① 安全管理体系的有效性；

② 是否及时采取了应对措施以实施必要的安全风险控制措施；

③ 是否达到了组织安全政策和目标规定的安全绩效；

④ 安全风险缓解战略的总体有效性；

⑤ 组织安全管理过程的有效性，以支持所宣布的组织内部安全管理方面的优先事项和提升整个组织的安全水平。

最高级别的安全委员会制定战略目标后，应立即在整个组织内协调实施安全战略。这可通过建立更注重操作的安全行动小组(Safety Action Group，SAG)来实现。安全行动小组通常由管理人员和一线人员组成，并由指定的管理人员担任组长，安全行动小组是根据安全审查委员会制定的战略来处理具体实施问题的战术实体。

安全行动小组的职责如下：

① 监测组织各职能领域的运行安全绩效，并确保开展适当的安全风险管理活动；

② 审查现有安全数据，确定适当的安全风险控制战略实施建议，并确保提供员工反馈；

③ 评估运行变更或新技术的引入所产生的安全影响；

④ 协调实施与安全风险控制有关的任何行动，并确保迅速采取行动；

⑤ 审查具体的安全风险控制措施的有效性。

3.4 安全管理体系文件

安全管理体系文件应包括最高级别的《安全管理体系手册》，该手册描述服务提供者的安全管理体系政策、过程和程序，以便于组织对安全管理体系进行内部管理、沟通和维护。它应能帮助相关人员了解组织安全管理体系的功能以及如何实现安全政策和目的。该文件应包括系统描述，即对安全管理体系的边界予以明确。它还应有助于澄清各种政策、过程、程序与做法之间的关系，并说明这些方面如何与服务提供者的安全政策和目的相关联。文件应改编和编写成涵盖易于被组织内所有人员了解的日常安全管理活动。

《安全管理体系手册》还可作为服务提供者与关键安全利害攸关方之间的一种主要安全信息交流工具(如服务提供者与民航局之间的交流工具，以便于监管层对安全管理体系进行认可、加以评估和后续监测)。《安全管理体系手册》可以是一个独立的文件，也可将其与服务提供者保有的其他组织文件(或文档)进行整合。如果组织的安全管理体系过程已在现有文件中进行了详述，只需适当交叉引用此类文件，此种安全管理体系文件必须随时更新。由于《安全管理体系手册》是受控文件，所以在对手册进行重大修订之前，需征得民航局同意。

《安全管理体系手册》应详细描述服务提供者的政策、过程和程序，包括：

① 安全政策和安全目标；

② 任何适用的安全管理体系的规范性要求；

③ 系统描述；

④ 安全问责和关键安全人员；

⑤ 自愿性和强制性安全报告系统的过程和程序；

⑥ 危险识别和安全风险评估过程和程序；

⑦ 安全调查程序；

⑧ 建立和监测安全绩效指标的程序；

⑨ 安全管理体系培训的过程、程序和传达；

⑩ 安全信息交流过程和程序；

⑪ 内部审计程序；

⑫ 变更管理程序；

⑬ 安全管理体系文件管理程序；

⑭ 在适用的情况下，对应急预案制订工作的协调。

安全管理体系的文件还包括编写与维护可证实安全管理体系存在并持续运行的运行记录。运行记录是安全风险管理和安全保证活动等安全管理体系各种过程和程序的输出，应存储安全管理体系运行记录并按照现有的保留期限予以保存。

安全管理体系运行记录通常应该包括：

① 危险登记册和危险/安全报告；

② 安全绩效指标和相关图表；

③ 完整安全风险评估记录；

④ 安全管理体系内部审查或审计记录；

⑤ 内部审计记录；

⑥ 安全管理体系记录/安全培训记录；

⑦ 安全管理体系/安全委员会会议纪要；

⑧ 安全管理体系实施计划(初步实施期间)；

⑨ 为支持实施计划进行的差距分析。

第 4 章

通用航空安全风险管理

4.1 通航安全风险管理概述

通用航空安全风险是一种潜在的、负面的东西，处于未发生的状态。“风险”这个词来源于意大利语，本意为客观的危险，现在这个词已经引申为“具有破坏性或使航空系统受损的机会或危险”。通用航空安全风险就是指与通用航空业安全运营紧密联系并被视为影响民航机构或组织实现可持续发展的事件或特定方式。当通用航空安全风险由未发生状态变成已发生状态时，通用航空安全风险就演变成了不安全事件。

安全风险管理(Safety Risk Management，SRM)是安全管理的重要组成部分，它包括危险识别、安全风险评估、安全风险缓解。安全风险管理是一个持续的活动，因为航空系统不断发生变化，所以可能引入新的危险，并且一些危险和相关的安全风险可能会随着时间而改变。此外，必须对所实施的安全风险缓解策略的有效性进行监测，以确定是否需要采取进一步行动。安全风险管理过程可系统地识别产品或服务交付背景下存在的危险。危险可能源自在设计、技术功能、人机接口或与其他过程和系统的交互方面存在缺陷的系统，也可能源自不能根据服务提供者运行环境的变化做出调整的现有过程或系统。对这些因素进行仔细分析常常可识别出在运行或活动生命周期内任何节点存在的潜在危险。

风险管理是安全管理体系框架中最核心的要素，通过对通航公司进行风险管理，识别企业生产经营活动中存在的危险、有害因素，运用定性或定量的统计分析方法对其进行评估，进而确定风险缓解的优先顺序和风险管理措施，达到以最少的成本改善安全生产环境、减少和杜绝通航安全事故的目的。通用航空公司风险管理程序主要由系统与工作分析、危险源识别、风险分析、风险评价和风险控制五部分组成，如图 4－1 所示。

4.2 系统与工作分析

危险是指可能导致伤害、疾病、财产损失、工作环境破坏或这些情况组合的根源或状态。风险是指某一特定危险情况发生的可能性和严重度的组合，是衡量危险性的指标。风险管理是指应用管理方法来识别、评估、消除或控制风险的活动。通用航空公司通过风险管理系统消除和控制各种风险，使通用航空风险控制在可以接受的范围之内。一段时期以来，人类对事故的态度更偏向于重视对其预测和预防，似乎认为对事故能够预测准确，误差很小，就能正确采取措施，从而消除事故。其实这种做法是不够全面的，说明对事故风险还缺乏应有的认识，而只停留在对危险认识的水平上，人类的劳动安全认识层次应是事故—危险—风险。当前的安全科学技术更大程度上只认识了事故和危险这两个层次，而这里提出风险这一层次是基于如下理解的。

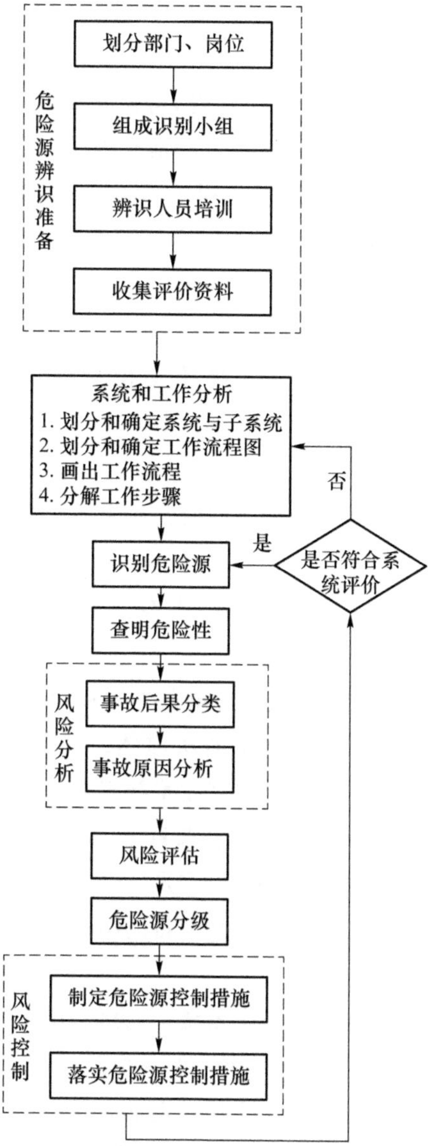

图 4-1　风险管理流程图

(1) 风险是客观存在的，人类要生产，要发展技术，就不可避免要有事故风险

人类生产和生活中的客观现象是有一定风险的，可能造成事故损失，也可能带来更大利益。如果用“危险”一词，它不包含后一种意义，显然是不全面的。这一理解说明，在强调预防事故时，应以“危险”作为重要的对象。但站在全面、系统的高度认识问题，“风险”是更为客观和根本的研究对象。以风险作为研究的核心和目标，在处理实际问题时，如处理生产与安全的关系、安全与经济的关系时，才能抓住问题的本质，较好地解决问题。

(2) 从经济学的角度探讨安全生产问题，需要建立风险的概念

因为人类在社会任何阶段的经济能力都是有限的，安全的技术能力也是有限的，而生产的技术则不断地发展，因此，不得不面临“风险的选择”。综上所述，为了更好地做好安全生产工作，需要对风险进行分析研究。

风险分析的主要内容有：

(1) 风险辨识

研究和分析哪里(什么技术、什么作业、什么位置)有风险，后果(形式、种类)如何，有哪些参数特征。

(2) 风险估计

风险率多大？风险的概率大小分布如何？后果的严重程度是多少？

(3) 风险评价

风险的边际值应是多少？风险-效益-成本分析结果怎样？如何处理和对待风险？

安全系统是以人为中心，由与安全问题有关的相关联系、相互作用、相互制约的若干个因素结合成的具有特定功能的有机整体。安全系统由安全工程、卫生与健康、安全管理、人机工程、预测技术、控制技术等组成。

安全系统是人-机-环境相互交融的复杂系统，其结构、功能与行为之间，系统与环境之间是动态、辩证的对立统一关系；它是一个十分复杂的、开放的、动态的巨系统，除了具有一般系统的特点外，还有其独特的结构特点：

(1) 安全分析的系统性

与环境有关的影响因素构成了安全系统，一方面，由于与安全有关的因素纷繁交错，所以安全系统是一个复杂的巨系统；另一方面，由于安全系统中的各因素之间，以及因素与目标之间的关系多数具有一定的灰度，所以安全系统也是灰色系统。安全系统的目标不是寻找最优解，这是因为安全系统目标的多元化，以及安全目标的极强相对性、时间延滞性与其理想化理念难以协调，所以安全系统的目标解是具有一定灰度的满意度或可接受解。

(2) 安全信息的反馈性

安全系统是以人为中心的人机匹配、有反馈过程的系统。因此,无论是在系统设计阶段还是在系统运行阶段,都要充分考虑人与机器的互相协调。

(3) 安全控制的相关性

安全系统是工程系统与社会系统的结合,在系统中处于中心地位的人受到社会、政治、文化、经济技术和家庭的影响,只有考虑到以上各方面的因素,系统中的控制才能更为有效。

(4) 安全事故的随机性

安全事故(系统的不安全状态)的发生具有随机性,首先是事故发生与否呈现出不确定性,其次是事故发生后将造成什么样的后果事先也没办法确切得知。

(5) 事故识别的模糊性

安全系统中存在着一些无法进行描述的因素,对安全系统状态的描述无法实现明确的量化。

4.3 危险源识别

危险识别是安全风险管理过程的第一步。服务提供者应确定并维护一个正式的过程,用于识别可能影响所有运行和活动领域航空安全的危险,这涉及设备、设施和系统,识别并控制任何与航空安全相关的危险都有利于运行安全。此外,需要考虑安全管理体系与外部组织机构对接可能带来的危险。

4.3.1 危险源分类

危险源指的是会影响正常飞行的一切危险隐患,主要包括以下三类:一是自然危险源,包括不利的航空气象、自然灾害以及不利的地面条件。例如,当飞机在飞行中遇到强气流、暴风雨等自然灾害,飞机运行就会受到干扰,如果处理不当,就可能演变为航空事故。二是经济危险源,这是宏观层面的危险源,经济成本及设备成本的变化会影响航空的安全管理。三是技术危险源,航空设备都能够起到相应的技术功能,如果硬件出现问题,就无法准确、有效、及时地为航空飞行提供能源服务,大大影响飞行的安全性。

自然危险源是运行发生的自然环境,它包括:

① 恶劣天气或气候环境(如飓风、雪灾、旱灾、龙卷风、雷雨、闪电和风切变);

② 不利天气情况(如结冰、冰雹、大雨、下雪、风和能见度受限);

③ 地球物理事件(如地震、火山爆发、海啸、洪水和滑坡);

④ 地理条件(如不利的地形和大片水域);

⑤ 环境条件(如森林大火、野生动物活动和虫害)。

经济危险源包括:

① 材料成本波动;

② 设备成本变化;

③ 经济发展形势突变。

技术危险源是与安全功能相关的各种危险(可能的硬件失效、软件故障或出现警告等)。技术危险源可能来自如下设备的缺陷:

① 航空器和航空器组成部分、系统、子系统和相关设备;

② 组织的设施、工具和相关设备;

③ 组织外部的设施、系统、子系统和相关设备。

4.3.2 危险源识别与标识

1. 危险源识别方法

危险源识别是风险管理中最基础和重要的环节,正确识别危险源,能够准确地对危险源进行控制,保证飞行过程的安全性和可靠性。在民航系统中,危险源被定义为:可能导致人员伤害或财物损失事故的、潜在的不安全因素。危险源识别(辨别)就是识别危险源存在并确定其特性的过程。

现阶段,危险源识别技术大体分为三种类型。第一种类型是经验法即人工分析法,将领域相关标准和专家经验相结合,通过标准的评价过程对危险源进行分析,但该方法需要消耗大量的人力物力资源,并且不能够充分地利用人的领域知识和经验。第二种类型是计算机辅助的方法,该方法通过计算机辅助的方式建立系统模型或完成人的分析过程,然后通过模型分析对危险源进行识别,但是该方法仍然不能充分利用现有的经验知识。第三种类型是以专家系统为代表的智能化危险源识别,这类方法在分析的过程中运用机器学习的方法,解放了人力,基本不需要人类的参与。这种方法一个最典型的例子就是建立以案例推理方法为核心的软件框架,该方法虽然利用了已有的经验知识,但是随着系统的发展,暴露出了经验数据库膨胀和适应能力差的问题,并且由于算法采用最邻近方法来求解最邻近问题,故在数据和维度较少时表现出较优越的性能,但数据量增多时,就降低了效率与准确率。由此可见,在危险源识别过程中仍然存在以下几个问题:

① 识别方法不够灵活,不能自适应地学习新的数据特征;

② 在识别过程中只能依照有限的标准或方法识别,不能综合考虑系统各个部件和参数;

③ 由于存储介质容量的限制,对于已经识别的危险源知识不能充分地利用;

④ 对于大规模复杂型数据，方法处理能力有限，精确度不高。

2. 危险源标识方法

只有实现对危险源的标准化和规范化认识，才能真正的将数据作为安全管理的驱动力。从理论上讲，一个有限的系统，其包括的危险源也是有限的，可以通过梳理的办法将全部危险源列举出来。通过规范的语言范式和结构来表述危险源，以建立系统的标准危险源群，目的在于便于日后的危险源检索、统计，以及为后续的风险动态管理和监控提供准确的统计数据支持。在通航系统中，危险源是客观存在的，而风险是危险源在某种触发状态下可能导致的安全事件或不希望发生的后果，在实际运用的过程中，人们往往存在着将危险源与风险相混淆的倾向。但若以某一种后果来标识危险源，不仅可能会掩盖所涉及危险源的真实本质和破坏潜力，更重要的是会对该危险源可能产成的其他重要后果造成影响。适当地标识危险源有助于组织识别危险源的本质和破坏潜力，正确地推导出危险源的根原因或者作用原理，对于评估风险和制定相应的控制措施具有重要的意义。比如"机场标识不清"这一危险源的其中一个潜在后果可能是"跑道侵入"，但是可能还会有其他后果，如地面车辆驶入限制区，航空器滑错滑行道，航空器与地面车辆刮碰等。如果将此危险源标识为"跑道侵入"而非"机场标识不清"，就掩盖了危险源的本质，并且影响到识别其他重要的后果。这就导致风险控制措施的片面性和不完整性，无法从本质上解决问题。因此，在描述危险源时，要切忌将其与特定的一种后果相关联，而应该从后果出发，挖掘出真正潜在的危险源。

要实现危险源的真正标准化标识，有必要分别对第一类危险源和第二类危险源进行标识，第一类危险源和第二类危险源也被称为根危险源和状态危险源。对于根危险源，采用定语结构进行描述，具体可表述为定语（形容词、数量词、名词、代词）＋主语，如高空作业的人、射线探伤的机库区域、滑行的飞机、转动的发动机等。在通航系统中这类危险源较少，因此在实际应用中，需要着重关注第二类危险源即状态危险源的标识。状态危险源主要是指人的不安全行为、物的不安全状态、环境的不安全条件和管理缺陷等。为了便于标识，将ICAO九类危险源按照状态危险源重新进行划分归类：将设计因素（任务、程序类）、程序运行、沟通、个人行为能力归类于人的不安全行为类；设计因素（设备类）、安全防护归类于物的不安全状态；工作环境归类于环境的不安全条件；人力资源、组织因素、监督管理归类于管理缺陷。具体如下：

① 人的不安全行为往往直接导致事故发生，对于这类危险源，一般采用下面的语式进行描述：行为主体＋动作＋行为对象或未……或……未……，如维修人员超出其授权范围工作、人员交接班时缺乏沟通、未做工作签署工作单、器材运输未妥善防护、未控制适航性资料的有效性等；

② 物的不安全状态是指机械设备、工具工装或物质等明显不符合安全要求的状态，包括设备设计缺陷，检测设备工具、报警系统和设备故障等。物的不安全状态和根危险源的区别在于前者主要是指由于人的失误、失职导致的物处于不安全的状态，而后者是指正常状态下物质或物体固有的物理属性。对于这类危险源，可以采用和根危险源同样的表述方式，即定语（形容词、数量词、名词、代词）＋主语，如没有防护装置的传动齿轮、裸露的带电体、未拉安全绳的舱门；

③ 环境因素主要指系统运行的环境，包活温度、湿度、照明、粉尘、通风换气、噪声和振动等物理环境，对民航系统而言还包括企业的文化软环境与企业安全文化氛围等。不良的系统运行环境会引起物的因素问题或人的因素问题，如工作场所强烈的噪声影响人的情绪，分散人的注意力而导致人的失误；工作场所昏暗的灯光对于工作人员的视线产生干扰；企业的文化氛围会影响人的心理，导致人对于安全隐患的疏忽，可能造成人的不安全行为或人为失误。环境的不安全条件一般可简要表述为环境因素状态补语，如通风不良，照明不足，噪声超标等。

④ 管理缺陷主要指管理观念、方法、制度和执行存在问题。管理缺陷是一类统合性比较强的危险源，涉及的要素较多。对这类危险源的描述可能需要运用上述的各种语式，主要可考虑管理因素＋状态补语，外加管理理念方法、制度制定及执行几个方面，如未制定相应的程序或管理规定，程序或管理规定不完善，责任不明确，缺少适当的评价机制，缺乏必要的激励等。

4.3.3 危险源原因分析方法

在目前的危险源分析体系中，危险源分析方法主要分为 3 类：因果分析法、碰撞风险分析法和人因可靠性分析。因果分析法对事故发生的原因和结果建模，分析在事故发生过程中可能引起危险的因素；碰撞风险分析通过分析航空器产生碰撞的起因，以达到防止航空器碰撞的目的；人因可靠性分析考虑在应急情景下人动态的认知过程，以实现人的失误原因分析。这些方法可以从不同的侧面对危险源的原因进行分析，但是分析缺乏全面性。

危险源原因分析的过程就是在危险源数据库中找到不安全事件 X，使得 X 与危险源状态 Y 之间满足 $X \rightarrow Y$，根据关联规则定义可知，危险源原因分析的过程就是在危险源数据库中挖掘危险源与不安全事件之间关联规则的过程。因此，可以通过关联规则挖掘算法对危险源原因进行分析。自 1993 年关联规则挖掘被首次提出后，人们提出了很多相关算法，这些算法通过发现数据库中的频繁项目集来发现关联规则，以 Apriori 算法、频繁模式树算法为代表。目前，关联规则挖掘主要有以下 3 个研究方向：

(1) 基于数据流的关联规则挖掘

算法对联机产生的无界、无序、连续的数据流进行处理，挖掘产生相关的规则。

(2) 基于图的关联规则挖掘

算法发现图表示数据中的具有公共结构的子图，常用来挖掘的数据结构有图和树。

(3) 基于序列的关联规则挖掘

算法发现序列数据库中各个子序列之间的联系。在关联规则挖掘过程中使用的算法大多是以 Apriori 算法和频繁模式树算法为基础加以改进的算法，需要频繁扫描数据库，产生大量候选集，这也是这类算法的不足之处，此外，算法中支持度和置信度的设置也影响着挖掘到关联规则的质量。

关联规则最早是由 Agrawal 等人 1993 年在 ACM SIGMOD(ACM Conference on Management of Data)大会上提出的，目的是解决购物篮分析问题，发现超市商品交易数据库中不同商品之间的联系。在传统的零售商品经营模式下，客户的购买行为是零散的，但是随着超市的流行，用户可以在超市一次购买所有自己所需的商品，销售者可以收集客户的购物数据，并将其存储在交易数据库中。通过对交易数据库中的数据进行分析，可以知道客户在一次购物时会同时购买的商品，获得客户购买模式的一般性规则，从而帮助销售者制定更好的销售策略，有利于商品的交叉销售与推荐。沃尔玛超市曾经就对它的数据仓库中各门店的原始交易数据进行分析，发现跟尿布一起购买最多的商品是啤酒。根据这个发现，沃尔玛调整了货架的位置，把尿布和啤酒放在一起销售，增加了销量。除此之外，关联规则还被广泛地用在医疗、金融、网络入侵检测和地球科学等领域。

关联规则具有如下形式：$X \rightarrow Y$，表示项目集 X 和 Y 共同出现的概率，其中，$X \subseteq I, Y \subseteq I$ 并且 $X \cap Y = \varnothing$。在实际应用中，关联规则通常用支持度和置信度来衡量。在关联规则中，关联规则的支持度是同时包含项目集 X 和 Y 的事务在事务数据库中所占的百分比，形式如下：

$$\text{support}(X \rightarrow Y) = \text{count}(X \cup Y) \tag{4.1}$$

关联规则的置信度指在事务数据库中包含项目集 X 和 Y 的事务数与包含项目集 X 的事务数之比，形式如下：

$$\text{confidence}(X \rightarrow Y) = \text{support}(X \cup Y) / \text{support}(X) \tag{4.2}$$

置信度反映了如果事务中包含 X，则事务包含 Y 的概率。关联规则挖掘就是在事务数据库中找到支持度大于最小支持度 minsup 且置信度大于最小置信度 minconf 的规则。在实际挖掘过程中，主要面临两个问题：发现频繁项目集和产生规则。由于产生规则这个问题相对容易，在实际中人们更关心的是频繁项目集发现的问题，目前研究和应用比较广泛的是 Apriori 算法。

Apriori 算法的核心思想是通过反复扫描数据库，不断利用已有频繁项目集产生新的候选频繁项目集，直到没有新的项目集产生，算法流程如图 4-2 所示。

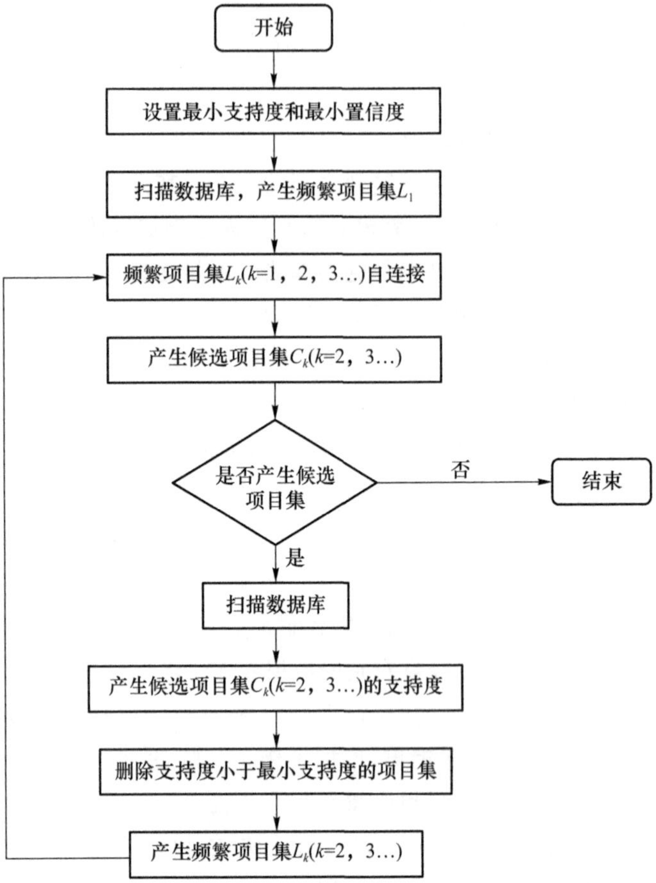

图 4-2　Apriori 算法流程

Apriori 算法产生频繁项的过程主要分为两步：自连接和剪枝。在自连接过程中，通过连接($k-1$)-频繁项目集 L_{k1} 产生 k-候选频繁项目集 C_k，缩小了后续剪枝操作的范围，使得在剪枝操作过程，只须从 C_k 中选取支持度小于最小支持度的项目集纳入频繁项目集中即可。

利用上述过程产生频繁项目集后，就可以通过频繁项目集产生关联规则，具体步骤如下：

① 生成所有频繁项目集 L 的非空子集 X；

② 对 L 的每一个非空子集 X，计算置信度 Confidence(X)，如果 Confidence(X)不小于设置的最小置信度，那么 $X \rightarrow (L-X)$ 就是事务数据库中的一条关联规则。

上述过程是一般关联规则的挖掘过程，但是在传统关联规则挖掘算法中，常常将数据库中的项目看作是同等重要的，没有主要和次要之分，而在实际中的很多时候，用户对每个项目的关心程度是不一样的，有些项目是用户最看重、最关心的，而有些项目是用户不大关注的，这就出现了加权的关联规则，其中，权重就表示用户对项目的重视程度。在加权的关联规则中，重新对频繁项目集和支持做了定义，在给出定义前设 $I=\{i_1,i_2,\cdots,i_m\}$ 是项目集，它的每一项对应的权重为 $w=w\{w_1,w_2,\cdots,w_m\}$，$w_j\in[0,1]$。

加权频繁项目集：

对于项目集 I，如果 $w\text{sup}(I)\geqslant w\text{minsup}$，就称项目集 I 是加权频繁项目集。

加权支持度：

对于关联规则 $X\rightarrow Y$，加权支持度定义为包含项目 X 和 Y 的事务的支持度与权重的函数，即

$$w\text{sup}(X\rightarrow Y)=w(\text{support}(X\cup Y)) \tag{4.3}$$

其中，$w(\cdot)$是权重函数。

在民航安全管理危险源原因分析中，不同的系统状态对系统产生危险的影响不同，即重要程度不同

4.3.4 危险源识别途径

在组织机构内部或外部，存在各种危险识别途径。一些内部途径包括：

(1) 正常运行监测

利用航线运行安全审计(Line Operations Safety Audit，LOSA)等观测技术来监测日常运行和活动。

(2) 自动监测系统

该系统使用飞行数据监控(Flight Data Monitoring，FDM)等自动记录系统来监测可加以分析的参数。

(3) 自愿性和强制性安全报告系统

该报告系统可让包括来自外部组织机构的员工在内的任何人均有机会向组织机构报告危险和其他安全问题。

(4) 审计

审计能够用来识别接受审计的任务或过程中存在的危险。审计还应与组织机构变更进行协调，以查明实施变更所带来的危险。

(5) 来自培训的反馈

交互式(双向)培训可推动培训参与者识别新的危险。

(6) 服务提供者安全调查

在内部安全调查和关于事故/征候的后续报告中所识别的危险。

危险识别的外部途径可举例如下：

(1) 航空事故报告

审查事故报告。这可能与同一国家的事故有关或与类似的航空器机型、地区或运行环境有关。

(2) 国家强制性和自愿性安全报告系统

一些国家提供从服务提供者处收到的安全报告摘要。

(3) 国家监督审计和第三方审计

外部审计有时能够识别出危险。在审计结果中，这些危险可能被记录成未被识别的危险或不加以明显说明。

(4) 行业协会和信息交换系统

许多行业协会和产业集团能够共享安全数据，其中可能包括已识别的危险。

4.4 风险分析与控制

4.4.1 风险分析

通用航空运行系统是由人员、机械设备、环境和管理四要素构成的，具有行业及专业面广、风险程度高和系统高度复杂等特点，主要涉及飞行部、运行控制中心、机务工程部、安全监察部和综合保障部等运行组织部门，在运行活动过程中存在诸多风险因素。基于运行系统和工作过程分析法、SHEL模型、人-机-环-管系统的分析，结合国内外通用航空生产运行风险管理具体情况，可首先将系统按部门运行方式划分为四个子系统，每个子系统又可按照人员、设备、环境和管理四个方面进行工作过程风险要素分析。

飞行部主要负责编排机组飞行任务、实施飞行操作和飞行人员管理教育等，是通航运行系统的核心部门。其生产过程中存在的风险主要体现在：飞行员疲劳、技能水平低、应变能力差、沟通协调能力弱等；航空器关键设备如起落架、发动机、导航系统等故障或误操作引发飞行安全问题；作业环境复杂、噪声、恶劣天气、低空和超低空飞行等环境因素；飞行计划编排和机组资源管理不合理以及规章制度执行不力等管理问题。

运行控制中心主要负责申报和编制飞行计划、飞机放行、飞行指挥以及提供航行情报资料和气象信息等，是通航运行系统的中枢部门。其生产过程中存在的风险主要体现在：员工技能水平低、执照未考取、组织协调能力差、员工技能培训不充分、业务量少、缺乏锻炼机会等；地面雷达设备或机载应答机设备故障导致无法获取航空器位置信息、无线电台通话设备故障、气象设备故障；恶劣天气导致航空器通信设备信号不稳定及指挥员视线模糊等问题。

机务工程部主要负责航空器的维修、航材保障和机务培训等。其风险因素是造成通航不安全事件的重要原因，主要体现在：机务人员维修资质低、工作经验匮乏、身体素质欠佳等；维修工具保养不当或损坏导致排故质量差、效率低；恶劣天气造成航空器损坏和维修人员身体机能欠佳；维修资质培训不充分、轮班制度不合理、工作监督不到位等管理问题。

安全监察部主要负责贯彻落实安全生产规章制度，监督公司安全运行状态，制定安全管理办法等。其存在的风险要素主要包括：安全员业务能力不足、工作经验匮乏、责任心缺失、敏感度不高等；安全管理体系不完善、信息收集不全面、数据统计有误等问题。

1. 风险影响因素识别

对通用航空的安全风险进行分析的第一步是识别风险影响因素。航空安全系统是一个复杂的高风险的系统，影响通用航空安全运行的因素有很多，大量没有构成严重后果的风险还以潜在的形式存在，因此利用多元统计方法去探知风险影响因素是十分必要的，这也更符合当前通用航空安全关口前移，风险处于释放期的现状。

目前用于风险分析的理论方法有很多，其中“四要素”模型是一种被广泛应用的风险因素辨识模型。它将风险因素归结为“人-机-环-管”四个方面。通航系统是一个典型的“人-机-环-管”互相交融的复杂大系统。图4-3是通用航空的风险影响因素指标图，在传统的“四要素”模型上还添加了“其他”这一类型。人-机-环-管-其他为第一层次的因素，由人-机-环-管-其他因素造成的不安全事件原因为第二层次的因素。

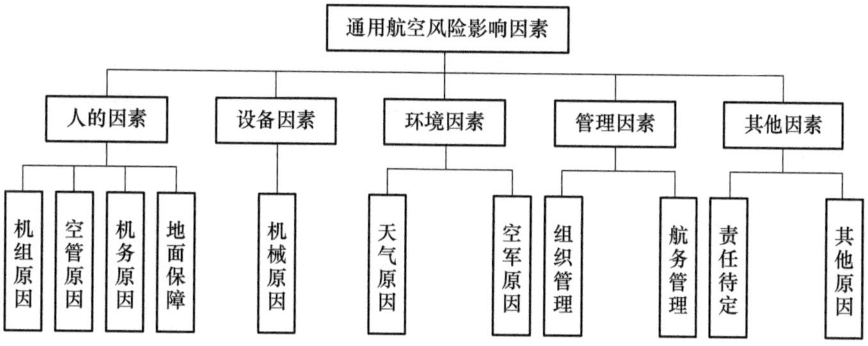

图4-3　通用航空风险影响因素

(1) 人的因素

半个多世纪以前，民航还处于机械因素时代，那时候飞机的设备失效是造成事故的主要原因。但是随着航空产品可靠性的提高，机械设备因素已经不再是引起事故发生的主要原因了，取而代之的是人为因素。在当今民航安全生产系统中，由人的因素造成的事故比例越来越高，据相关统计，大约有 70%～80%的不安全事件与人为因素直接或间接相关。通用航空运行中涉及的人的因素主要包括机组原因、空管原因、机务原因以及地面保障原因。机组原因包括机组准备不充分、飞行员应变能力不强、飞行员的资质能力不够以及机组人员操作违章等多个方面。机组原因易引起可控飞行撞地/撞障碍物、跑道外接地、冲/偏出跑道等高风险事件。空管原因包括管制员注意力分配不均、管制员指令失误等。空管原因易引起空中危险接近等不安全事件。机务原因包括维修人员违章操作、维修任务过重引起的人员注意力涣散等。机务原因易引起客舱释压、轮胎脱层、部件脱落/磨损等不安全事件。地面保障一般由机场地勤人员负责，地面保障失误包括机场人员未做好驱鸟工作、保障协调出错等情况。地面保障原因易引起鸟击、通信中断、航空器与航空器碰撞或航空器与障碍物碰撞等不安全事件。

(2) 设备因素

通用航空的设备因素就是指与运行有关的所有设施设备的完好性、故障率等情况，由设备因素引起的不安全事件的事件原因可以统称为机械原因。尽管随着科技的不断发展，机载设备的可靠性正在逐渐提高，关键的机械设施也越来越趋向本质安全。但是相对于运输航空安全稳定的喷气式飞机而言，通用航空更多采用的是小型固定翼飞机，机型自身安全性能本来就不高，没有增压设备，使得飞行员在作业过程中受到外界影响也较大。因此通用航空的机械设备因素导致不安全事件发生的可能性也比运输航空要大。机械原因包括起落架出现故障无法收起/放下、发动机停车、螺旋桨飞转等情况，易引起系统失效/卡阻/故障、发动机停车、迫降等高风险事件。

(3) 环境因素

通用航空运行中涉及的环境因素主要包括自然环境因素(天气原因)和社会环境因素(空军原因)。在自然环境方面，通用航空对天气和地形的依赖性强；在社会环境方面，通用航空受空军限制较多，运行需要得到军方的审批。据了解，2013 年我国通用航空就发生了 4 起由空军航行管制原因而导致的其他不安全事件。天气原因包括雷暴、低空风切变、冰霜、飓风、沙尘暴等各种恶劣天气带来的影响，易引起雷击、空中颠簸、机翼结冰等不安全事件。空军原因主要指的是空军航行管制给通用航空运行带来的影响，易引起通信中断、危险接近、偏离高度等不安全事件。

(4) 管理因素

通用航空运行中的管理因素除了组织层面的管理，还有航务管理。组织层面的管理包括指导思想、规章制度、教育培训、安全文化的管理，它具有整体效力，贯穿于系统运行的方方面面，它对系统安全的影响通常重大但是不直接，一般都是事故发生的间接原因或深层原因。航务管理主要包括飞行程序及运行标准管理、机场使用细则及原始资料上报管理、净空管理及航务服务代理、机场飞机性能等方面的管理，它对安全的影响比起组织管理更为直接快速。航务管理易引起迷航/偏航等不安全事件。

(5) 其他因素

其他因素包含引起不安全事件发生的其他原因和目前未确定责任划分进而只能归为责任待定原因这两种情况。根据《中国民用航空安全信息统计分析报告》的统计结果，其他原因易引起的不安全事件类型包括爆胎/轮胎脱层/扎破、冲出/偏出跑道、发动机停车等。责任待定原因易引起的不安全事件类型包括通信中断、客舱释压等。

2. 风险影响因素分析的算法选择

(1) 因子分析

因子分析是由英国统计学家皮尔逊提出的一种多变量统计方法，它是主成分分析方法的推广。主成分分析把多维空间的多个相关变量集合，利用降维的方法，将其简化为少量且独立的新综合指标，这些简化后的新指标可以表示出原始多变量数据集合的大部分信息，因此被称为主成分。而因子分析更强调把多个复杂变量通过降维的模式综合为少数几个潜在主要变量来表示，与主成分分析相比，因子分析更倾向于描述原始变量间的相关关系。这些多种多样的变量都有着内部相关性，因子分析就是通过研究它们的内在依赖关系，探索原始数据中的基本数据结构，从而实现了用少数不可观测的潜在变量来反映之前众多可观测的变量主要信息的过程。

因子分析把所有变量看作是由对每一个变量都起作用的公共因子和只对一个变量起作用的特殊因子组成的。R 型因子分析和 Q 型因子分析是两种最主要的因子分析类型，它们之间的差异主要体现在研究对象的不同，R 型因子分析的研究对象是变量，而 Q 型因子分析的研究对象是样本。但两者的研究方法基本一致，即它们都是通过研究矩阵的内部结构，从而找到了几个最为主要的因子。R 型因子分析研究的是变量相关系数矩阵的内部结构，而 Q 型因子分析研究的是样本相似系数矩阵的内部结构。因子分析的用途很广，它既可以用于简化数据，通过少数因子代替多个原始变量做聚类分析，又可以寻求出原始数据集合矩阵的基本结构，还能用于对变量或者是样本进行分类。

(2) 对应分析

对应分析是因子分析的进一步推广，它将 R 型因子分析与 Q 型因子分析有效地结合在一起，通过分析变量与样本构成的交互数据而探索出变量与样本之间的内在联系。传统的因子分析只能研究样本之间(Q 型因子分析)或者是变量之间(R 型因子分析)的关系，因此它割裂了样本与变量之间的内在联系，损失了很多有效信息。在实际生活中,样本与变量之间往往也存在着联系,对应分析则解决了这个问题,能够同时对样本和变量进行分析,已经成为研究多变量内部关系的重要方法。

对应分析利用降维的思想,构造一个过渡矩阵将原始数据的协方差矩阵与相似矩阵结合起来,直接由协方差矩阵的特征向量与特征值得出相似矩阵的特征向量与特征值。变量点的协方差阵和样本点的协方差阵具有相同的非零特征根,而且它们的特征向量之间也存在着密切联系。通过求解协方差阵就能建立起 R 型因子分析与 Q 型因子分析之间的联系,从 R 型因子分析出发,通过对应变换即可得到 Q 型因子分析的结果,这给计算带来了很大的方便。而且对应分析能够把样本点与变量点之间的关系反映到相同坐标轴的同一图形上,实现了两者的有机结合。形成的二维因子平面图可以直观地表述变量与变量、变量与样本、样本与样本之间的关系。

在对通用航空的安全风险影响因素进行分析时,发现导致通用航空不安全事件发生的原因众多,而且通过对收集到的安全报告数据进一步分析不难发现,这些由各种原因引发的不安全事件在发生的时间上也存在着差异,且两者之间具有一定关联。如果仅对发生原因或者是发生时间进行单一性分析,如传统的主成分分析与因子分析,并不能很好地表示影响因素的时变规律,所以通常选用对应分析模型来研究通用航空不安全事件。

对应分析过程如图 4-4 所示。

具体计算步骤如下:

① 构建样本与变量列联表,将原始矩阵转换成概念矩阵,并提取表中所有原始数据,形成原始矩阵。假设样本数量为 n,每个样本的变量个数为 m,原始矩阵就记为 $\boldsymbol{X}=(x_{ij})_{n*m}$,即

$$\boldsymbol{X}=\begin{bmatrix} x_{11} & x_{12} & \cdots & x_{1m} \\ x_{21} & x_{22} & \cdots & x_{2m} \\ \vdots & \vdots & & \vdots \\ x_{n1} & x_{n2} & \cdots & x_{nm} \end{bmatrix} \tag{4.4}$$

其中,x_{ij} 表示第 i 个样品对应的第 j 个变量值。

将原始矩阵转换成概念矩阵 $\boldsymbol{P}=(p_{ij})_{n*m}$,即

$$\boldsymbol{P}=\begin{bmatrix} p_{11} & p_{12} & \cdots & p_{1m} \\ p_{21} & p_{22} & \cdots & p_{2m} \\ \vdots & \vdots & & \vdots \\ p_{n1} & p_{n2} & \cdots & p_{nm} \end{bmatrix} \tag{4.5}$$

其中,$p_{ij} = \dfrac{x_{ij}}{\sum\limits_{i=1}^{n}\sum\limits_{j=1}^{m} x_{ij}}$,$\sum\limits_{i=1}^{n}\sum\limits_{j=1}^{m} p_{ij} = 1$。

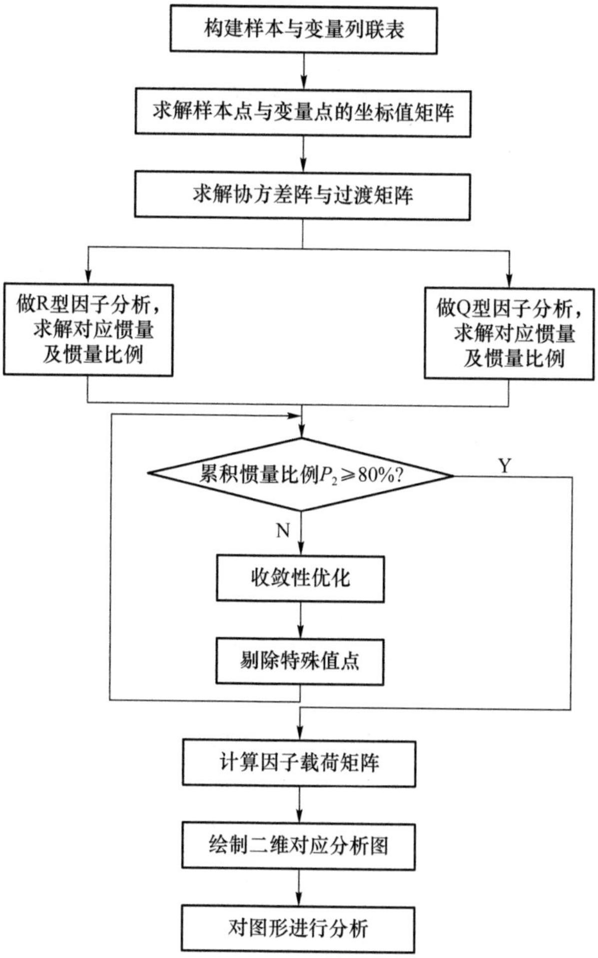

图 4-4 对应分析流程图

② 求解样品点与变量点的坐标值矩阵。对于样品点，在列联表分析中 $\left(\frac{p_{i1}}{p_{i\cdot}},\frac{p_{i2}}{p_{i\cdot}},\cdots,\frac{p_{im}}{p_{i\cdot}}\right)=\left(\frac{x_{i1}}{x_{i\cdot}},\frac{x_{i2}}{x_{i\cdot}},\cdots,\frac{x_{im}}{x_{i\cdot}}\right)$称为第 i 行的形象，其中 $p_i=\sum_{j=1}^{m}p_{ij}$，$x_i=\sum_{j=1}^{m}x_{ij}$。行形象矩阵为

$$\boldsymbol{N}(R)=\begin{bmatrix}\frac{p_{11}}{p_{1\cdot}} & \frac{p_{12}}{p_{1\cdot}} & \cdots & \frac{p_{1m}}{p_{1\cdot}}\\ \frac{p_{21}}{p_{2\cdot}} & \frac{p_{22}}{p_{2\cdot}} & \cdots & \frac{p_{2m}}{p_{2\cdot}}\\ \vdots & \vdots & & \vdots\\ \frac{p_{n1}}{p_{m\cdot}} & \frac{p_{n2}}{p_{m\cdot}} & \cdots & \frac{p_{nm}}{p_{m\cdot}}\end{bmatrix} \tag{4.6}$$

样品形象的第 j 个分量的期望为 $\mathrm{E}\left(\frac{p_{ij}}{p_{i\cdot}}\right)=\sum_{i=1}^{n}\frac{p_{ij}}{p_{i\cdot}}p_{i\cdot}=\sum_{i=1}^{n}p_{ij}=p_{\cdot j}, j=1,2,\cdots,m$，将行形象矩阵中的各个元素除以 $\sqrt{p_{\cdot j}}$，从而得到全部样本点的坐标值矩阵：

$$\boldsymbol{D}(R)=\begin{bmatrix}\frac{p_{11}}{p_{1\cdot}\sqrt{p_{\cdot 1}}} & \frac{p_{12}}{p_{1\cdot}\sqrt{p_{\cdot 2}}} & \cdots & \frac{p_{1m}}{p_{1\cdot}\sqrt{p_{\cdot m}}}\\ \frac{p_{21}}{p_{2\cdot}\sqrt{p_{\cdot 1}}} & \frac{p_{22}}{p_{2\cdot}\sqrt{p_{\cdot 2}}} & \cdots & \frac{p_{2m}}{p_{2\cdot}\sqrt{p_{\cdot m}}}\\ \vdots & \vdots & & \vdots\\ \frac{p_{n1}}{p_{m\cdot}\sqrt{p_{\cdot 1}}} & \frac{p_{n2}}{p_{n\cdot}\sqrt{p_{\cdot 2}}} & \cdots & \frac{p_{nm}}{p_{m\cdot}\sqrt{p_{\cdot m}}}\end{bmatrix} \tag{4.7}$$

因此，由 $\boldsymbol{D}(R)$ 可得第 j 个分量坐标值的期望为

$$\mathrm{E}\left(\frac{p_{ij}}{p_{i\cdot}\sqrt{p_{\cdot j}}}\right)=\sum_{i=1}^{n}\frac{p_{ij}}{p_{i\cdot}\sqrt{p_{\cdot j}}}p_{i\cdot}=\sqrt{p_{\cdot j}} \tag{4.8}$$

同理，可以得出全部变量点的坐标值矩阵。

③ 求解协方差矩阵与过渡矩阵。任意两个变量之间的协方差为

$$\begin{aligned}a_{ij}&=\sum_{a=1}^{n}\left[\frac{p_{ai}}{p_{a\cdot}\sqrt{p_{\cdot i}}}-\sqrt{p_{\cdot i}}\right]\left[\frac{p_{ai}}{p_{a\cdot}\sqrt{p_{\cdot j}}}-\sqrt{p_{\cdot j}}\right]p_{a\cdot}\\&=\sum_{a=1}^{n}\left[\frac{p_{ai}-p_{a\cdot}p_{\cdot i}}{p_{a\cdot}\sqrt{p_{\cdot i}}}\right]\left[\frac{p_{aj}-p_{a\cdot}p_{\cdot j}}{\sqrt{p_{a\cdot}p_{\cdot j}}}\right]\\&=\sum_{a=1}^{n}z_{ai}z_{aj}\end{aligned} \tag{4.9}$$

其中，$z_{ai}=\frac{p_{ai}-p_{a\cdot}p_{\cdot i}}{\sqrt{p_{a\cdot}p_{\cdot i}}}=\frac{x_{ai}-x_{a\cdot}x_{\cdot i}}{\sqrt{x_{a\cdot}x_{\cdot i}}}, a=1,2,\cdots,n, i=1,2,\cdots,m$。由元素 z_{ai} 组成的矩阵即是过渡矩阵 Z。

Z 中每个元素的值为

$$z_{ij}=\frac{x_{ij}-\sum_{i=1}^{n}x_{ij}\sum_{j=1}^{m}x_{ij}}{\sqrt{\sum_{i=1}^{n}x_{ij}\sum_{j=1}^{m}x_{ij}}}$$

A 是变量点的协差阵，$\boldsymbol{A}=\boldsymbol{Z}^{\mathrm{T}}\boldsymbol{Z}$，类似地，可以计算样本点的协方差阵 $\boldsymbol{B}=\boldsymbol{Z}\boldsymbol{Z}^{\mathrm{T}}$。

④ 做 R 型因子分析与 Q 型因子分析。由于变量点的协差阵 $\boldsymbol{A}=\boldsymbol{Z}^{\mathrm{T}}\boldsymbol{Z}$ 与样本点的协差阵 $\boldsymbol{B}=\boldsymbol{Z}\boldsymbol{Z}^{\mathrm{T}}$ 具有相同的非零特征根 $\lambda_i(0\leqslant i\leqslant\min(n,m))$。若 **A** 的特征根 λ_i 对应的特征向量为 $\boldsymbol{U}_i$，则 **B** 的特征根 λ_i 对应的特征向量就为 $\boldsymbol{V}_i=\boldsymbol{Z}\boldsymbol{U}_i$。将求解的非零特征根由大到小排列 $\lambda_1,\lambda_2,\cdots,\lambda_i$，并采用其二维累积惯量比例 $P_2=$

$\sum_{r=1}^{2}\lambda_r \Big/ \sum_{r=1}^{i}\lambda_r \geqslant 0.8$ 为界限。惯量就是因子分析中的特征根，表征分析各维度的结果能够解释列联表中两变量联系的程度。由于二维图相对于多维图更直观易分析，所以通常选用二维对应分析图。

⑤ 判断二维累积惯量比例。对于二维累积惯量比例大于等于 0.8 的，就直接进行二维对应分析。对于小于 0.8 的，先进行收敛性优化，并剔除特殊值点，再计算它的二维累积惯量比例，直到大于等于 0.8。

⑥ 计算因子载荷矩阵。变量点协差阵 $\boldsymbol{A}$ 的因子载荷阵为 $\boldsymbol{F}$

$$\boldsymbol{F}=\begin{bmatrix} \mu_{11}\sqrt{\lambda_1} & \mu_{12}\sqrt{\lambda_2} & \cdots & \mu_{1i}\sqrt{\lambda_i} \\ \mu_{21}\sqrt{\lambda_1} & \mu_{22}\sqrt{\lambda_2} & \cdots & \mu_{2i}\sqrt{\lambda_i} \\ \vdots & \vdots & & \vdots \\ \mu_{m1}\sqrt{\lambda_1} & \mu_{m2}\sqrt{\lambda_2} & \cdots & \mu_{mi}\sqrt{\lambda_i} \end{bmatrix} \tag{4.10}$$

样本点协差阵 $\boldsymbol{B}$ 的因子载荷阵 $\boldsymbol{G}$

$$\boldsymbol{G}=\begin{bmatrix} v_{11}\sqrt{\lambda_1} & v_{12}\sqrt{\lambda_2} & \cdots & v_{1i}\sqrt{\lambda_i} \\ v_{21}\sqrt{\lambda_1} & v_{22}\sqrt{\lambda_2} & \cdots & v_{2i}\sqrt{\lambda_i} \\ \vdots & \vdots & & \vdots \\ v_{n1}\sqrt{\lambda_1} & v_{n2}\sqrt{\lambda_2} & \cdots & v_{ni}\sqrt{\lambda_i} \end{bmatrix} \tag{4.11}$$

⑦ 绘制二维因子分析图。二维因子分析图可以直观地表述以下三种关系：

a. 变量与样本。变量点与样本点相距越近，证明在该样本下，变量的特征越明显。

b. 变量与变量。距离相近的变量点具有成因上的联系。

c. 样本与样本。距离相近的样本点具有相似的属性，可以归属于同一类型。

3. 实例分析

采用 2012—2015 年通用航空不安全事件发生的原因和发生的时间为研究对象。一年四季通用航空安全风险特点不同，春季正值通航开航，飞行万架次数明显上升，而冬季是通用航空淡季，在冬春换季时由于作业人员工作强度突然增加，导致不安全事件发生概率增加。加之春季正值鸟类大规模迁徙，季节性因素的影响也会造成不安全事件数量的上升。夏季雷暴天气多，由天气原因导致的不安全事件发生概率增加。秋季阴雨天气多，能见度低。而冬季天气寒冷，航空器结冰的情况变得常见。这些季节性因素的特点导致每个季度的安全风险可能存在差异，所以把每个季度分开讨论能更好地描述通航的风险规律。

(1) 构建不安全事件成因与样本列联表

将收集到的近年来通用航空不安全事件按发生季节与发生原因构建列联表，

如表 4 - 1 所列，样本为发生季节，变量为发生原因。其中不安全事件成因 $Y=\{Y_1,Y_2,Y_3,Y_4,Y_5,Y_6,Y_7,Y_8,Y_9,Y_{10}\}$ = {责任待定，空管，机务，天气，空军，地面保障，航务管理，机组，机械，其他}，样本 $X=\{X_1,X_2,X_3,X_4\}$ = {春季，夏季，秋季，冬季}。

表 4 - 1 不安全事件成因与样本列联表

样 本	成 因									
	Y_1	Y_2	Y_3	Y_4	Y_5	Y_6	Y_7	Y_8	Y_9	Y_{10}
X_1	12	1	2	33	3	0	1	66	128	43
X_2	11	1	0	26	2	9	3	45	120	38
X_3	10	1	4	25	1	8	0	35	82	47
X_4	9	0	2	11	1	7	0	43	78	42

(2) 基于 R 语言的分析

R 语言是一个有着强大统计分析及作图功能的软件系统。在 R 语言中调用 ca 程序包便可实现对样本的对应分析，结果如表 4 - 2 所列。

表 4 - 2 特征值与惯量比例

维 度	特征值	惯量比例/%	
		解 释	累 计
1	0.022	52.51	52.51
2	0.012	29.83	82.34
3	0.007	17.66	100

由表 4 - 2 所知，一维空间能够解释列联表所有信息的 52.51%，而二维空间已经能够解释列联表所有信息的 82.34%。因此采用二维的对应分析图就可以较好地描述变量与样本之间的关系。

图 4 - 5 描述了不安全事件发生原因与发生时间在因子载荷图中的分布规律。越靠近原点的点，越没有特征，在各个季度里面差异越不明显。也就是说不论是哪个季度，它都是导致不安全事件发生的主要原因。而远离原点的点，是具有特征的点，受季节影响较大。不受季节影响的不安全事件原因包括机组、机械、天气与责任待定。受季节影响的不安全事件原因包括机务、航务管理、空军、地面保障、空管与其他。其中航务管理、地面保障与机务在各个季度里面的差异性最为明显。与其他季度相比，地面保障与春季的距离更远，证明在春季，因为地面保障原因而导致的不安全事件会比其他的季度少。同理，因为航务管理原因而导致的不安全事件会在夏季出现得比较多，因为机务原因而导致的不安全事件在秋冬季出现得比

较多。在发生季度方面，秋季冬季两点距离很近，说明这两个季度具有相似的属性，可以划为一种类型。

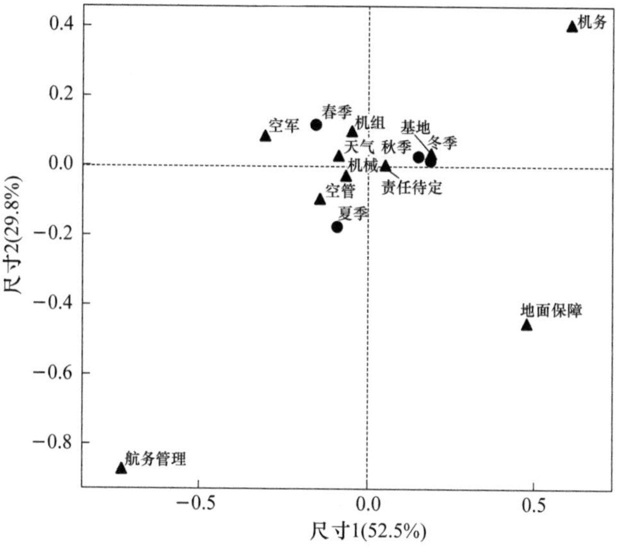

图 4-5 二维对应分析图

由于机务、地面保障、航务管理三个原因在二维对应分析图上离中心太远，也不是导致不安全事件发生的主要原因，因此仅对原点附近密集的区域进行区域划分。划分结果如图 4-6 所示。

把在二维对应分析图上距离相近的样本点与变量点划分在同一个区域，证明在这些样本下，变量点的特征明显。根据区域划分的结果图可以看出，春季的不安全事件发生的最主要原因是机组、天气与空军，夏季的不安全事件发生的最主要原因是机械、空管，秋季的不安全事件发生的最主要原因是其他，冬季的不安全事件发生的最主要原因是责任待定与其他。图 4-7 是近年来我国通用航空安全风险指数按原因分类的二维分析图，由图可以看出机组原因与天气原因处于 A 区，风险总值与平均严重度都较高；机械原因处于 B 区，风险总值较高，但平均严重度不高；机务原因处于 C 区，风险总值不高，但平均严度较高；航务管理、地面保障、空管等原因处于 D 区，风险总值与平均严重度都不高。

结合对应分析的结果，机组、机械与天气不论哪个月份都是导致不安全事件发生的主要原因，也就是说由于这三个原因导致的不安全事件在一年中发生的频率都很高。机组原因与天气原因又处于 A 区，平均严重度与风险总值都很高，应对这些因素引起足够重视。机械原因虽处于 B 区，平均严重度不高，但由于其风险总值高，也需要加以重视。

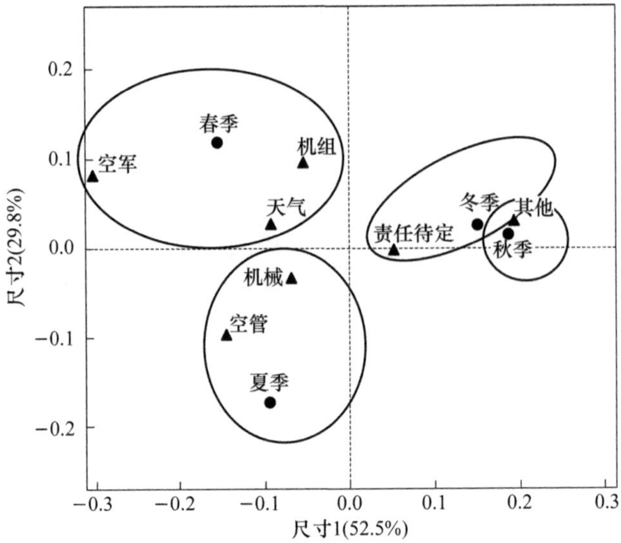

图 4-6 二维对应分析图区域划分

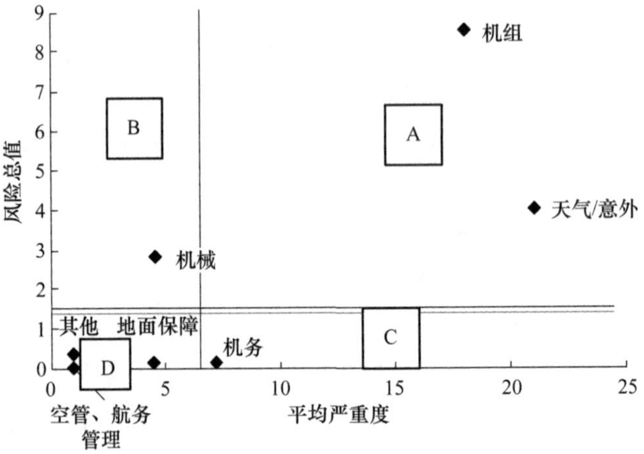

图 4-7 通用航空安全风险指数按原因分类的二维分析图

4. 风险等级分析

用于系统安全风险等级分析的方法有很多,传统的定性分析方法包括安全检查表法、作业条件危险性评价法、预先危险性分析等,定量的分析方法包括层次分析法、灰色关联法、模糊综合评价法、事故树分析法、可拓方法等。其中,可拓模型是由我国蔡文学者提出的,已被广泛应用在风险评估与分析领域。可拓模型将物元理论与可拓理论结合,用形式化的工具,从定量的角度去解决复杂系统的风险等级评定问题。

(1) 可拓模型

设综合性问题为 P,它共有 m 个对象 $R_1,R_2,\cdots,R_m$,n 个指标 $c_1,c_2,\cdots,c_n$,则综合性问题可以表示为 $P=\boldsymbol{R}_i*r,\boldsymbol{R}_i\in(R_1,R_2,\cdots,R_m)$。

$\boldsymbol{R}_i$ 为分析对象,即

$$\boldsymbol{R}_i=(N_i,C,V_i)=\begin{bmatrix} N_i & c_1 & v_{i1} \\ & c_2 & v_{i2} \\ & c_n & v_{in} \end{bmatrix} \tag{4.12}$$

其中,N_i 为所描述的事物,C 为事物的特征,V_i 为每个特征对应的量值。

$\boldsymbol{r}$ 为条件物元,即

$$\boldsymbol{r}=\begin{bmatrix} N_i & c_1 & V_1 \\ & c_2 & V_2 \\ & c_n & V_n \end{bmatrix} \tag{4.13}$$

具体的分析步骤如下:

① 建立指标集。指标集:$C=\{C_1,C_2,\cdots,C_n\}$,其中 $C_i(i=1,2,\cdots,n)$为指标集元素,即风险影响因素指标。风险等级评定集:$N=\{N_1,N_2,\cdots,N_m\}$,其中 $N_i(i=1,2,\cdots,m)$为评价集元素,即风险等级。

② 确定经典域和节域。根据步骤①中确定的风险等级,得到物元模型

$$\boldsymbol{R}_j=(N_j,C,\cdots,V_j)=\begin{bmatrix} N_j & c_1 & \langle a_{j1}\supset b_{j1}\rangle \\ & c_2 & \langle a_{j2}\supset b_{j2}\rangle \\ & \vdots & \vdots \\ & c_3 & \langle a_{jn}\supset b_{jn}\rangle \end{bmatrix} \tag{4.14}$$

其中,N_j 表示风险等级,C 表示评价指标,V_j 表示量值范围,即为经典域。

同时

$$\boldsymbol{R}_D=(D,C,\cdots,V_D)=\begin{bmatrix} D & c_1 & \langle a_{D1}\supset b_{D1}\rangle \\ & c_2 & \langle a_{D2}\supset b_{D2}\rangle \\ & \vdots & \vdots \\ & c_n & \langle a_{Dn}\supset b_{Dn}\rangle \end{bmatrix} \tag{4.15}$$

其中,D 表示优劣等级的全体,V_{Di} 为 D 关于 c_i 所取的量值的范围,即 D 的节域。

③ 确定待评物元。

$$\boldsymbol{R}_i=(p_i,C,\cdots,V_i)=\begin{bmatrix} p_i & c_1 & v_{i1} \\ & c_2 & v_{i2} \\ & \vdots & \vdots \\ & c_n & v_{in} \end{bmatrix} \tag{4.16}$$

其中，p_i 为第 i 个分析对象，v_{ij} 为分析对象的指标值

④ 确定各特征的权重。

权重指标的确定可以采用熵权法，这是一种比较客观的权重计算方法。设有 m 个对象，n 个指标组成矩阵 $\boldsymbol{X}$，x_{ij} 为第 i 个对象的第 j 个指标的指标值。计算公式如下：

$$\begin{cases} y_{ij} = \dfrac{x_{ij}}{\sum\limits_{i=1}^{m} x_{ij}} \\ H(y_i) = -\sum\limits_{i=1}^{m} y_{ij} \ln y_{ij} \\ E_j = \dfrac{H(y_i)}{\ln m} \\ G_j = 1 - E_j, \quad 1 \leqslant j \leqslant n \\ a_j = \dfrac{G_j}{\sum\limits_{i=1}^{m} G_i}, \quad j = 1,2,\cdots,n \end{cases} \tag{4.17}$$

其中，y_{ij} 是数据规范化后的值，$H(y_i)$ 为信息熵，E_j 为输出熵，G_j 为指标的差异度，a_j 为熵权。

⑤ 确定分析对象关于各风险等级的关联度。

$$K_j(C_{ik}) = \begin{cases} \dfrac{\rho(v_{ik}, V_j)}{\rho(v_{ik}, V_u) - \rho(v_{ik}, V_j)}, \rho(v_{ik}, V_u) \neq \rho(v_{ik}, V_j) \\ -\rho(v_{ik}, V_j) - 1, \rho(v_{ik}, V_u) = \rho(v_{ik}, V_j) \end{cases} \tag{4.18}$$

其中

$$\begin{cases} \rho(v_{ik}, V_j) = \left| v_{ik} - \dfrac{a_{ji} + b_{ji}}{2} \right| - \dfrac{-a_{ji} + b_{ji}}{2} \\ \rho(v_{ik}, V_u) = \left| v_{ik} - \dfrac{a_{ui} + b_{ui}}{2} \right| - \dfrac{-a_{ui} + b_{ui}}{2} \end{cases} \tag{4.19}$$

⑥ 关联度的规范化。

$$K'_j(C_{ik}) = \frac{K_j(C_{ik})}{\max\limits_{1 \leqslant i \leqslant m} |K_j(C_{ik})|} \tag{4.20}$$

⑦ 计算分析对象的综合关联度。

$$K_j(p_k) = \sum_{i=1}^{n} a_i K'_j(C_{ik}) \tag{4.21}$$

⑧ 安全性等级评定。

若 $K_k(p) = \max\limits_{k \in (1,2,\cdots,m)} K_j(p_i)$，则评价对象 p 的安全性属于等级 k。

(2) 基于可拓方法的影响因素风险等级分析

依据《中国民用航空安全信息统计分析报告》给出的风险指数二维分析图，将风险划分为三个评分等级，并将其指标量化，如表4-3所列。

表4-3 风险等级划分

风险等级	风险描述	评分区间
优	处在风险D区，风险总值与平均严重度都不高	[90,100]
良	处在风险B、C区，风险总值高但平均严重度不高，或者平均严重度高但风险总值不高	[70,90)
差	处在风险A区，风险总值与平均严重度都高	[60,70)

以人的因素来进行风险等级计算，首先确定人的因素各个子指标的经典域和节域。

节域：

$$\boldsymbol{R}=\begin{bmatrix} D & C_{11} & \langle 60,100\rangle \\ & C_{12} & \langle 60,100\rangle \\ & C_{13} & \langle 60,100\rangle \\ & C_{14} & \langle 60,100\rangle \end{bmatrix} \tag{4.22}$$

经典域：

$$\boldsymbol{R}_1=\begin{bmatrix} N_1 & C_{11} & \langle 90,100\rangle \\ & C_{12} & \langle 90,100\rangle \\ & C_{13} & \langle 90,100\rangle \\ & C_{14} & \langle 90,100\rangle \end{bmatrix},\boldsymbol{R}_2=\begin{bmatrix} N_2 & C_{11} & \langle 70,90\rangle \\ & C_{12} & \langle 70,90\rangle \\ & C_{13} & \langle 70,90\rangle \\ & C_{14} & \langle 70,90\rangle \end{bmatrix},\boldsymbol{R}_3=\begin{bmatrix} N_3 & C_{11} & \langle 60,70\rangle \\ & C_{12} & \langle 60,70\rangle \\ & C_{13} & \langle 60,70\rangle \\ & C_{14} & \langle 60,70\rangle \end{bmatrix} \tag{4.23}$$

确定待评物元：

$$\boldsymbol{R}=\begin{bmatrix} P & C_{11} & 88 \\ & C_{12} & 63 \\ & C_{13} & 97 \\ & C_{14} & 93 \end{bmatrix} \tag{4.24}$$

根据上述公式，可以得到人的因素的关联度矩阵为

$$\boldsymbol{k}(C_1)=\begin{bmatrix} -0.143 & 0.2 & -0.6 \\ -0.9 & -0.7 & 2 \\ 2 & -0.4 & -0.9 \\ 0.75 & 0.4 & -0.767 \end{bmatrix} \tag{4.25}$$

可得人的因素各指标的权重：

$$A_1=\{0.314,0.398,0.176,0.112\}$$

人的因素的综合关联度：

$$K(C_1)=A_1\cdot k(C_1)=\left(0.0329\times\frac{1}{2}\times\frac{1}{4}-0.2414\times\frac{1}{2}\times\frac{1}{4}\times0.3633\right)$$

由此可见，人的因素的风险等级为差，属于风险总值高且平均严重度也高的风险A区。

从表4-4可知，人的因素、设备因素与环境因素的风险等级为差，风险总值和平均严重度都高，其他因素的风险等级为良，风险总值高或者是平均严重度高，管理因素的风险等级为优，风险总值和平均严重度都不高。由此可见，人的因素、设备因素以及环境因素是通用航空应重点关注并采取措施进行风险控制的环节。

表4-4　风险等级分析结果

评定指标	人的因素	设备因素	环境因素	管理因素	其他因素
风险等级	差	差	差	优	良

4.4.2 风险控制

风险控制是风险管理过程中至关重要的一环。依据风险等级评定的结果，对于风险等级评定为差的人的因素、设备因素以及环境因素，在通用航空安全管理过程中应当增加它们的风险控制力度。根据风险分析的结果可以找出各个季度导致不安全事件发生的主要原因与次要原因，根据可拓模型的分析结果可以判断出第一级影响因素的风险等级，因此本小节将结合风险等级评定的结果与对应分析结果给出每个因素具体的控制措施，以提高通用航空的运行安全水平。

1. 人的因素

根据本节风险等级评定的结果，人的因素的风险等级为差，风险总值和平均严重度都高。这说明通用航空系统中的人员不仅导致不安全事件发生的数量多，而且这些不安全事件的后果都较为严重，所以人为因素应当引起通用航空安全管理人员的足够重视，在安全管理过程中，要加强对于人为因素的风险控制力度。通用航空系统主要由机组、机务、空管和地面保障子系统组成，这些子系统之间既相对独立，又有着密切关联。因此，通用航空由人的因素引发的民航安全风险也表现出了高度的复杂性。人为因素可能会导致人为差错，而这种差错是不可避免的。安全管理人员能做的就是尽量减少人为差错的发生，或者是将发生的人为差错对系统造成的危害降到最低。

对于机组人员，由风险分析结果可知，机组原因在各个季度都是导致通用航空安全风险的主要原因，它给通航安全带来的威胁最大。主要的机组人为因素包括飞行人员能力不胜任、机组资源管理不当、飞行人员判断错误、机组人员违反标准操作运行、飞行人员疲惫驾驶、机组人员缺乏应急能力等。针对飞行人员能力不胜任、驾驶技能不足，通用航空公司要有针对性地对飞行员进行飞行训练，尽管对通用航空飞行人员的要求没有运输航空严格，但是也要对飞行员准入制度进行严格把关。通用航空的作业种类多样，作业现场也千变万化，所以对于不同的作业类型，最好分配熟悉相关作业流程和地形的飞行人员去执行飞行任务。针对机组资源管理不当，通用航空安全监察部门要完善机组资源管理，制定专门的机组资源管理操作指南，若是双人执飞，要做好机组成员搭配，充分考虑机长与副驾驶之间的飞行风格和经验水平是否协调一致，避免因机组成员发生冲突而导致的不安全事件发生。针对机组人员违反标准操作运行，公司应当加强对机组人员的安全意识培训，强化安全的重要性，树立安全第一的飞行原则，对于违反标准操作运行这种恶性事件，应加大惩罚力度，管理部门可以鼓励单位和个人对违反操作运行这类事件进行举报。针对飞行人员疲惫驾驶，公司首先要建立合理的排班制度，给飞行员充分的休息时间，良好的作息才能保证安全的飞行；其次，公司要多引进新的飞行人员，随着通航的快速发展，通航飞行小时数会骤然增多，只有引进专业的飞行人员，才能减少现在飞行人员的工作负荷。针对机组人员缺乏应急能力，公司要健全应急处理机制，加强对机组人员的应急处置培训，培养机组人员在紧急情况下的情景意识和协同合作能力。

对于机务人员，由分析结果可知，它不是导致不安全事件发生的主要原因。虽然它不是导致通航安全风险的主要原因，但是在必要的情况下，也应当采取措施预防维修人员导致的人为差错。针对通用航空维修专业人员稀缺，员工长时间处于超负荷状态的现状，通用航空公司应当加大对人才引进方面的投入，改革现有的薪酬福利制度，实行员工激励，以此吸引更多的专业维修人员。恶劣的工作环境会增加人为差错出现的概率，所以要尽量改善维修人员的工作条件。除此之外，要加强维修人员的业余学习，多实践才能更加熟悉维修的实际操作流程。

对于空管人员，由分析结果可知，它的季节差异性明显，在夏季引起的不安全事件会相比其他季节更多。空管人员人为因素主要包括空管指令不当或失真、管制员注意力分配不均等。空中交通管制指令是通过管制员-飞行员-飞机这种链式结构执行的，空管指令不当或失真可能是空管人员用词不规范、机组与空管沟通无反馈复诵、空管人员信息传递不完整造成的。因此，要规范空管人员的专业用语，并且规定沟通必须复诵以确保信息传递的有效性，对空管人员进行语言培训，避免发出的指令产生歧义。规定必须用统一的语言发布指令，对于不按照规定发布指令且不复诵的人员加大惩罚力度，必要时可以做停职处理。管制员注意力分配不均可能是因为管制员工作负荷过大造成的，随着空中交通流量的增大，有限的航路变得越来越繁忙，管制员需要同时监控好几架飞机的运行状态，这使得管制员的工作变得紧张繁重。所以应更多地引进专业的空管人员，这需要重视民航专业人员的教育。

对于地面保障人员，它不是导致不安全事件发生的主要原因。但是地面保障人员的失误也会造成严重的安全隐患，所以也需要引起安全管理人员的重视，如主动地做好驱鸟工作，注意航空器之间的间距，避免航空器之间产生碰撞。

2. 设备因素

根据风险等级的评定结果，设备因素的风险等级为差，风险总值和平均严重度都高。通用航空器的设备相对运输航空来说比较简陋，机身自身安全性能较低，这也是导致通用航空设备因素风险等级差的原因之一。而由分析结果可知，设备因素在各个季度都是导致通用航空安全风险的主要原因，它给通航安全带来的威胁很大。因此，通用航空应当格外重视航空器本身的安全状态。

第一阶段为早期失效期，在这个阶段故障率由一个很高的值逐渐减小到一个稳定值。导致这部分故障率高的主要原因是航空器在设计制造阶段就存在缺陷，这些缺陷在早期未磨合阶段充分暴露。但随着时间的推移，人员与航空器磨合得越来越好，产品的工作时间也逐渐增加，故障率迅速降低并稳定下来。要减少机械故障对民航安全风险的威胁，就要尽量缩短这一部分的时间，使故障率稳定在一个降低的值。所以通用航空产品应当在正式投入运营前进行试运行，以便及早地发现故障、排除故障，对于不合格的产品及时剔除。而且在预算充足的情况下，应当多引进先进的通用航空设备。

第二阶段为偶然失效期，在这个阶段故障率稳定保持在一个较低的值，产品的可靠性就是描述的这个时期。要减少机械故障对民航安全风险的威胁，就要尽量延长这部分的时间，避免损耗期提早到来。因此，通用航空应当加强对航空器零部件的日常状态监测，可以建立一个专门的信息系统来对重要的零部件进行寿命追踪，维修人员也必须要定期地检测零件状态并做好记录，以防过早的金属疲劳所造成的危害。

第三阶段为损耗失效期，在这个阶段故障率从一个较低的稳定值急速增加到一个很高的值。导致这个现象产生的原因主要是航空器零部件经过长时间的运转已经进入了老化阶段。要减少机械故障对民航安全风险的威胁，就要在故障率达到高峰值前把老化的零部件换掉，保证航空器零部件的可靠性在能够接受的范围。

监测零部件的故障率可以用寿命追踪系统实现。

3. 环境因素

根据风险评估的结果，环境因素的风险等级为差，不仅风险总值高而且平均严重度高。因此，安全管理人员要重视环境因素，加大对环境因素的风险控制力度，在可控的范围内尽量降低环境因素对通用航空运行造成的安全隐患。通用航空运行涉及的环境因素主要包括自然环境和社会环境。自然环境主要指天气，社会环境主要指军方飞行活动对通用航空造成的影响。对于天气原因，由分析结果可知，天气原因在各个季度都是导致通用航空安全风险的主要原因。通用航空的飞行高度低，受天气因素的影响大，而且随着全球变暖，天气的反复无常给通航运行增加了新的压力。虽然现在对于天气的预测已经有了很大程度的改善，但是仍然有不安全事件发生。天气原因是不可控的因素，在这种情况下，通用航空公司应当避免在极端天气情况下进行飞行作业和及时对飞机进行维修维护。首先，不应该在恶劣环境下执行飞行任务，如果在作业的过程中遇到天气条件急转直下，飞行人员应当及时停止作业以避免不安全事件的发生。其次，要对飞机进行维修维护，特别是冬天作业时遭遇严寒天气，要加强对机翼、机身的检查，及时清除冰雪霜，避免冰击事故的发生。

对于空军原因，由分析结果可知，它的季节差异性明显，在春季引起的不安全事件会相比其他季节更多。空军原因主要是指军方进行航空活动对民航飞行活动产生的影响。例如军事演习的时候，军方会对民航的运行进行航空管制，这不仅会对运输航空产生影响，对通用航空也会产生比较大的影响。军方的航行管制导致通用航空可用的飞行领域进一步减少，如果不引起注意，将会出现多架航空器在有限的航路区域危险接近等安全隐患。因此，在军方进行航空活动时，通用航空要减少相关区域的飞行活动，避免出现航空器危险接近或偏离高度等不安全事件发生。

4. 管理因素

通用航空管理因素的风险等级为优，平均严重度与风险总值都不高。通用航空运行中的管理因素包括航务管理和组织层面上的管理。虽然管理因素不是导致通用航空安全风险的主要原因，管理上存在的漏洞也不会直接对系统风险造成显著的影响，但是管理因素贯穿整个系统，它影响着运行的方方面面。建立通用航空安全管理体系是加强组织管理的一个有效途径。安全管理体系已经被广泛用于我国的运输航空，但是由于通航发展较晚，在通用航空领域还没有得到有效推广。但通用航空有着自身的特殊性与复杂性，所以其安全管理体系的建设应当结合它自身的特点，形成有别于运输航空的有着自己侧重点的安全管理体系。

5. 其他因素

根据风险分析的结果，通用航空其他因素的风险等级为良，平均严重度高或者是事件的风险总值高。其他因素包括其他原因和责任待定原因。由分析结果可知，其他因素中的责任待定原因在各个季度都是导致通用航空安全风险的主要原因。因此，通用航空安全管理人员应更加细化责任安排，把职责落实到人，这种责任到人的制度能在一定程度上提高员工的责任意识和警觉性，有效地避免不必要的安全事故发生。

第 5 章

通用航空安全信息管理

5.1 航空安全信息概述

5.1.1 民用航空安全信息的定义及原则

信息是航空安全工作的关键环节，航空安全水平的提高离不开危险源识别和有效的风险管理，安全信息能够充分地为风险管理提供“新鲜血液”，对保证运行安全有着至关重要的意义。民用航空安全信息是指事件信息、安全监察信息和综合安全信息，民用航空安全信息工作实行统一管理、分级负责的原则。

(1) 事件信息

事件信息是指在民用航空器运行阶段或者机场活动区内发生航空器损伤、人员伤亡或者其他影响飞行安全的情况，主要包括民用航空器事故（以下简称事故）、民用航空器征候（以下简称征候）以及民用航空器一般事件（以下简称一般事件）信息。

(2) 安全监察信息

安全监察信息是指地区管理局和监管局各职能部门组织实施的监督检查和其他行政执法工作信息。

(3) 综合安全信息

综合安全信息是指企事业单位安全管理和运行信息，包括企事业单位安全管理机构及其人员信息、飞行品质监控信息、安全隐患信息和飞行记录器信息等。

从局方角度与航空公司角度来看，航空安全信息的构成不尽相同。

(1) 局方角度

根据 CCAR－396－R3 对航空安全信息的定义可以看出，航空安全信息已从原有飞行事故、航空地面事故、飞行征候、其他不安全事件这些仅围绕航空器、飞行运行中机组和旅客安全的狭义安全信息扩展至整个航空安全管理领域，将安全监督检查、飞行品质监控、航空安全隐患甚至安全管理机构设置和人员配备等信息，也纳入到了航空安全信息范畴。

(2) 航空公司角度

航空公司作为民航运输主体单位，既要按照 CCAR－396 部的要求通过中国民用航空安全信息系统向局方上报本公司发生的各级各类安全信息，又要满足自身安全管理的需要，收集与公司安全运行相关的各类信息，主要包括未达到局方《事件样例》（AC－396－AS－2016－08）级别的不安全事件、自愿报告、安全举报、飞行品质监控、事件调查、安全评估、安全检查、培训以及行业共享不安全事件信息等。

航空安全信息按照性质的不同，可大致分为强制报告信息、自愿报告信息、安全举报信息和运行安全信息，其中运行安全信息按照航空公司运行专业可以划分为飞行运行类、机务维修类、运行控制类、客舱安全类、地面保障类、货物运输类、安全保卫类、危险品类等。

5.1.2　民用航空安全信息的收集职责及划分

民用航空安全信息的收集职责及划分是指在民用航空运输中，为保障乘客和机组人员的生命安全和财产安全，需要对飞行过程中的各种安全信息进行收集、分析和处理。主要涉及的机构和部门如下。

(1) 民航局

民航局是中国民用航空行业的管理机构，主要职责包括行业监管、政策制定和安全管理等。作为民用航空安全信息的主要收集机构之一，民航局会通过各种途径收集来自各方的安全信息，例如航空公司、机场管理局、空中交通管制局等，然后进行汇总和分析，评估安全风险并发布安全提示和警告。

(2) 航空公司

航空公司是民用航空行业的主要运营机构之一，他们有责任收集和汇总飞行安全数据，包括飞行器故障、机组人员失误和地面设备问题等信息。他们会对飞行员进行培训，以提高其应对紧急情况的能力。航空公司还会对其航班进行风险评估，并制定应对措施，以确保飞行过程中的安全。

(3) 机场管理局

机场管理局是负责管理和运营机场的机构，主要职责包括协调航空公司和空中交通管制局的工作，以及收集和发布机场相关的安全信息，例如气象条件、跑道和停机坪使用情况等。机场管理局还会制定紧急情况应对计划，以确保飞行过程中的安全。

(4) 空中交通管制局

空中交通管制局是负责管理和监控飞行安全的机构，他们通过监控雷达数据、通信等方式来收集飞行安全信息，例如航班计划、飞行高度和速度等。空中交通管制局还会为飞行员提供必要的导航和通信支持，以确保航空器在飞行中的安全。

(5) 航空设备制造商和供应商

航空设备制造商和供应商有责任收集并分析飞机设备的故障和维修记录，以改进他们的产品和提供更好的服务。他们还会对飞机的设计和生产过程进行风险评估，以确保其符合安全标准。

民用航空安全信息的收集职责及划分需要多个机构和部门之间的紧密合作与协调。这些机构和部门需要定期交流信息、分享数据，以便及时了解安全情况并采取必要的措施。此外,为了确保民用航空安全信息的质量和准确性,各机构和部门还需要制定标准和规范,并监督和管理信息的收集、分析和处理过程。

除了上述机构和部门外,民用航空安全信息的收集还需要广大民众的参与和反馈。例如,乘客和机组人员可以通过反馈意见和投诉来提供关于航班安全的信息,从而帮助相关部门及时发现和解决安全问题。此外,民众还可以通过媒体渠道了解到最新的民用航空安全信息,增强安全意识和防范意识。

民用航空安全信息的收集职责及划分是一个复杂而严谨的系统工程,需要各方的共同努力和配合。只有通过有效的信息收集、分析和处理,才能最大程度地保障民用航空运输的安全。

5.1.3 通用航空安全信息内容

通用航空安全信息的内容一般包括飞行员资质、飞行器适航性、飞行计划、天气信息、空中交通管制以及紧急情况处理。

(1) 飞行员资质

通用航空飞行员是保障飞行安全的关键因素之一。他们必须进行相应的训练和具备相应的证书,才能够胜任通用航空飞行任务。在美国,通用航空飞行员必须通过美国联邦航空管理局(Federal Aviation Administration,FAA)的认证程序,获得相应的飞行员证书、机长证书、机组成员证书等。这些证书的取得需要飞行员进行一系列的理论和实践训练,并通过相关考试。这样可以保证飞行员具备必要的飞行技能和知识,以应对各种紧急情况。

(2) 飞行器适航性

通用航空飞行器必须符合适航要求,才能保证飞行安全。适航要求包括飞行器的设计、制造和维护等方面。在设计和制造过程中,通用航空飞行器必须遵守相关的法律法规和标准,确保飞行器的安全性和可靠性。在维护方面,通用航空飞行器必须定期进行检修和维护,以确保飞行器的正常运行和安全。

(3) 飞行计划

通用航空飞行员必须制定详细的飞行计划,包括飞行路线、飞行高度、天气状况等信息。飞行计划是通用航空飞行安全的基础。飞行员在制定飞行计划时必须考虑到各种因素,包括天气、航路、油料等。在飞行中,飞行员必须根据飞行计划和实际情况作出相应的飞行决策,以确保飞行安全。

(4) 天气信息

天气是通用航空飞行安全的重要因素之一。飞行员必须获取最新的天气信息,包括气温、气压、风向、风速等信息,以决定是否可以进行飞行,以及如何飞行。天气信息可以通过多种途径获取,包括天气雷达、气象卫星、天气预报等。在获取天气信息时，飞行员必须了解天气信息的来源、准确度和可靠性，并做出相应的判断和决策，以确保飞行安全。

(5) 空中交通管制

在通用航空飞行中，空中交通管制是确保飞行安全的重要环节。飞行员必须遵守空中交通管制的规定，包括航路、高度、速度等方面。空中交通管制可以通过多种途径进行，包括无线电通信、雷达监视等。飞行员必须掌握相关的通信和雷达技能，并遵守相应的规定，以确保飞行安全。

(6) 紧急情况处理

在通用航空飞行中，各种紧急情况随时可能发生，包括机械故障、天气变化、飞行器失控等。飞行员必须具备应对各种紧急情况的技能和知识，以确保飞行安全。在紧急情况发生时，飞行员必须迅速做出反应，采取相应的应急措施，以最大限度地减少损失和风险。

5.2 航空安全信息管理

5.2.1 航空安全信息管理概述

1. 航空安全信息管理

信息获取的渠道主要包括运行过程持续监控信息、运行安全审计/审核信息、安全事件调查信息、员工安全报告和反馈系统信息等。

① 运行过程持续监控信息的获取：在通航的日常运行过程中，存在着大量的信息可以反映通航部门的实际运行状态，即“持续性信息”。“持续性信息”是“安全保证”功能所需的最及时、最基础、最直接的信息。获取这些信息能够及时地分析并判断出企业的实际运行情况以及是否出现相对于运行安全目标/指标的偏差，从而及时采取纠正/预防措施或风险控制措施来缓解这些偏差，以确保其偏差程度在可接受的范围之内。通航可获得持续性信息的渠道有：飞行数据信息、飞行运行状态报告、值班日志、可靠性数据、质量监察信息、适航指令监控信息、维修记录评估信息和航材检验信息。

② 运行安全审计/审核信息的获取：通过定期的运行安全审计/审核企业运行状态来获取信息，对所获取信息进行分析、判断以确保通航的运行手册与局方的规章相符合；探析运行手册存在的缺陷和不足、运行实施过程是否与运行文件相符合，以及各系统运行功能是否有效。将安全审计/审核中发现的的不符合项和观察项进行提出和分析，查找通航运行安全政策、程序中存在风险、设备设施存在的缺

陷、资源分配的不合理等深层次的问题。

③ 安全事件信息的获取：安全事故和事件通常都是由流程中各要素的不匹配、执行运行文件的偏差、运行文件的缺陷以及系统缺陷等问题导致的，可应用安全事件调查的结果，分析、挖掘安全事件中所包含的上述信息。依据这些信息深入地分析、判断通航相关运行系统中隐含的风险与隐患，并及时采取有效的预防/纠正措施或风险控制措施，从而避免同类事件的重复发生。安全事件的信息获取获取的渠道有：通航自身发生安全事件的信息获取；其他国家通航等相关的安全事件的信息获取。

④ 员工安全报告和反馈信息的获取：作为通航运行的主体，员工报告的信息是通航安全信息的重要来源。员工工作过程中所涉及的软件、硬件、环境和其他相关人员（SHEL）要素实质上是导致员工操作失误的动因，因此，通航必须要鼓励员工报告所发现的人员操作失误，除此之外，更要鼓励员工报告在日常运行过程中所经历的软件、硬件、环境和其他相关人员（SHEL）等要素的变化、个人的经验和个人的看法。通过分析、筛选及提炼员工的报告信息，判断在通航运行中需要立即解决的安全问题、实际运行状态的稳定性以及是否出现与运行安全目标/指标的偏差等，从而对这些问题、偏差采取及时的纠正/预防措施或风险控制措施。获取员工安全报告和反馈信息的渠道有：

a. 员工自愿安全报告：员工通过各类报告途径，向基地报告自己所经历的不正常事件、所处运行环境的变化、运行安全建议等与运行安全相关的信息；

b. 员工强制安全报告：员工自己所发生的安全事件必须向维修基地报告；

c. 员工运行状态评述：员工通过运行状态评述信息平台发表自己对基地运行状态的评述、进一步提高维修基地运行质量的建议；

d. 安全管理沟通：基地各级运行安全管理人员与员工进行安全管理沟通时所收集到的对运行安全管理工作的意见和建议。

对每一类信息的统计除了包括当期数据的统计之外，还需要对历史数据进行统计。信息分析通常采用的方法有统计分析法、趋势分析法、指标比较法、规范比较法、专家小组法和成本效益分析法。

① 统计分析法：在样本数据的基础上，通过分组、图表、统计指标等对信息进行整理，并依据概率论和数理统计，运用统计学的方法对获取的信息进行定量分析，对总体的情况进行科学推断，以数据为依据说明运行安全的实际状态、重大及突出的安全问题的分布情况和变化趋势。

② 趋势分析法：使用所获取信息中各类相关数据资料，将两期或多期连续的相同指标或比率进行定基对比和环比对比，以得到数据间的增减变动方向、数额和幅度，目的是说明运行安全状况和变化趋势。

③ 指标比较法：在数据量不足以对信息进行定量分析的情况下，将有限的安全信息经过加工、整理后与公司的各类运行安全指标进行对比，从而获得运行安全状态及变化等结论。

④ 规范比较法：在数据量不足以对信息进行定量分析的情况下，将有限的安全信息经过加工、整理后与相似运行环境下的其他相关运行单位的运行经验进行比对和分析，从而获得运行安全状况所处水平。

⑤ 专家小组法：由于信息种类繁杂，不同的人在评估任何不安全因素时观点都有所差异，因此应探求专家小组中所有人的观点。成立一个多学科小组来对不安全因素进行评估，有利于寻找并评估出最佳的方法。

⑥ 成本效益分析法：接受安全风险控制措施必须依赖可靠的成本效益分析，执行风险控制措施的成本应该通过规定时间内所达到的预期安全绩效来衡量。成本效益分析能显示出对于所能接受的安全风险来说，投入的时间、精力和成本的有效性和适合度。

依据上述方法进行信息收集及信息分析，可以清晰地看出通航公司的实际状态、所存在问题的分布状态、重要的和突出的安全问题以及所存在问题的变化趋势，这为系统评价环节的工作奠定了有效的基础，对实现运行风险闭环管理具有重要的意义。

2. 航空安全信息管理与风险管理的关系

风险管理是航空安全管理体系的核心要素，是通过识别风险、分析风险、测量与评价风险，从而采取有效措施控制风险的过程。风险管理不是一个独立或特殊的过程，它贯穿于与飞行运行相关的全部过程中。航空安全信息管理作为安全管理的重要基础工作，可以为风险管理提供数据支持，并为航空安全管理决策提供依据。从图5-1风险管理与安全保证功能图中可以看出，风险管理中危险源识别过程的关键就是把握好各类信息的来源，对安全相关数据进行统计、分析，从而完成风险识别工作，这些都是后续进行风险分析和评价，并制定风险控制措施的重要依据。

在航空公司航空安全信息管理系统中，作为信息来源的各功能模块，如员工报告模块、安全审计模块、飞行品质监控模块等，均设计了与风险管理功能相关的接口，对上述模块的某类信息进行分析和评价后，若判断出运行过程中存在新的风险或者原有风险控制措施无效，则可人工启动风险管理过程，查找出危险源，将其与风险事件及其后果相关联，完成风险分析和评价过程，并制定相应的管控措施。这体现了风险管理在航空公司安全管理体系中的核心作用，也反映出航空公司安全信息管理工作是以风险管理为导向的。

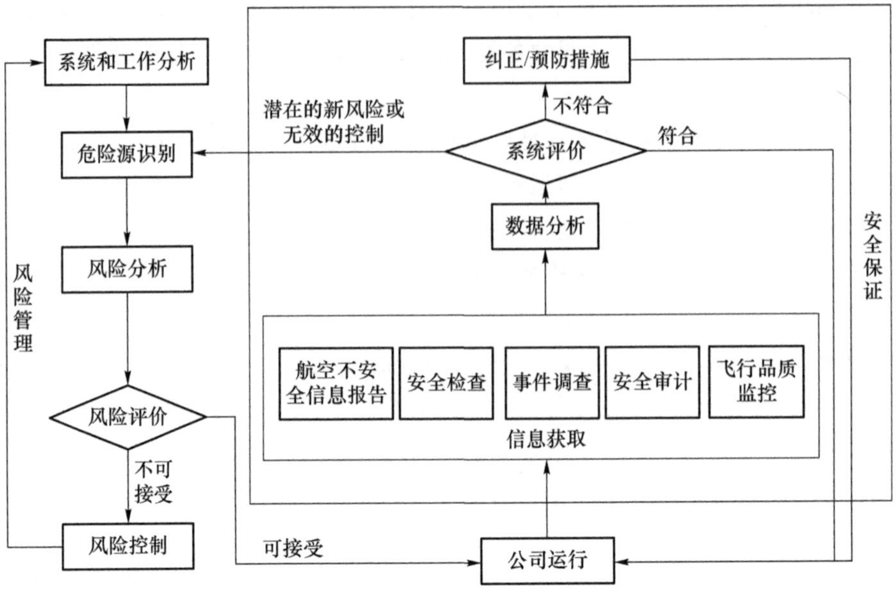

图 5-1 风险管理与安全保证功能关系图

3. 航空安全信息管理存在的问题

航空公司在安全管理体系建设中建立了相应的安全信息管理制度，具体内容包括且不限于：明确安全信息管理人员职责与权限、设立公司级和部门级专职或兼职安全信息管理员、在公司范围内建立安全信息沟通和共享机制、建立并维护安全信息数据库、划分不安全事件等级、制定安全信息分类标准、明确安全信息流转及处理程序、对安全数据进行统计分析并形成定期或专项报告、利用安全数据进行风险预警并对安全决策提供支持等，基本满足了航空公司安全信息管理的需要。但是，从民航业整体来看，安全信息管理工作仍存在一些不足和问题，制约着其在安全管理工作中驱动作用的发挥。

(1) 航空安全信息的利用不够充分

目前，民航的安全信息管理系统大多类似数据仓库，以记录信息为主，数据处于离散状态，并未开展充分、有效的分析、利用，以实现趋势分析、特征关联分析、风险评估等功能，尚未建立以安全信息为驱动的安全管理机制；对事故、征候和不安全事件等安全信息的分析停留在统计层面，事件的风险分析模型和规范尚不健全，无法充分发挥安全信息应有的预警作用，达不到提前预防的目的。

(2) 航空安全信息管理对风险管理的贡献度有待提高

对安全保证各功能模块收集到的信息，如员工报告、航空安全监察与审计、飞行品质监控、事件调查等，进行分析的过程中识别出的新危险源都是危险源识别过程的输入，应按照风险管理的要求开展后续工作。但在实际工作中，安全信息管理与风险管理存在隔离现象，从安全信息管理渠道触发风险管理的意识不强，且仍需人工干预、启动；安全信息的原因分析过程不够深入，未从系统角度查找根本原因，不能主动进行危险源识别；未建立安全信息管理系统与危险源库的有效关联，安全信息对风险预警的数据支撑作用还未形成可自动实现的有效路径。航空安全信息管理作为安全保证的功能要素，其对安全管理体系核心要素——风险管理的贡献度还有待提高。

(3) 航空安全信息交流和共享不充分

我国民航已经建立了多个与航空安全信息相关的管理系统，涉及航空安全管理、飞行标准管理、航空器适航管理、空中交通管理等系统。各个系统的业务基础不同，从而数据定义、数据来源、数据分类标准、数据用途等方面存在偏差，这对数据交流和共享造成了一定的影响。同时，各航空公司除按照CCAR-396部的要求将相关安全信息上报至中国民用航空安全信息系统并对行业公布外，大量安全运行类信息是在公司内部进行流转处理的，因此存在公司间的壁垒和隔阂，不利于安全信息交流与共享。

针对以上问题的对策以及建议如下：

(1) 强化安全信息的风险导向

从系统管理的角度开展航空安全信息管理工作，将风险管理的意识和方法融入安全信息管理中去。将风险预警模型和算法嵌入航空安全信息分析中，通过系统自动实现航空安全信息的量化分析与风险预警，从而制定相应的风险规避方案，达到安全生产主动预防的目的；将危险源识别工作与航空安全信息分析过程相结合，提取信息分析关键词与危险源库进行比对，实现危险源库的动态管理，适时启动风险管理工作。

(2) 深化安全信息的分析与利用

对航空安全信息的分析应遵循“深入、透彻”的原则，特别是对产生后果的不安全事件信息，应从人、机、环、管等层面进行考量，究其根本原因；做好安全信息关键要素的维护，以便于利用专业的分析和管理方法对安全信息进行深入处理；对安全信息开展专题研究，以安全趋势分析、安全风险预警分析报告等形式进行输出，帮助局方或公司确定需要重点监管的领域，为行业或企业提供风险预警，实现风险防控、安全关口前移。

(3) 促进航空安全信息交流和共享

航空安全信息交流和共享是建设积极的安全文化所必不可少的。针对行业各业务归口单位各自独立的管理系统，应建立合理的与航空安全信息相关的沟通机制，一方面有利于资源共享，另一方面将为航空安全信息的深入分析与利用提供支持。目前局方的航空安全信息管理系统囊括了各航空公司的强制报告信息，但大量的对安全运行影响轻微或隐患类的安全信息并未得到有效共享，由第三方中国民航大学托管的航空安全信息自愿报告系统（Sino Confidential Aviation Safety reporting System，SCASS）平台，已打破各航空公司之间的航空安全信息壁垒。虽然我国民用航空安全自愿报告系统（SCASS）已于 2004 年投入使用，但这一系统的信息报告数量与我国快速增长的民航（含通航）运输周转量并不匹配，自愿报告类信息并未得到有效利用，对于这些有可能暴露航空安全隐患和薄弱环节的模糊零碎的自愿报告类信息应加以分析，以识别可能存在的安全隐患。

4. 信息管理的目的

在通用航空中，事件信息收集分为紧急事件报告和非紧急事件报告，实行分类管理。紧急事件报告样例和非紧急事件报告样例包含在事件样例中，事件样例由民航局另行制定。服务提供者应向所有有关人员传达组织机构的安全管理体系目的和程序，同时应制定一种交流策略，以便根据个人的角色和接收安全信息的需要，以最适当的方法进行安全信息交流。这可以通过安全通信、通知、公告、情况介绍会或培训课程来进行。安全管理人员还应确保从内部和其他组织机构的调查、历史案例或经历中所吸取的经验教训得到广泛的传达。因此，安全信息交流的目的是：

① 确保工作人员充分了解安全管理体系。

② 传达对安全至关重要的信息。对安全至关重要的信息指的是能让组织机构暴露在安全风险之下的安全问题和安全风险方面的具体信息。该信息可来自于从内部或外部来源收集的安全信息，如吸取的经验教训，或者是与安全风险控制措施有关的信息。由服务提供者来确定将哪些信息视为对安全至关重要的信息及信息的传达时限。

③ 加强对新的安全风险控制措施和纠正行动的认识。服务提供者面临的安全风险将随着时间而变化，无论这是已查明的新的安全风险还是安全风险控制措施的变动，均需要将这些变动传达给有关人员。

④ 提供新的或经修订的安全程序的相关信息。在对安全程序进行更新时，须让有关人员知道这些变化。

⑤ 推行一种积极的安全文化，并鼓励个人去识别和报告危险。安全信息传达是双向的，须让所有人员通过安全报告系统向组织机构传达安全问题。

⑥ 提供反馈。向提交安全报告的人员提供反馈信息，说明已采取哪些行动来解决任何已查明的关切问题。

5.2.2 航空安全信息送报流程

在我国境内发生的事件按照以下规定报告：

① 紧急事件发生后，事发相关单位应当立即通过电话向事发地监管局报告事件信息（事发相关单位统一向事发监管局报告，不必让空管单位再次向所属地监管局报告）；监管局在收到报告事件信息后，应当立即报告所属地区管理局；地区管理局在收到事件信息后，应当立即报告民航局民用航空安全信息主管部门。

② 紧急事件发生后，事发相关单位应当在事件发生后12小时内，按规范如实填报民用航空安全信息报告表，主报事发地监管局，抄报事发地地区管理局、所属地监管局及地区管理局。

③ 非紧急事件发生后，事发相关单位（外国航空公司除外）应当参照事件样例在事发后48小时内，按规范如实填报民用航空安全信息报告表，主报事发地监管局，抄报事发地地区管理局、所属地监管局及地区管理局。

在我国境外发生的事件按照以下规定报告：

① 紧急事件发生后，事发相关单位应当立即通过电话向所属地监管局报告事件信息；监管局在收到报告事件信息后，应当立即报告给所属地区管理局；地区管理局在收到事件信息后，应当立即报告民航局民用航空安全信息主管部门。

② 紧急事件发生后，事发相关单位应当在事件发生后24小时内，按规范如实填报民用航空安全信息报告表，主报所属地监管局，抄报所属地区管理局。

③ 非紧急事件发生后，事发相关单位应当在事发后48小时内，按规范如实填报民用航空安全信息报告表，主报所属地监管局，抄报所属地区管理局。

向国际民航组织和境外相关机构通报事件信息按照以下规定执行：

① 当事件定性为事故或严重征候时，民航局民用航空安全信息主管部门通知登记国、运营人所在国、设计国、制造国和国际民航组织，内容包括事发时间和地点、运营人、航空器型别、国籍登记号、飞行过程、机组和旅客信息、人员伤亡情况、航空器受损情况和危险品载运情况等。

② 事故调查结束后，民航局民用航空安全信息主管部门向国际民航组织送交一份事故调查最终报告副本。

③ 事故发生后30日内，民航局民用航空安全信息主管部门向国际民航组织提交初步报告。事故调查结束后，民航局民用航空安全信息主管部门尽早将事故

资料报告提交国际民航组织。

5.2.3 航空安全信息处理

对已上报的事件，事发相关单位获得新的信息时，应当及时补充填报民用航空安全信息报告表，并配合局方对事件信息进行调查核实。如事实简单、责任清楚，事发相关单位可直接申请结束此次事件报告。

负责组织调查的地区管理局和监管局应当及时对事件信息进行审核，完成事件初步定性工作：

① 对初步定性为事故的事件，负责组织调查的单位应当提交阶段性调查信息，说明事件调查进展情况，并应当在事件发生后 12 个月内上报事件的最终调查信息，申请结束此次事件报告。

② 对初步定性为严重征候的事件，负责组织调查的地区管理局应当在事件发生后 30 日内上报事件的最终调查信息，申请结束此次事件报告。

③ 对初步定性为一般征候的事件，负责组织调查的地区管理局应当在事件发生后 15 日内上报事件的最终调查信息，申请结束此次事件报告。

当事件初步定性为一般事件时，事发相关单位应当在事件发生后 10 日内上报事件的最终调查信息，负责组织调查的地区管理局应当在事件发生后 15 日内完成最终调查信息的审核，并申请结束此次事件报告。

在规定期限内不能完成初步定性或不能按规定时限提交最终调查信息的，负责调查的单位应当向民航局民用航空安全信息主管部门申请延期报告，并按要求尽快上报事件的最终调查信息，申请结束此次事件报告。

民用航空安全信息报告表应当使用中国民用航空安全信息系统上报。当该系统不可用时，可以使用传真等方式上报；当系统恢复后 3 日内，应当使用该系统补报。

向国际民航组织和境外相关机构通报事件信息按照以下规定执行：

① 当事件定性为事故或严重征候时，民航局民用航空安全信息主管部门通知登记国、运营人所在国、设计国、制造国和国际民航组织，内容包括事发时间和地点、运营人、航空器型别、国籍登记号、飞行过程、机组和旅客信息、人员伤亡情况、航空器受损情况和危险品载运情况等。

② 事故调查结束后，民航局民用航空安全信息主管部门向国际民航组织送交一份事故调查最终报告副本。

③ 事故发生后 30 日内，民航局民用航空安全信息主管部门向国际民航组织提交初步报告。事故调查结束后，民航局民用航空安全信息主管部门应尽早将事故资料报告提交国际民航组织。

举报的民用航空安全信息按照以下规定进行处理：

① 地区管理局或监管局负责调查、处理涉及本辖区的举报的民用航空安全信息。

② 在收到举报的民用航空安全信息3日内，应当向举报人反馈受理情况。

③ 举报的民用航空安全信息经调查构成事故、征候或一般事件的，负责调查的单位应当在调查结束后3日内，向民航局民用航空安全信息主管部门填报民用航空安全信息报告表。

第 6 章

通用航空安全绩效管理

6.1 通航安全绩效指标与绩效目标

6.1.1 安全绩效指标与绩效目标

1. 安全绩效与安全绩效管理

绩效是指对应职位的工作职责所达到的阶段性结果及其过程中可评价的行为表现。所谓绩效管理是指在管理者与员工之间就目标与如何实现目标达成共识的基础上,通过激励和帮助员工取得优异绩效从而实现组织目标的管理方法。绩效管理所涵盖的内容很多,它所要解决的问题主要包括如何确定有效的目标、如何使目标在管理者与员工之间达成共识、如何引导员工朝着正确的目标发展、如何对实现目标的过程进行监控、如何对实现的业绩进行评价和对目标业绩进行改进。在绩效管理中,绩效首先是一种结果,即做了什么;其次是过程,即是用什么样的行为做的;最后是绩效本身的素质。因此绩效考核只是绩效管理的一个环节。绩效管理是通过管理者与员工之间持续不断进行的业务管理循环过程,实现业绩的改进,所采用的手段为 PDCA 循环(Plan“计划”、Do“实施”、Check“检查”和 Action“改进”)。

影响绩效的主要因素有员工技能、外部环境、内部条件以及激励效应。员工技能是指员工具备的核心能力,是内在的因素,经过培训和开发是可以提高的;外部环境是指组织和个人面临的不为组织所左右的因素,是客观因素,是完全不能控制的;内部条件是指组织和个人开展工作所需的各种资源,也是客观因素,在一定程度上能改变内部条件的制约;激励效应是指组织和个人为达成目标而工作的主动性、积极性,激励效应是主观因素。

在影响绩效的四个因素中,只有激励效应是最具有主动性、能动性的因素,人的主动性、积极性提高了,组织和员工会尽力争取内部资源的支持,同时组织和员工技能水平将会逐渐得到提高。因此绩效管理就是通过适当的激励机制激发人的主动性、积极性,激发组织和员工争取内部条件的改善,提升技能水平进而提升个人和组织绩效。

因此,安全绩效可以定义为:企事业单位基于国家安全生产法规要求和安全生产工作目标和发展愿景,通过安全工程技术、安全科学管理和安全文化建设实践,所造就的安全生产现实可测量的成绩和效果。安全绩效管理的目的在于通过激发员工的工作热情和提高员工的能力和素质,以达到改善安全绩效的效果。

安全绩效就是将企业安全目标落实到个人行动的过程,并取得可测量的安全结果，同时，也是对安全结果进行评价和反馈的过程。安全绩效应可以测量，无法测量就不能管理，目的是监控已知的安全风险、识别新的安全风险、评估实施的安全计划和政策是否适当和有效、确定未来的安全管理优先级、提供对潜在安全问题的早期预警，实质上是对风险管理效果的管理，衡量公司的安全水平。

安全绩效管理以可接受的安全水平为基础，而可接受的安全水平是一种状态，由安全绩效目标及其相关指标来定义。安全绩效管理不仅要注重安全结果，更要重视达成目标的过程，是一个包括绩效计划（设定目标、达成共识、形成实施计划、落实绩效责任）、绩效辅导（评估、指导和调整）、绩效考核（测量标准、实施方法）和绩效反馈（激励与改进）的循环，任一环节都不可或缺，而绩效考核是绩效管理的核心环节。

安全绩效管理的作用之一就是为员工指明努力的方向，使员工一开始就明确自己的目标在哪里，并清楚地知道自己在安全战略目标实现过程中所扮演的角色，清晰地认识到企业对自己的期待和安全要求。如果员工都能将自己岗位责任履行到位和实现个人绩效指标，实现企业安全目标也就不是难事。

安全绩效管理伴随安全管理与生产活动的全过程，而不是出现在某个特定时期。安全绩效管理要嵌入管理与生产流程中才能发挥作用，也就是说管理与生产过程的各个环节都应有方法要求和绩效测量标准。需要注意的是，安全绩效管理只能起到推动安全质量提升的作用，而不能主导安全。

2. 民航规章中关于安全绩效管理的规定

2006 年国际民航组织（ICAO）在《安全管理手册》（Safety Management Manual，SMM）（第一版）中基于对遵守规章和绩效考核方法的安全管理方法的补充，引入“可接受的安全水平”，用安全绩效的指标和目标表示。2009 年 SMM 第二版对可接受的安全水平提出基本要求，即在实际工作中必须保证达到的最低安全程度。2013 年 5 月 SMM 第三版中强调基于绩效的理念持续推进安全管理工作。2013 年 11 月在《国际民航组织国际标准和建议措施》中提出基于实施国家安全方案来提高安全绩效，但没有形成比较系统的安全绩效管理体系。2018 年 SMM 第四版关于安全绩效管理初步形成体系：通过安全绩效管理的流程图将安全绩效管理的目标、指标定义、监管和测量、行动要求都做了原则上的指导说明，指出可接受的安全水平代表各国航空局对航空系统应该提供的安全绩效的预期水平，可接受的安全水平目标的达成需要定期地修正，以发挥安全绩效管理的预警性作用。

2007 年，国际民航组织（ICAO）着手对国际民航公约附件 1、6、8、11、13 和 14 进行修订，要求各国建立并实施国家航空安全方案（State Safety Program，SSP）。2009 年开始，中国民航局开展了《中国民航航空安全方案》的研究和编制工作。2013 年，ICAO 指出各国要制订实施国家航空安全方案，以期民航安全绩效能达到可接受的水平。我国作为 ICAO 的一类理事国积极参与，并且制定《民用航空安全管理规定(草案)》，启动企业安全绩效试点和局方安全监管评估体系试点工作。2015 年，中国民航局颁布《中国民航航空安全方案》，《中国民航航空安全方案》依据附件 19 的要求以及 ICAO《安全管理手册》(Doc9859 第三版)的编写指南，充分考虑了我国民航的实际情况，较为全面地阐述了中国民航 SSP 四大框架(安全政策和目标、安全风险管理、安全保证、安全促进)及各个要素的现状和需要完善的内容。《中国民航航空安全方案》提出建立与国家航空安全方案有关的可接受的安全绩效水平，将安全指标体系中的事故率、人员伤亡损失和征候率的目标值作为可接受的安全绩效水平，但未对可接受的安全绩效水平进行明确定义。2017 年，中国民航局颁布《民航安全绩效管理推进方案》，明确提出完善安全绩效管理机制，建立以数据为驱动，以风险管理为核心的安全隐患排查长效治理机制，以实现规章符合性基础上的安全绩效管理和基于安全绩效的安全监管，并且制定了 2017—2020 年三个阶段的推进路线。2017 年 4 月 13 日，中国民用航空局航空安全管理办公室发布推进安全绩效管理的官方指导文件，对安全绩效管理与安全管理体系的关系做了解释说明：民航安全绩效管理是民航安全管理的重要组成部分，是验证和检验安全管理体系实施效能的重要手段；对安全绩效管理的基本原则、主要内容及绩效指标设计方法做了详细介绍。同年发布的管理文件《民航生产经营单位安全绩效管理指导册》为各单位实施安全绩效管理提供了技术指导。2018 年，交通运输部发布《民用航空安全管理规定》，定义可接受的安全绩效水平是指以安全绩效目标和安全绩效指标表示的，按照《中国民航航空安全方案》，或者民航生产经营单位按照其安全管理体系中规定的安全绩效的最低水平。同年民航局发布《运输航空公司差异化安全监管工作指导意见》，明确将民航生产经营单位的安全绩效监测结果用于安全监管工作的调整，作为开展精准化安全监管的重要依据，同时促使民航生产经营单位安全管理体系的自我完善。后续有关基于安全绩效监管的指导文件，将进一步阐述基于安全绩效监管的方式方法。

通过文件的梳理可以看到，中国民航局紧密结合 ICAO 安全管理规定，制定适合中国民航实际的安全绩效管理方案，先行试点总结经验规律，逐步按计划分阶段推进，成熟完善的民航安全绩效管理体系还未完全形成。

CCAR-398 中关于安全绩效管理有如下规定：

① 民航生产经营单位应当实施安全绩效管理，并接受民航行政机关的监督。

② 民航生产经营单位应当建立与本单位运行类型、规模和复杂程度相适应的安全绩效指标，以监测生产运行风险。

③ 民航生产经营单位应当依据民航局制定的年度行业安全目标制定本单位安全绩效目标。安全绩效目标应当等于或者优于行业安全目标。

④ 民航生产经营单位应当根据安全绩效目标制定行动计划，并报所在辖区民航地区管理局备案。

⑤ 民航生产经营单位应当对实际安全绩效实施持续监测，按需要调整行动计划以确保实现安全绩效目标。

⑥ 民航生产经营单位应当在每年 7 月 15 日前及次年 1 月 15 日前分别将半年和全年安全绩效统计分析报告报所在辖区民航地区管理局备案。

3. 安全绩效指标

安全绩效指标是使组织机构可以了解其安全绩效的参数：在安全方面，它过去处于什么位置，现在处于什么位置，未来将往哪个方向发展。这一图景是组织机构进行数据驱动的安全决策的坚实、合理的基础。这些决策反过来积极地影响着组织机构的安全绩效。因此，确定的安全绩效指标，不管其是简单的还是复杂的，都应该是现实的、相关的，并且与安全目标相关联。

最初选择的安全绩效指标可能仅限于监测和衡量那些容易代表或便于捕获的事件或过程的参数(可以随手可得的安全数据)。理想的情况是，安全绩效指标应该聚焦于那些作为安全绩效重要指标的参数，而不是那些容易获得的参数。

绩效指标是绩效考核的要素，分为定量指标和定性指标。绩效考核的结果是否科学、合理、公正，是否能够真实地反映工作中的成绩和不足，其关键在于绩效指标的选取和设计上。如何合理和准确地设计绩效指标，要依据科学的设计原则、清晰的设计思路以及合理的设计方法来实现。绩效指标是对绩效进行考核的维度，因此它的选定既要符合管理的要求，又要满足考核的要求。一般来说，选定绩效指标时应遵循以下几个基本原则：

① 战略相关性。绩效考核作为实现组织战略目标的有效工具，必须使绩效考核指标与组织的战略相一致，强调绩效考核指标对组织中员工的引导作用，从而激励员工能够为组织做出贡献。

② 目标一致性。绩效考核的目的就是帮助评价对象实现组织管理，绩效考核指标应与考核对象的运行目标保持一致，绩效考核指标的内容要完整地反映评价对象系统运行的目标。

③ 针对指向性。由于绩效考核的目的、对象和重点不同，在选择确定绩效考核的要求和具体指标时，应根据各岗位的工作性质、工作标准的不同来设计，以充分体现出被考核对象的特点和特征。

④ 科学合理性。绩效考核指标体系的确定是以管理学、组织行为学、人才学、心理学、评价学等科学原理为依据的，采用科学的方法，凭借先进的测量工具，通过数据的采集、分析、处理，以保证所选定指标能系统、全面、合理地反映和体现被评价对象的工作性质和特点要求。评价体系的设计过程只有依据严谨的理论科学，

使评价方法与指标体系结构相适应,才能保证评价所产生的结论科学、合理。

⑤ 具体明确性。在确认的绩效考核体系中,每个指标都要有明确的内容、定义或解释说明。必要时还要列出计算公式,使评价要求和指标的概念内涵明确、外延清晰。同时,制定标准的文字表述应力求精炼、直观、通俗,所选择的要素指标在体现关键的基础上少而精,使评价体系的设计达到标准化和规范化的要求。

⑥ 测量便利性。为使绩效考核工作能够顺利进行,在选定考核指标时应充分考虑是否能够方便地获得与考核指标相关的统计数据和管理信息,只有信息的来源稳定可靠,获得信息的方式简单可行,才能保证绩效考核指标体系的切实可行。

安全绩效指标用于帮助高级管理层了解组织机构是否有可能实现其安全目标;它们可以是定性的,也可以是定量的。定量指标以数量而不是质量来衡量,而定性指标是描述性的,并以质量来衡量。一般来说,定量指标优于定性指标,因为它们更容易计数和比较,指标的选择取决于可定量衡量的可靠数据的可获性。必要的证据必须是可比较、可概括的数据(定量),以及对安全状况的描述性说明(定性),不论是定性还是定量的,都涉及不同类型的安全绩效指标,需要一个周密的安全绩效指标选择过程。同时采用多种方法在许多情况下是很有用的,可以解决由于采用单一方法而可能出现的许多问题。

(1) 定量指标

定量指标可以表示为数字(X 次入侵)或表示为比率(每 N 起降架次 X 次入侵),在某些情况下,用数字表示就足够了。但是,如果活动水平波动,则仅仅使用数字可能会造成对实际安全状况产生扭曲的印象。例如,如果空中交通管制部门在 7 月份记录了 3 次高度偏离,在 8 月份记录了 6 次高度偏离,那么可能引起人们对安全绩效显著恶化的极大担忧。但 8 月份的起降架次可能是 7 月份的两倍,这意味着每起降架次的高度偏离,或者说比率,是下降而不是增加了。这可能会,也可能不会改变审查的水平,但它确实提供了另一条对于数据驱动的安全决策可能至关重要的宝贵信息。

因此,在适当情况下,安全绩效指标应该以一个相对的比率来反映,以衡量绩效水平,而不论活动水平如何。这使得可以对绩效进行标准化度量,而不管活动是增加还是减少。另一个例子是,安全绩效指标可以测量跑道入侵的次数。但如果监测期间的起飞次数减少,结果可能会产生误导。一个更准确和有价值的绩效衡量标准是相对于起降架次的跑道入侵次数,例如,每 1 000 起降架次 X 次入侵。

(2) 事前、事后指标

国家和服务提供者对其安全绩效指标进行分类时,两个最常见的类别是事后指标和事前指标。事后安全绩效指标衡量已经发生的事件,它们也被称为“基于结果的安全绩效指标”,通常是组织机构想要避免的负面结果。事前安全绩效指标衡量的是为提高或维护安全而正在实施的过程和输入，它们也被称为“活动或过程安全绩效指标”，因为它们监测和衡量可能导致或促成特定结果的条件。

事后安全绩效指标可帮助组织机构了解过去发生了什么，并对确定长期趋势有用。它们可以用作一个高级别指标或用于表明特定事件的类型或位置，例如“每种航空器类型的事故类型”或“按地区划分的特定征候类型”。因为事后安全绩效指标衡量的是安全结果，它们可以衡量安全缓解措施的有效性，它们在验证系统的总体安全绩效方面是有效的。例如，监测“在重新设计坡道标志之后车辆之间每运动次数的坡道碰撞次数”，可作为衡量新标志有效性的一种方法（假设其他方面没有变化）。碰撞次数的减少可证实坡道系统总体安全绩效的提高，这可能是由此处所谈论的标志的更改所致。

可对事后安全绩效指标中的趋势进行分析以确定系统中存在的应加以解决的状况。使用前面的例子，每运动次数的坡道碰撞的上升趋势可能是导致确定采用次级标准的坡道标志作为缓解措施的原因。

事后安全绩效指标分为两种类型：

① 低概率/高严重度：诸如事故或严重征候的结果。

② 高概率/低严重度：不一定呈现为严重事故或征候的结果，有时也称为先兆指标。

航空安全措施历来偏重于那些反映“低概率/高严重度”结果的安全绩效指标。这是可以理解的，因为事故和严重征候是高调事件并且很容易计数。然而，从安全绩效管理的角度看，过分依赖事故和严重征候作为安全绩效的可靠指标是存在弊端的。例如，事故和严重征候很少发生（一年中可能只有一起事故，或者没有事故），这使得很难进行统计分析以确定趋势，这未必表明系统是安全的。依赖此类数据的结果是人们可能会错误地相信组织机构或系统的安全绩效是有效的，而其实际上可能险些接近于事故。

推动组织机构发展主动安全绩效管理能力的事前安全绩效指标的例子包括“按时成功完成安全培训的员工百分比”或“吓鸟活动的频率”。

事前安全绩效指标还可使组织机构了解其运行是如何应对变化的，包括运行环境的变化。重点将放在预测由于变化产生的弱点和脆弱性上，或监测变化之后的绩效。安全绩效指标监测运行变化的一个例子是“已实施程序 X 的站点百分比”。

为了更准确和有用地表明安全绩效，应该结合采用衡量“低概率/高严重度”事件和“高概率/低严重度”事件的事后安全绩效指标和事前安全绩效指标。这些指标可使人们更加全面地了解组织机构真实的安全绩效。

安全绩效指标应该是：

① 与它们旨在表明的安全目标有关的;

② 基于可用的数据和可靠的衡量标准进行选择或开发的;

③ 适当具体和可量化的;

④ 现实的,即应考虑到组织机构的可能性和局限性。

通常需要采用安全绩效指标组合来明示安全绩效,在事后和事前安全绩效指标之间应该有明确的联系。理想的情况是,应在确定事前安全绩效指标之前定义事后安全绩效指标。定义一个与更严重事件或状况(事后安全绩效指标)相关联的先兆安全绩效指标,可确保这两者之间存在明确的相关性。所有事后和事前安全绩效指标同样有效和有价值。

重要的是要选择与组织机构的安全目标相关的安全绩效指标。具有明确定义和一致的安全绩效指标将使确定安全绩效目标更加容易,安全绩效目标将显示在实现安全目标方面正在取得的进展上。这使得组织机构可以准确了解需要什么、何时以及如何采取行动来达到计划的安全绩效,从而可以进行资源配置以实现最大的安全效果。例如,一个国家的安全目标是"三年内偏离跑道次数减少50%",以及一个相关的、协调一致的安全绩效指标,即"所有机场每百万次起飞的偏离跑道次数"。如果在监测开始时偏离次数最初下降,但12个月后又开始上升,国家可以根据安全绩效指标选择将容易实现安全目标的地区的资源重新分配,用于减少偏离跑道次数,以缓解不良趋势。

4. 设立安全绩效目标

确立安全目标为安全绩效管理过程提供了战略方向,并为安全相关的决策提供了可靠的依据。在修改政策或过程,分配组织机构的资源以力求提高安全绩效时,安全绩效管理应成为首要的考量。安全目标可以是过程导向的:从期望操作人员开展的安全行为或组织机构为管理安全风险而采取的行动的绩效方面加以说明;也可以是结果导向的:包含遏制事故发生或运行损失方面的行动和趋势。

整套安全目标应包括过程导向和结果导向两种目标的组合,以便为安全绩效指标和安全绩效目标提供足够的覆盖范围和方向。安全目标本身不必是具体的(Specific,S)、可衡量的(Measurable,M)、可实现的(Attainable,A)、相关的(Relevant,R)和及时的(Time-based,T)SMART原则,只要安全目标与配套的安全绩效指标和安全绩效目标构成一个整体,使组织机构能够展示它是否在保持或提高其安全绩效即可。

安全绩效目标(SPTs)对安全绩效管理方面所期望的短期和中期成果进行界定,它们作为"里程碑",使人们相信组织机构正努力朝着实现其安全目标前进,并提供一种可衡量的方法来证实安全绩效管理活动的有效性。设定安全绩效目标时应考虑到诸如当前的安全风险水平、安全风险容忍度以及特定航空部门有关安全的期望等因素。在确定设立安全绩效目标之前，应该考虑对于相关航空部门来说，什么是现实可行的，并在可获得历史趋势数据的情况下，考虑特定安全绩效指标的最近表现。

如果组合在一起的安全目标、安全绩效指标和安全绩效目标是具体的、可衡量的、可实现的、相关的以及及时的，则组织机构便能够更有效地展示其安全绩效。有多种方法来实现安全绩效管理的目标，特别是设定安全绩效目标：一种方法是制定与安全绩效指标一致的高级别总体安全目标，然后在建立基线安全绩效之后确定合理的改进水平，这些改进水平可以以特定目标（例如减少百分比）或积极趋势的确立为依据；当安全目标是SMART时，可以采用的另一种做法是用具体的安全目标作为实现安全绩效的里程碑。这两种方法中的任何一种都是有效的，并且组织机构可能会发现其他一些方法在展示其安全绩效方面也是有效的。可以根据具体情况，组合采用不同的方法。

（1）设定与SMART安全目标一致的具体目标

安全目标可能难以沟通，并且可能难以实现，如果将它们分解为更小的具体安全目标，则实现它们的过程将变得更易于管理。这样，这些具体的目标就成为了战略与日常运作之间的关键环节。组织机构应该确定驱动安全绩效的关键方面并建立衡量它们的方法。一旦组织机构通过建立基线安全绩效来了解其当前的绩效水平是什么情况，就可以开始设定安全绩效目标，以便让国内的每个人都清楚地知道他们应该实现什么目标。组织机构也可以使用基准来支持设定绩效目标，包括使用已在衡量其绩效的同类组织机构的绩效信息，以了解业界其他组织机构是如何做的。

（2）设定与高级别安全目标一致的具体目标

首先，在高级管理层商定高级别安全目标时，各项具体目标也一同确立。然后组织机构确定适当的安全绩效指标，这些指标用于展示安全绩效朝着商定的安全目标改进的情况。组织机构使用现有的数据源来衡量安全绩效指标，但也可能需要收集额外的数据。接着组织机构开始收集、分析和展示安全绩效指标，各种趋势将开始显现，通过这些趋势，可以了解组织机构的安全绩效情况，以及它是朝着还是背离其安全目标发展。最后，组织机构可以为每个安全绩效指标确定合理的和可实现的安全绩效目标。

6.1.2 更多考虑的因素

在选择安全绩效指标和安全绩效目标时，还应考虑以下事项：

① 工作负荷管理。创建可行数量的安全绩效指标有助于工作人员管理其监测和报告工作量。如果某个安全绩效指标不再能够提供关于安全绩效的信息，或

被赋予一个较低的优先级，则应考虑停止使用这一指标，以便采用更有用或更高优先级的指标。

② 安全绩效指标的最优扩展。包含各重点方面的安全绩效指标组合将有助于洞悉组织机构的总体安全绩效，并且使组织机构能够进行数据驱动的决策。

③ 安全绩效指标的清晰度。当选择一个安全绩效指标时，应该清楚所衡量的是什么以及多久衡量一次。具有明确定义的安全绩效指标有助于理解结果，避免误解，并允许在一段时间内进行有意义的比较。

④ 鼓励期望的行为。安全绩效目标可以改变行为，并有助于取得期望的结果。如果目标的实现与组织机构的奖励（如管理薪酬奖励）挂钩，则尤其如此。安全绩效目标应该促进组织机构和个人采取做出合理决策和提高安全绩效的积极行为。同样重要的是，在选择安全绩效指标和安全绩效目标时，要考虑潜在的非预期行为。

⑤ 选择有价值的衡量标准。必须选择有用的安全绩效指标，而不仅是容易衡量的指标。应该由组织机构决定什么是最有用的安全参数，而且，组织机构负责改进决策、安全绩效管理和实现其安全目标的那些参数。

⑥ 实现安全绩效目标。这是一个特别重要的考虑因素，并与期望的安全行为有关。实现了商定的安全绩效目标并不总是表明安全绩效有了提高，组织机构应该对只是达到安全绩效目标与切实的、可证明的组织安全绩效提高这两者加以区别。组织机构必须考虑目标是在什么情况下实现的，而不是孤立地看待安全绩效目标。对安全绩效总体改进的认可，而不是对在单个安全绩效目标上所取得的成绩的认可，将会促进期望的组织机构行为，并鼓励交流安全信息，而这是安全风险管理和安全保证的核心。同时，也能够加强国家与服务提供者之间的关系，并提升它们共享安全数据和想法的意愿。

6.2 通航安全绩效监测

开展安全绩效监测时，通常从可供组织使用的各种来源收集安全数据和安全信息。获得数据以支持做出知情决策是安全管理体系最重要的一个方面。使用这种数据进行安全绩效监测和衡量是非常重要的活动，可产生安全风险决策所需的信息。

安全绩效水平可反映出组织机构的行为，也可衡量安全管理体系的有效性。这要求组织机构对以下方面进行界定：

① 安全目标。应首先确定目标,以反映出特定组织运行环境下与安全绩效相关的战略成就或预期结果。

② 安全绩效指标。这些是与安全目标相关的战术参数,因此可作为数据收集时的参考。

③ 安全绩效目标。这些也是战术参数,可用于监测在实现安全目标方面取得的进展。

如果安全绩效指标包括各式各样的指标,则可更加完整和真实地反映出服务提供者的安全绩效。因此,安全绩效指标应包括:

① 低概率/高严重性事件(如事故和严重征候);

② 高概率/低严重性事件(如有惊无险的运行事件、不合规报告、偏差等);

③ 过程绩效(如培训、系统改进和报告处理)。

安全绩效指标可用于衡量服务提供者的运行安全绩效及其安全管理体系的绩效。安全绩效指标依赖于对来自包括安全报告系统在内的各种来源的数据和信息进行监测,它们应为单个服务提供者所特有,并与已确立的安全目标相关联。

在确定安全绩效指标时,服务提供者应考虑:

① 对正确的事物进行衡量:确定最适合的安全绩效指标,以表明组织正处于实现其安全目标的正轨上。还应考虑组织面临的最大安全问题和安全风险是什么,并确定表明这些问题和风险是否得以有效控制的安全绩效指标。

② 数据的可获性:能否获取与组织想要测量内容相符的数据? 如果不能,可能需要确定其他的数据收集来源。对于数据量有限的小型组织机构来说,将数据集中到一起也可能有助于识别趋势。这方面可以由能够对来自多个组织的安全数据加以整理的行业协会来提供支持。

③ 数据的可靠性:数据因其主观性或不完整性而有可能不可靠。

④ 行业共同的安全绩效指标:与类似的组织商定共同的安全绩效指标以便能够在组织之间进行比较,这可能大有益处。监管者或行业协会可能会推动采用这些做法。

确定安全绩效指标后,服务提供者应立即考虑是否适于确定安全绩效目标和警戒级别。安全绩效目标在推动提升安全水平方面是有用的,但如果实施不当,它们会引发不良行为,而非提高组织安全绩效。不良行为是指个人和部门变得过于注重实现目标,可能忽略目标的预期目的。在此类情况下,更合适的做法可能是监测安全绩效指标以得知趋势。

可通过下列活动对安全绩效进行监测和衡量:

① 安全研究。通过分析来更深入地了解各种安全问题或更好地了解安全绩

效趋势。

② 安全数据分析。使用安全报告数据来发现可能需要开展进一步调查的常见问题或趋势。

③ 安全调查。检查与具体运行有关的程序或过程，安全调查可能涉及使用检查单、调查问卷和非正式的保密访谈。安全调查一般提供定性信息，这可能需要通过数据收集来进行验证，以确定是否需要采取纠正措施。不过，通过调查可以提供便宜却有价值的安全信息。

④ 安全审计。侧重于评估服务提供者的安全管理体系和支持系统的完整性。安全审计也可用来评估已落实的安全风险控制措施的有效性，或监测安全规章的遵守情况。确保独立性和客观性是安全审计面临的一项挑战。为实现独立性和客观性，可以聘用外部实体或内部审计单位，并采取到位的保护措施——政策、程序、角色、沟通协议。

⑤ 安全调查的结果和所提建议。能提供有用的安全信息，以便对照所收集的其他安全数据对这些信息进行分析。

⑥ 运行数据收集系统飞行数据分析、雷达信息等可以提供关于事件和运行绩效的有用数据。

6.3　通航安全目标更新与绩效改进

安全绩效管理并非是一成不变的，而是动态的，是每个国家和每个服务提供者运作的核心，因此应该：

① 按照高级别安全委员会制定并商定的周期进行例行审查和更新；

② 根据安全分析得出的意见进行审查和更新；

③ 针对运行中的重大变化、最高风险或环境进行审查和更新。

安全绩效管理改进工作应本着“积极稳妥、统筹兼顾、全面推进、持续完善”的原则，有计划、有步骤、有层次地在全行业开展。安全绩效管理是安全管理体系的重要组成部分，是验证和检验安全管理体系实施效能的重要手段，安全绩效管理改进工作应与安全管理体系建设实施相互关联，通过改进安全绩效管理工作，更好地发挥安全管理体系效能。

安全绩效管理推进路线分为三个阶段(见图 6－1)，从第一阶段到第三阶段，民航生产经营单位的安全绩效管理效能和局方基于安全绩效的监管效能逐步提升，同时，局方的安全监管工作量将逐步减少。

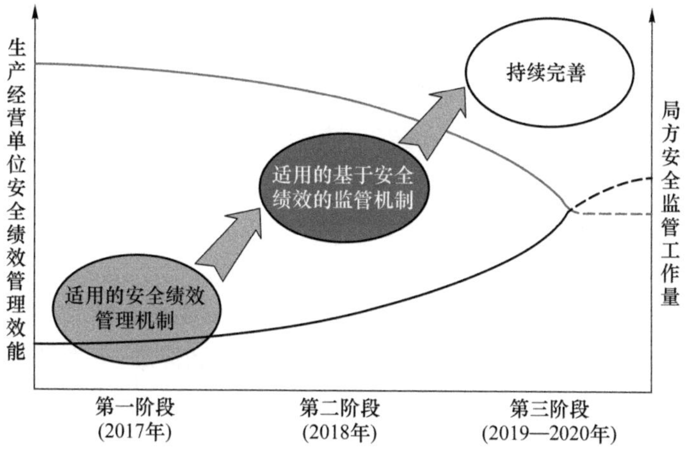

图 6-1 安全绩效改进推进图

2017 年为初级阶段，该阶段要建立民航生产经营单位适用的安全绩效管理机制，试行基于安全绩效的监管工作；2018 年为中级阶段，本阶段要建立适用的基于安全绩效的监管机制；2019—2020 年为高级阶段，本阶段要持续完善安全绩效管理机制和基于安全绩效的监管机制。民航生产经营单位应定期对安全绩效管理体系进行评审和改进，评审的内容至少应包括：

① 安全绩效管理的制度程序；

② 安全绩效管理的组织机构；

③ 安全绩效管理的技术方法；

④ 安全绩效指标和目标体系的适宜性和有效性；

⑤ 安全绩效管理的效果。

(1) 第一阶段(2017 年)

工作内容如下：

民航局：制定《民航安全绩效管理推进方案》；对安全绩效管理推进工作开展情况进行现场监督、指导；根据各单位提出的问题和困难，组织行业内的研讨和交流；下发安全绩效管理指导材料。

管理局/监管局：制定安全绩效管理推进工作的分阶段实施计划，组织辖区内各民航生产经营单位开展安全绩效管理工作，试行基于安全绩效的监管工作。

民航生产经营单位：全面推进安全绩效管理工作，包括开展差异评估、危险源识别、安全绩效管理程序制定、安全绩效指标建立、运行程序修订、安全绩效指标调整等；至 2017 年底，已建立安全管理体系的单位应建立适用的安全绩效管理机制，其安全绩效管理工作应达到实际应用水平，建立等效安全管理机制的单位应初步建立安全绩效管理机制。

工作要求如下：

民航局下发《民航安全绩效管理推进方案》《民航生产经营单位安全绩效管理指导手册》；各地区管理局、监管局试行基于安全绩效的监管工作，建立安全管理体系的民航生产经营单位，建立适用的安全绩效管理机制，建立等效安全管理机制的民航生产经营单位，初步建立安全绩效管理机制。

(2) 第二阶段(2018 年)

工作内容如下：

民航局：对安全绩效管理推进工作开展情况进行现场监督、指导；组织行业内的研讨和交流，研究解决推进过程中集中存在的问题和困难；下发基于安全绩效的安全监管指导材料。

管理局/监管局：组织辖区内各民航生产经营单位开展安全绩效管理推进工作，全面实施基于安全绩效的监管工作，至 2018 年底建立适用的基于安全绩效的监管机制和做法。

民航生产经营单位：进一步完善安全绩效管理工作，包括改进安全政策、完善安全绩效管理程序和运行程序，调整安全绩效指标等；至 2018 年底，包括建立等效安全管理机制的各民航生产经营单位，应建立适用的可操作的安全绩效管理机制。

工作要求如下：

民航局下发基于安全绩效的安全监管指导材料；各地区管理局/监管局全面实施基于安全绩效的监管工作，建立基于安全绩效的监管机制和做法；民航生产经营单位建立适用的可操作的安全绩效管理机制。

安全绩效管理的根本目的在于提升航空安全管理水准，进一步提升安全绩效管理水准。通用航空应构建安全绩效管理文化，每个岗位都应是安全管理的主体责任人，持续增强各岗位员工的安全理念，加大安全文化建设力度。例如，从学习文化、公正文化、沟通文化、报告文化等方面着手。安全文化是指始终将知情、诚信作为员工管理的基本要求、道德红线，确保安全绩效报告的准确性。报告文化主要包含心态、行为、制度、物质等多个方面，企业员工应从以上几个方面着手，使安全绩效报告变得翔实、全面，充分覆盖各方面工作，详细记录工作差错。沟通文化是指确保企业各岗位员工能够有效沟通，保障沟通渠道的畅通。公众文化是指对于安全绩效优异的岗位应予以奖励、鼓励。学习文化是指各岗位员工要从安全绩效的信息中充分汲取知识并不断改善各项工作措施。

安全绩效管理是一项持续开展的活动。随着时间的推移，安全风险和/或数据的可用性会发生变化。在制定最初的安全绩效指标时可能使用的是有限的安全信息资源，之后可能会建立起更多的报告渠道，获得更多的安全数据，并且组织机构的安全分析能力可能更加成熟。组织机构一开始制定简单的(较宽泛的)安全绩效指标可能是合适的，当收集到更多的数据，安全管理能力变得更强时，可以考虑完善安全绩效指标和安全绩效目标的范围，以便更好地与预期的安全目标保持一致。小型非复杂组织机构可以选择完善其安全绩效指标和安全绩效目标和/或选择适用于大多数航空系统的通用（但具体的）指标。通用指标的例子如下：

① 包括对设备造成结构损坏的事件；

② 表明险些发生事故的情况的事件；

③ 造成操作人员或航空从业人员受到致命或严重伤害的事件；

④ 造成操作人员丧失工作能力或不能安全履行职责的事件；

⑤ 自愿性事件报告的发生率；

⑥ 强制性事件报告的发生率。

较大的更复杂的组织机构可以选择制定更广和/或更深范围的安全绩效指标和安全绩效目标，并将上面所列的通用指标与特定活动的指标相结合。例如，一个为主要航空公司提供服务并位于复杂的空域下的大型机场，可能会考虑将一些通用安全绩效指标与代表其运行的特定方面的更深范围的安全绩效指标相结合。监测这些指标可能需要付出更大的努力，但可能会产生更优异的安全结果。安全绩效指标和安全绩效目标的相对复杂性与国家或服务提供者的运行规模和复杂性之间存在明显的相关性，这种相对复杂性应该反映在指标和目标集上，负责建立安全绩效管理制度的人应该意识到这一点。

应该定期对组织机构选择的一套安全绩效指标和安全绩效目标进行审查，以确保它们作为组织机构安全绩效指示符的持续意义。继续使用、停用或修改安全绩效指标和安全绩效目标的原因包括：

① 安全绩效指标不断报告相同的值（例如 0%或 100%），这些安全绩效指标不大可能为高级管理层作决策提供有意义的信息；

② 安全绩效指标体现相似的行为，因此被认为是重复的；

③ 为衡量采用的方案或有针对性地改进而实施的安全绩效指标的安全绩效目标已经实现；

④ 另一个安全问题成为需要更加优先监测和衡量的事项；

⑤ 通过缩减安全绩效指标的细节（如减少“噪声”以澄清“信号”）来更好地理解特定的安全问题；

⑥ 安全目标已经改变，因此需要对安全绩效指标进行更新以保持相关性。

第 7 章

通用航空器事件技术调查

7.1 通用航空器事件技术调查概述

7.1.1 通航事件技术调查概述

通用航空事故的调查,就是在通用航空出现飞行事故之后,组成专门人员对通用航空飞机出现事故的原因进行详细了解和分析的过程。进行通用航空事故调查与分析的根本目的是能够正确地判定造成事故的主要原因,及时提出纠正和防范措施。由于大多数通用航空事故的发生,涉及许多没有及时发现和处理的事故或征候,最终受某种或某些因素的触发而致。所以,绝大多数事故缺少事故当事人的经历,难以直接通过事故过程来分析事故的原因。因此,往往会出现同样类型的事故需要同时采取多种措施防范和处理,而有时一种得力的措施就可能避免大范围的事故。但是有的事故原因相对孤立,如果解决了这种原因,就可能会避免这类事故的发生。

通航事故一旦发生即会造成严重的死伤,给很多家庭带来灾难。通航事故调查一般包括调查动力、调查原则、调查目的、调查主体、调查流程,以及常用事故分析方法。

(1) 调查动力

通航事故灾难性和破坏性明显,需要全面的调查作为总结。

(2) 调查原则

全面、客观、深入、独立,这是通航事故调查四原则。全面性指的是对于通航事故的调查要考虑到包括天气环境、飞行安排、飞行员操作、维修员操作、地上监控保障设备甚至乘客违规因素等各种可能会导致飞行安全事故的原因;客观指的是整个调查过程要以一系列全面的数据事实为依据,不能主观臆测,也不能受历史经验的左右,实事求是;深入性指的是对通航事故的调查不能浮于表面,得到一些大而粗的原因,要深入到具体细节,追究到底是什么导致了灾难的发生。只有深入得到灾难的具体成因,指出哪些操作细节不规范,才能对于以后的航空具有警示和借鉴意义;独立性是指通航事故的调查过程和调查参与人员要相对独立,整个调查过程不能因为利益的左右而偏颇。

(3) 调查目的

通航事故的调查目的主要有两种:第一种,在事故发生后,找出事故的具体成因,作为血的教训,警醒后者,规避此类事件的重复发生。可以有效降低人员的财产损失,意义巨大。第二种,通航事故往往伴随着人员的受伤或死亡,精准的事故原因分析能从一定程度上抚慰伤者。

(4) 调查主体

通航事故的调查方式根据事故影响范围和灾难的大小不同而有所不同,但一般是由民航局、地区管理局以及监管局这三方负责。民航局主要负责一些重大通航事故以及涉外通航事故等的调查;地区管理局主要负责一些稍大的通航事故,一般都会受到民航局的委托或者指派,以及在地区管辖范围内的一些通用航空地面事故;监管局主要负责一些较轻微的通航事故以及管理局授权调查的通航事故。

(5) 调查流程

整个调查流程包括:事故发生→应急响应→信息和数据收集→事故原因分析→事故原因分析结论→经验总结和建议。

(6) 常用事故分析方法

通航事故的原因分析方法大体上可以分为两大类,一类是定性的方法,一类是定量的方法。定性的方法主要包括事故链理论、SHEL 模型、墨菲定律、REASON 模型等;定量的方法主要包括基于回归模型的安全因素评价和基于模糊理论的危险因素分析等。

7.1.2 我国通用航空事故调查方面的不足

事故调查在国际民航的安全管理活动中有着重要作用,《国际民用航空公约》附件 13 指出:调查失事和事故的根本目的必须是防止失事或事故。这一活动的目的不是为了分摊过失或责任。同时,事故调查还必须遵循独立、客观、深入和全面四项调查原则。随着航空运输业的发展,发生事故的主要原因从航空器本身或相关运行保障设施的物理因素逐渐转变为人为因素。由此可见,事故调查是航空安全不断发展进步的基础。目前,我国在通用航空事故调查方面,还存在法规体系不完整、机构设置不合理、调查手段不先进、教育培训不到位等问题。

1. 法规体系不完善

航空事故调查是专业性、操作性很强的一项工作,建立健全完备的制度、标准和程序,是做好事故调查工作的重要前提。目前我国涉及通用航空事故调查的法规体系还不完整,系统性不强,具体表现为新旧标准共存、连续性和兼容性不强。以航空不安全事件的定性为例,我国航空不安全事件划分为民用航空器事故、征候和其他不安全事件。事件定性作为事故调查的主要环节,目前我国关于事件定性的法规标准还存在着内容分散、适用性不强的缺陷。如事故的定义是按照民航规章《民用航空安全信息管理规定》(交通运输部令 2022 年第 18 号)规定的内容执行,事故等级划分需综合《生产事故报告和调查处理条例》(国务院令 493 号)、《民用航空器飞行事故等级》(GB 14648—93)、《民用航空器地面事故等级》

(GB 18432—2001)的标准后确定。而通用航空征候的定性,其主要标准为 2022 年 5 月 24 日修改的《民用航空器征候等级划分办法》(AC-395-AS-01)。该标准在修订中借鉴了《国际民用航空公约》附件 13 的有关标准,删除了原标准中属违规违章但没有后果的事件,提高了可操作性,体现了管理的创新,尤其在修订中改变了原条款多采用"原因+结果"的形式表述,一定程度上缓解了由此带来的调查工作过多地注重查找事件责任的弊端。

2. 机构设置不合理

随着我国民航安全管理理念和手段逐步与国际标准接轨,2007 年 4 月 15 日起施行的《民用航空器事故和飞行征候调查规定》(民航总局令第 179 号,CCAR-395-R1)中,明确声明了调查目的是查明原因,提出安全建议,防止事故和征候发生。这与《国际民用航空公约》附件 13 的调查目的是相一致的,但是对分摊过失或责任没有给出明确的解释。这主要是由于我国行政管理体制所决定的。民航局制定的《民航安全管理政策指导原则》中,明确了查明原因、分清责任、采取措施和严肃处理的"四不放过"指导原则,明确了对不安全事件(包括征候、典型违规违章事件)的处罚主要基于后果、风险程度和违章性质进行,即对于主动报告、无意识(疏忽)违章、后果轻微的不安全行为,将按照规章所规定的处罚低限进行处罚;对于没有主动报告、有意违章、后果严重的违规违章行为,可以按照规章所规定的处罚高限进行处罚;事故责任追究按《国务院关于特大安全事故行政责任追究的规定》(国务院令第 302 号)、《生产安全事故报告和调查处理条例》(国务院令第 493 号)、《飞行事故调查条例》等执行。

分摊过失或责任始终是进行事故调查的重要的现实影响因素,调查独立原则的实现则是我国民航建立事故调查体系的难点,民航局(地区管理局)主导事故调查的这一组织形式存在明显的弊端。在通用航空事故调查领域,通常采取由民航局授权事发地所在的地区管理局负责组织调查,事发单位所在地的地区管理局予以协助的方式,即由地区管理局监察员组成的事件调查组开展调查工作。尽管《民用航空器事故和飞行征候调查规定》规定有"调查应当由事故调查组织独立进行,任何其他单位和个人不得干扰、阻碍调查工作"的要求,但行政管理的影响巨大,如某些部门和领导的干预可能导致有限的独立调查。同时,地区管理局和监察员通常作为事发单位日常监管的参与者,在调查中尤其是在导致不安全事件的组织管理因素的分析调查中,难以保持中立立场,甚至可能刻意回避事件管理方面的深层原因,影响调查的公正性。相对全国的航空事故调查系统管理来说,每个事故调查都被孤立起来,不利于事故调查队伍的整体建设、协调和调查水平的提高,不利于国际交往与合作。

3. 调查手段不先进

由于通用航空的飞行运行特点，在事故调查中尤其是在事件描述和原因分析环节存在着一些工作难点，如多数通用航空器没有飞行数据记录仪(Flight Data Recorder,FDR)和座舱话音记录仪(Cockpit Voice Recorder,CVR)，多数运行机场没有二次雷达等先进管制设备，由此造成数据采集和还原事件发生过程的困难。同时通用航空器机型繁多，制造工艺和维修流程相较于公共运输航空缺少可追溯性，因此在故障判断与分析方面也增加了调查的难度，如某通航单位发生多起因发动机配重组件失效的故障，造成发动机空中停车等严重不安全事件，在调查中尽管通过民航安全技术分析和鉴定实验室的失效分析实验，得出配重组件失效的原因是部件疲劳断裂，提出了飞机制造厂家改进设计和提高热处理工艺的建议措施。但由于故障仅发生在该单位，在世界范围内没有类似案例，飞机制造厂家并不认可上述调查结论，坚持认为是飞行员操作不当所致，致使近两年故障的原因仍无定论，无法开展具体的改进、补救措施。

另外，我国通用航空事故调查在信息化建设上也存在着明显不足，由于缺乏有效的不安全事件数据库和事故调查情况对外公布机制，弱化了政府信息处理能力，增加了行政成本，不利于社会公众对民航安全监督机制的建立。现有的情况是安全管理的数据分析渠道不畅，公众难以获得任何一个事故的调查报告，更不知道事故调查者在调查时做了哪些工作，如何确定的事故原因，采取了哪些安全措施等，也不能判断相关方面采纳了多少调查员提出的安全建议，谈不上对涉及事故各方的监督。

4. 教育培训不到位

由于我国通用航空发展比较缓慢，因此在通用航空飞机和设施设备技术快速更新的背景下，我国通用航空事故调查教育培训不到位的矛盾情况较为突出，具体表现在以下两个方面：

第一个方面是长期以来公共运输航空安全是民航各级管理机构的工作重点，实施通用航空事故调查的监察员多参加公共运输的运行和管理，缺少通用航空的专业背景。尽管民航局会有针对性地选拔通用航空专业人才充实到监察员队伍，但现实中因各种原因保持通用航空工作经历的监察员数量明显不足，经历的欠缺难免影响知识和经验的积累，导致调查员的综合素质跟不上通用航空技术发展和事故调查工作的实际需要。

第二个方面是尽管民航局和地区管理局加大了检查员的培训力度，组织开展了多次应急救援和事故调查演练活动，有效推动了事故调查工作的制度化、规范化和专业化。但人员培训机制和管理不完善、教学手段落后等问题仍很突出，尤其是在基础薄弱、专业性很强的通用航空事故调查方面。与之对应的是我国尚未建立系统的通用航空事故调查培训体系，没有开发专门的通用航空事故调查课程，调查员仅在常规培训中接受关于事故调查的基础知识学习，缺乏专业技术和实践应用的训练。

针对以上问题提出了建立我国通用航空事故调查机制的设想：

1. 借鉴先进理念，建立独立的通用航空事故调查机制

航空事故调查工作中调查员是高水平的、是理性的，调查的价值就在于调查与行政必须区别开来，不能只有权力的分工，但不实行权力的分立。因此履行我国作为国际民航组织成员国所应当承担的责任，成立独立的调查机构负责所有的航空事故调查工作，建立规范统一的调查工作机制，通过独立调查的改革方向来推动通用航空事故调查体制的建设，是改变目前航空事故调查多头管理局面的当务之急。

综观航空发达国家的事故调查体系，加拿大、澳大利亚、法国等国都采取了类似美国国家运输安全委员会（National Transportation Safety Board，NTSB）的调查机构设置，并有效地在立法层面来明确事故调查机构的职责、权限、工作程序等，使其能够依法行使权利。独立调查机构不但能对事故所涉及的航空运行和保障单位进行调查，还对行业主管部门进行调查。这保证了调查的全面性和公正性，有利于对航空安全进行客观评价，有利于监督和改善政府主管部门的工作绩效。

根据我国现有的行政管理体制和民航业发展规模，可以考虑在民航局负责航空调查的现有基础上，成立民航局事故调查局，探索从事独立调查工作，同时在全国部分行政区域设立独立于各地区管理局的地方办公室，力求从制度上排除部门、关系、利益、责任等“非技术因素”的外部干扰，以保证调查工作的独立性、客观性和系统性。待国家行政体制改革到位后，再将公路、铁路、海运道等方面的事故调查机构统一起来，成立国家事故调查机构。

2. 完善技术立法，促进通用航空事故调查标准化

做好通用航空事故调查工作，必须不断完善技术立法，建立统一的事故调查标准来规范和指导调查人员的工作行为。目前我国有关航空事故调查的法律法规既有传统体制的遗留，也有他国经验的复制，系统性和完整性不强，部分要求还有互相冲突的现象。规章中原则性条款多，具体细节、配套措施少，尤其缺乏《航空事故调查手册》这样能给事故调查员提供全面工作引导的实践类标准。因此，抓紧梳理现有规章，消化和吸收国际民用航空先进管理经验，尽快出台通用航空事故调查实践指导标准，才能有效地提高事故调查工作质量，促进通用航空安全管理水平的提高。技术立法是一个动态过程，需要不断与时俱进。要与调查实践经验和工作评估相结合，引入“闭环管理”理念，适时地对规章制度进行调整，重新进行修订、补充、完善，使之内容更加具体，有很好的针对性和连续性。

3. 促进交流和培训，加强通用航空事故调查队伍建设

在事故调查的过程中，正确的理论和合理的技术方法是不可或缺的，缺少了上述两者，事故调查便无从说起。完善通用航空事故调查工作要大大突出专业技术的作用，要依靠专业队伍素质的提升。要在调查人员中树立尊重科学规律、重视证据支持的技术观念；要依托各类研究机构，积极开展精密检验、过程仿真、故障再现、后果复制等技术方法的研究探索工作；要突出技术权威的领导作用，在通用航空事故调查和分析中坚持实行技术权威而非行政官员的决策机制；要提倡使用技术语言，反对亦此亦彼的模糊表述。我们必须意识到：专业来自教育和培训，必须从长远的、战略的角度去认识调查人员培训工作的重要性和迫切性，加大对培训工作人力和物力的投入，注意培训工作的"时效性"和"实效性"，最终达到"以工作促培训，以培训助工作"的良性循环。具体的工作建议如下：

(1) 调查员委任代表制

针对目前有关部门通用航空事故调查和分析专业人员缺乏、结构不合理的情况，可以参照现行飞行标准管理模式，在保证专职调查员主导地位的同时，有甄别地挑选工作经验丰富、专业水平高的航空从业人员参与调查和分析工作。实行中应特别注重制度设计原则，如为保证公证性，委任代表的聘任需得到以被调查单位为代表的公众认可，在调查中有建议权但无决定权。同时持续进行能力评估和绩效考核，建立有效的竞争和退出机制。

(2) 探索新技术在通用航空事故调查和分析过程中运用的可行性

ADS-B(Automatic Dependent Surveillance - Broadcast，广播式自动相关监视)是一种航空导航监视技术，它允许飞机自动定期广播其位置、速度和其他相关的飞行信息，无需飞行员与地面站进行任何操作。ADS-B 系统利用全球定位系统(GPS)的高精度定位数据，以及飞机上的大气数据计算机或编码高度表提供的高度信息，这些数据通过广播模式发送，可以被地面站、其他飞机以及航空交通管制系统接收。

在地理信息系统(GIS)的电子地图上，ADS-B 提供的数据能够实现飞机的实时追踪，精确显示飞机的地理位置、高度和飞行轨迹。这对于改善飞行安全、优化空域使用、减少交通管制的负担以及提供更加高效的飞行路径具有重要意义。通过整合这些数据，航空管理人员能够更有效地监控和管理空中交通，提高飞行效率，减少空中交通事故的风险。

在我国，随着航空业的迅速发展，ADS-B 技术的应用正在不断推广，有助于实现中国民航局关于提升空中交通管理能力和飞行安全水平的目标。通过这种方式，ADS-B 系统不仅增强了飞行安全性，还支持了航空运输的可持续发展。

(3) 大力发展和扶持民航安全管理科研和培训机构

例如充分利用民航安全技术中心、民航安全技术分析和鉴定实验室的优质资源,积极开展与各类院校的横向联合、技术合作;委托民航院校开展航空事故调查的课程开发,采取引进来、送出去的多种形式跟踪研究国际航空安全理论和新技术的发展趋势等。

(4) 提高通用航空事故调查透明度

航空事故调查与政府提供的其他公共管理服务一样,需要得到实践的检验和公众的认同,调查要有权威,就一定是中立的、公正的。保证调查的公信力,就需要提高通用航空事故调查工作的透明度。一方面体现在调查环节,即过程的透明;另一方面体现在调查结果的透明,这样有助于行业安全教育,防止事故教训随着时间的推移而风化、消失。

在通用航空事故调查和分析中,应借鉴国外经验,鼓励业界专家参与到调查工作中,建立交流互通渠道。这样能充分发挥调查员和业界专家在工作立场上整体表现出的差异性,也就是调查员会更多地从具体事实的角度出发开展调查,而专家更多的是规则、理性的分析,两种角色在对话中取长补短,共同瞄准的是同一个方向即调查的公正性。要利用通用航空大发展的契机,推动建立健全各类行业协会,并充分发挥其在事故调查中的积极作用。如美国通用航空界有许多行业性协会,如航空器拥有者及驾驶员协会(Aircraft Owners and Pilots Association,AOPA)、美国公务航空协会(National Business Aviation Association,NBAA)、实验飞机协会(Experimental Aircraft Association,EAA)和通用航空制造商协会(General Aviation Manufacturers Association,GAMA)等,还有不同领域的用户同业组织,如农业航空协会(National Agriculture Aviation Association,NAAA)、空中执法协会(Airborne Law Enforcement Association,ALEA)、空中消防工业协会(Aerial Firefighting Industry Association,AFIA)等。这些组织代表各自成员的利益,沟通业界和政府的关系,对通用航空的发展起到了积极的作用。我国虽然成立了通用航空协会和飞行员协会,但这些组织的行业影响力和社会活动参与度都很有限,没有形成良好的管理互动局面。

最后,还应完善事故调查报告和安全建议公布机制,在保持传统通过文件传达、通报的形式外,还应利用现代网络技术,做好网上公布和数据库建设工作,激发公众参与航空安全管理与监督的积极性,为航空安全管理提供有利的信息渠道和技术支持。

(5) 加强文化建设,促进通用航空事故调查良性发展

当前,中国民航管理正经历着深刻的变革,突出的特征是科学管理的观念深入人心,文化管理的理念方兴未艾。安全文化是近年来安全科学领域提出的一项安

全生产保障的新对策，是安全系统工程和现代安全管理的一种新思路、新策略，也是事故预防的重要基础工程。安全文化的内涵包括有关安全工作的价值观念、行业准则、道德规范、管理制度、经验总结等精神因素和保证安全所需的各类设备、设施等物质形态，体现为每一个人、每一个单位、每一个群体对安全的态度、思维程度及采取的行动方式。例如，把激励机制和相关的考核制度结合起来，激发全体的竞争意识，调动潜在能力，已是一项非常普遍的管理方法。在美国，FAA 就已开展了事故调查质量保证奖励计划，该计划每年会对已完成的事故（征候）调查进行评估，以调查的复杂性、及时性和调查报告、安全建议质量为依据，选拔航空事故调查质量保证优异的地区管理局和飞行标准地方办公室（Flight Standards District Offices，FSDO）实施奖励。

作为建立一个富有竞争力和高效的安全管理系统的基础，安全文化建设是一项系统工程，不可能一蹴而就。加强通用航空事故调查和分析领域的文化建设，不仅应重视并加强各类宣传、教育和培训工作，还要认清不足、理顺关系、着眼长效，通过各种行之有效的方式和手段，营造全员参与、力争上游的专业氛围。我国通用航空事故调查的进步和发展，必须要一步一个脚印，用高质量的调查报告一点一滴地累积起来。

7.2 通用航空不安全事件等级划分

7.2.1 通航不安全事件的内涵

安全是指通过对安全信息的管理，发现安全隐患和危险源，并进行风险评价，进而实施预防措施，降低不安全事件造成的人员伤害或财产损失，使其降低到人们能够接受的水平或其之下。民航业相关人士普遍把不安全事件的数量和频率作为衡量一个国家民航业和民航相关企事业单位安全状态的首要指标。通用航空不安全事件是指所有影响到航空器正常运行，造成经济损失或人员伤亡的事件，是与航空器运行相关的不安全事件。《民用航空安全信息管理规定》中将不安全事件信息分为民用航空器事故、民用航空器征候以及民用航空器一般事件（以下简称一般事件）信息。自 1952 年，对航空不安全事件有相关统计数据以来，不安全事件发生的数量在逐年增长，不安全事件的发生势必会威胁乘客生命与财产安全，同时，也会使航空公司自身利益受损。因此，航空公司安全管理人员有必要加强对不安全事件的管理。

民航局颁布的 CCAR396-R3 中已经指出要加强民航管理部门和企事业单位

在航空安全信息分析及应用方面的相关要求，指定专人负责安全信息管理工作，进一步提高安全信息系统的功能。但是，发生不安全事件的数量正在逐渐增多，其事件原因与事件类型繁多，并且由于缺少能够有效、及时地收集和统计分析这些不安全事件信息的工具，以至于安全管理人员不易处理这些不安全事件，不能最大化地利用这些数据信息，降低了安全信息管理工作的效率。例如，机务、机组、空管、航务管理、地面保障、天气意外等原因皆可造成不安全事件，违背航空相关的规章或者违背公司的政策、过程和程序也可能造成不安全事件。

通用航空由于其机型的多样性、作业环境的复杂性，其发生的不安全事件的行业属性较强，具有如下基本特征：

1. 成因的复杂性

通用航空是一个紧密联系的复杂系统，涉及飞行、机务、管制、地面保障等多方面的岗位工作，工作场地分散，组织协调较为困难，同时容易受自然环境和社会环境的影响。例如，1991 年某飞行大队 B-XXXX 号飞机在某地区执行林化灭虫任务中，飞机迫降时触山起火造成机组人员轻伤的事故。该事故是由飞机发动机出厂翻修质量不高，排气门杆质量差；机务维护人员作风不细，放行把关不严；山区低空飞行作业，发动机突然抖动放炮，功率下跌等几个原因综合引起的。

2. 突发性

通用航空不安全事件的发生没有一定的前兆，具有突发性特征。例如鸟击、冰击等外来物击伤，事先没有一定的特点，不可预知。据《中国民用航空安全信息统计分析报告》显示，2017 年由鸟击引起的征候有 268 起，同比增长 52 起；天气原因造成的征候 300 起；外来物击伤 188 起，同比增长 50 起。另外，还有雷击/冰击/电击等众多随机性事件。

3. 后果的不可预知性

航空不安全事件包括事故、征候、一般事件，其事件发生的概率可能很小，但是其后果不可预知。一旦发生，其造成的后果或损失很大可能相当严重，能够对社会造成极大的影响。

4. 一定的可预防性

通用航空不安全事件的发生只能减少却不能消除。但是可以通过日常的检查、诊断和预防等措施，及时有效地纠正人为失误和机械故障，做好天气恶劣条件下航空器运行的安全保障工作，可以最大限度地降低不安全事件发生所造成的损失。

CCAR396－R3 中规定要制定和细化各企事业单位的不安全事件安全信息管理制度，落实信息管理制度的各项要求，提高自身的安全管理水平。增强对重要不安全事件信息的敏感性，特别是发生严重事故症候和其他具有重要影响的不安全事件时，要立即上报相关单位部门，保证信息上报的快速性、及时性和准确性。各单位要细化安全信息管理值班制度，明确信息值班人员的职责和工作流程，确保节假日期间不安全事件信息传递的畅通。

7.2.2　通航不安全事件等级划分

做好不安全事件研究，提高安全管理水平，必须对不安全事件的种类进行划分。可以从不同角度、以不同的方式对不安全事件进行种类划分，研究问题的本质是要能够在实际中应用并解决问题，所以以实用性为原则对事件进行分类。

本章收集了某通用航空飞行训练基地从1995年到2016年发生的83起不安全事件信息，并通过对这83起不安全事件信息进行统计，进而对不安全事件的种类进行划分。

1. 按事件原因划分

(1) 机组原因

机组原因是导致不安全事件发生频率较高的风险因素之一。据本次统计分析结果，机组原因造成的不安全事件最多，占导致发生不安全事件原因中的40.3%。另外据2017年不安全事件信息统计结果发现：从2013年到2017年，机组原因造成的不安全事件增幅比较明显，年均增幅15.56%。机组原因造成的失控/失速、通信中断、跑道入侵、冲/偏出跑道、擦尾/擦翼尖/擦机腹、小于间隔/危险接近、中止进近/复飞、失控/失速，机组失能/发病较多，风险值较高。可见，应该加强对机组人员的相关技能培训和突发事件应急培训。

(2) 机务维修原因

航空器维修中造成航空器损坏或人员受伤、机务原因造成的滑梯放出、油泄露/溢出、滑行冲突、携带外来物飞行等不安全事件较多。

(3) 空管保障原因

空管人员造成不安全事件往往是由于以下原因：空中交通管制人员由于各种主观或客观原因没有发出指令或发出错误指令；航空器与对应的空中交通管制机构联系突然中断，致使空中交通管制机构启动应急程序。据纵向统计，空中交通管理主要造成中止进近/复飞、ACAS(TCAS)告警、小于间隔/危险接近和中断起飞等类型事件。

(4) 机械原因

根据对2016年到2017年国内发生的不安全事件统计分析来看，2017年机械原因导致的不安全事件最多，和2016年相比，增长了37.34%。与2016年同比分析，机械原因导致的航空器(内)起火/冒烟/火警、系统失效/故障/卡阻、失压/紧急下降、油泄漏/溢出等事件增幅都较明显，但2017年发动机停车、返航/备降事件的风险明显降低。机械原因造成的航空器(内)起火/冒烟/火警、中断起飞、系统失效/故障/卡阻、失压/紧急下降和油泄漏/溢出等事件风险较大,约占机械原因总风险的79%。

(5) 地面保障原因

地面保障原因造成的航空器与障碍物相撞、鸟击、货物的装载以及车辆与车辆/人员/设备设施碰撞4类事件较多,其总和约占地面保障原因的89%。此类原因造成的损失较小。

(6) 航务原因

据2017年不安全事件信息统计报告显示,2017年通用航空共发生17起航务原因引起的不安全事件。航务一般引起的部件脱落/损坏/磨损,车辆之间、车辆与设备之间的碰撞等不安全事件较多。

(7) 天气意外原因

根据2017年不安全事件报告的纵向统计报告来看,因天气意外造成不安全事件的数量正在逐渐增多。近年增幅较快,最近五年的年平均增长率达到28.84%,事故及征候年均增长率达到20.21%。其中,天气意外原因造成的鸟击、外来物击伤、风切变、中止进近/复飞、雷击/电击等类型的不安全事件较多,占天气意外原因总风险值的85%。

2. 按事件紧急程度划分

按照事件的紧急程度,可以将不安全事件分为两类:紧急事件和非紧急事件。其中事件造成的损失大小和严重程度作为事件紧急程度的判断依据。

(1) 紧急事件

此类事件所造成的损失较大。如航空器相撞、坠毁、失踪或迫降,飞行中挂碰障碍物,冲/偏出跑道,发动机停车等。这些事件不仅数量众多,而且造成严重后果,风险值大,平均严重程度高。对于此类事件,要立即填报《民用航空安全信息报告表》,上报事发地监管局,抄报事发地管理局,及时采取有效措施避免此类事件的再次发生。

(2) 非紧急事件

此类事件造成的损失不高。如偏离指定航路、航线,出现失速警告,航空器与地面设施、人员、动物等相碰,航空器部件脱落、鸟击等外来物击伤等。这类事件所造成的后果不高,风险值较大,平均严重度不高。对于此类事件,要在48小时内填报信息表,并主报事发地监管局。对此类事件应进行深入研究,探究其特点和发生趋势,降低甚至避免此类事件的发生。

3. 按事件发生阶段划分

通用航空不安全事件发生阶段包括运行阶段和地面阶段。明确不安全事件的发生阶段，便于掌握不安全事件在不同阶段发生的特点，方便及时采取相对应的处理措施，消除存在的隐患或危险源，预防不安全事件的发生，降低不安全事件所造成的后果损失。

运行阶段是从人员登上航空器准备飞行起至飞行结束人员离开航空器为止的过程。飞行运行阶段主要包括：停放、推出、牵引、滑行检查、加油、上客、装载食品货物、起飞、初始爬升、航路飞行、巡航作业、下降、机动飞行、进近、复飞、着陆、紧急下降、失控下降、航后检查、外场维护、其他等。地面阶段是运行阶段以外的其他阶段。地面阶段主要包括：停放、推出/牵引、滑行。总体而言，巡航、航路飞行和下降阶段发生不安全事件的风险水平和平均严重度都较高；进近、最后进近阶段（仪表飞行规则）、起飞、停放、初始爬升阶段总风险水平较高，但平均严重度不高；航路飞行、滑行至起飞位置阶段、发动机未运转阶段、发动机起动阶段、发动机关车阶段（发动机关车是指从关车程序开始直至发动机停止转动）和起落航线三边阶段（目视飞行规则）总风险水平不高，但平均严重度较高。

4. 按事件严重性划分

（1）灾难性的

致使发生严重事故的事件（包括航空器之间相撞或航空器与障碍物相撞引发的灾难性事故）。造成航空器之间、航空器与障碍物之间完全丧失间隔或者正在运行中的航空器完全失去控制。如 20 世纪某飞行训练基地发生的由于撞山引发的灾难性事故。

（2）危害性的

引起严重征候的事件。由于机组人员或空中交通管理人员失去了对航空器的安全控制权，致使航空器之间的飞行间隔大幅度丧失；航空器偏离原定许可间隔，以及突然冲撞或为了避免相撞的地面闪避操作。

（3）严重的

引起主要征候的事件。在机组人员或空中交通管理人员能控制或恢复的情况下，致使航空器大幅度丧失飞行间隔。

（4）轻度的

导致明显征候的事件。由于空中交通管理人员或机组人员的工作量大幅度增加，或由于其他原因造成的对航空器运行安全无直接影响但却可能造成间接影响的事件。

（5）最微的

不会导致征候的事件。不会造成重大的财产损失或人员伤亡，对航空器的安全运行没有任何影响。

7.3 通用航空事件技术调查组织与实施

7.3.1 事件调查的目的和原则

《国际民用航空公约》附件13指出：调查失事和事故的根本目的必须是防止失事或事故。调查活动的目的不是为了分摊过失或责任，所以为了有效预防事故，事故调查应达到法律、描述、查因、预防、研究五种目的，其中最为重要的是描述与查因。事故调查的基本原则如下：

(1) 独立调查原则

事故调查必须独立进行，任何部门和个人不得干扰、阻碍调查工作。

(2) 客观调查原则

事故调查必须坚持实事求是的原则，客观、公正、科学地进行，不得带有主观倾向性。

(3) 深入调查原则

事故调查除了应查明事故发生的直接原因，还要关注事故发生、发展过程中的其他原因，并深入分析产生这些原因的因素，包括航空器设计、制造、运行、维修和人员训练，以及政府行政规章和企业管理制度及其实施方面的缺陷等。

(4) 全面调查原则

事故调查不但应查明和研究与本次事故发生有关的各种原因和产生因素，还应查明和研究与本次事故发生无关的，但在事故中暴露出来或者在调查中发现的，在其他情况下可能对飞行安全构成威胁的所有问题。

7.3.2 事件调查的发展过程

在航空运输业发展的初期，航空业基本是从已发事故或者征候中分析原因，吸取经验教训。在航空设备设计、维修程序、飞机机组培训、空中交通管理系统、机场设计及功能、气象服务和航空运输服务系统等重要领域，事故和征候资料一直被作为改进工作的重要参考。例如通过对航空器加以修理或者重新设计、对航空保障做出改进和调整、对民航规章加以补充和完善，最终达到提高安全水平的目的。这一时期，发生事故的主要原因是由于航空器本身或者相关运行保障设施的物理因素，事故发生的概率较高。人们对于航空安全的管理停留在“关注于事故”的调查处理，采取的主要是被动性补救措施，属于亡羊补牢的事后管理。第二阶段为成长期，随着科技进步和民航设备可靠性增加，技术因素引发的飞行事故减少，民航业界开始将安全飞行进行制度化的完善。1944 年，在美国召开了国际民用航空大会并签署了《芝加哥公约》，建立了国际民航组织(ICAO)。依据国际民航公约及其附件，各国相继制定了本国的民航规章，形成了大体相似的民用航空管理体制。在事故调查方面，美国和欧洲的管理体制具有代表性，在世界民用航空领域起到了很好的借鉴作用。第三阶段是事故调查的发展期，在这一时期，人们除了进一步不断地用新的科学技术对民用航空加以改善之外，还发现了一个新的现象，那就是早期引发飞行事故的高达 80%的技术因素已逐步减少到 20%，而人为因素(Human Factor)已从 20%提升到 80%。事故调查中，人为因素、组织管理的研究得到了重视和加强。

可见，从事故中学习、从失败中领悟，对事故进行调查与分析是航空安全得以不断进步的基础。不管怎样，通过事故和征候调查来发现不安全的运行，这种基于事件调查获取安全经验的管理手段必将始终贯穿在民航安全管理工作之中，高质量的安全管理不可能脱离高质量的事故调查而单独存在。

7.3.3 事件调查的组织和法规

1. 国际民航组织及其公约附件 13

为保证民用航空在全世界的安全和有序发展，国际民航组织(ICAO)允许缔约国之间互相监督和施加影响，ICAO 的“标准和建议措施”(Standards and Recommended Practices，SARPs)，即 18 个附件，内容覆盖了民用航空技术和运行的所有方面，其中附件 13 就是规范事故调查工作的。1951 年 4 月 11 日，根据《国际民用航空公约》第 37 条，ICAO 理事会第一次通过了关于航空器事故调查的公约附件 13，至今为止，这些“标准和建议措施”已进行过 11 次修改，先后有 9 个版本。从 1994 年第 8 版开始，附件 13 加上了对征候的调查，反映了国际民航界对事故发生、发展规律，以及事故预防有了新的认识。附件规定了国际民航组织成员国在事故调查时应遵循的共同规则，明确了各缔约国在事故调查中的权利和义务，要求了调查报告的内容和格式。根据附件，事件发生地民航主管当局有权负责调查，国际水域发生的事故由航空器登记国开展调查，或请他国进行调查。同时，国际民航组织还发布了关于事故调查的支持性技术手册《航空器事故和征候调查手册》《航空器事故调查员培训大纲》。ICAO 附件为成员国制定本国的事故调查程序提供了标准、建议及指导，对推动事故调查的国际合作，提高事故调查的效率、可靠性以及加强事故信息的传递、共享起到了积极的推动作用。

2. 美国联邦航空局

美国航空业早期由于没有管制等原因，是飞行安全问题的多发期。1926 年美国颁布了《商用航空法案》(U. S. Air Commerce Act)，最早提出了民航事故调查的要求。1958年11月，颁布《联邦航空法案》(U.S. Federal Aviation Act)，成立美国联邦航空局(FAA)，管理民用航空事务。1966年美国颁布了运输部法令(U.S. Department of Transportation Act)，成立了负责事故调查的美国国家运输安全委员会(NTSB)，成立之初，NTSB和FAA同属美国运输部领导，甚至办公场所相同。直到1974年，一个单独的安全委员会法案使得NTSB成为独立于其他联邦机构之外的特殊部门。上述美国民航安全管理法案和机构的变化，都是一个或多个飞行事故对美国公众和国会影响的结果，再次证明了吸取教训、做出改变对于安全管理的重要性。FAA的主要任务是保障民用航空的飞行安全，促进民航事业的发展，但不直接经营民航企业。FAA的机构设置分总部、地区机构和地方机构三级。总部设在华盛顿，是国家的行政立法机构，同时负责领导各地区和地方机构的工作。地区机构是管理本地区民用航空业务的工作机构，负责审查、颁发本地区民用航空领域内各种合格证件和技术业务人员执照，对所辖地方机构实行技术指导和管理。地方机构则是各种不同类型的基层管理组织，如空中交通管制中心、飞行服务站、各种质量检查和标准审定办公室、航空保安机构等，它们直接担负空中交通管制、各类合格证审定、飞行事故和违章事件调查等工作。位于华盛顿的航空安全办公室是FAA负责飞行事故调查和处理所有与国家运输安全委员会有关事务的机构，指导其开展工作的国家政策是FAA指令8020.11C《航空事故及事故症候的通知、调查和报告》和1220.2F《NTSB建议措施的处理程序》，具体事故调查工作由地区飞行标准办公室(FSDO)的监察员实施。

3. 美国国家运输安全委员会

美国国家运输安全委员会(NTSB)向国会负责，负责本国交通运输(包括航空、公路铁路、海运和管道运输)安全，它在组织上与交通部和联邦航空局没有任何附属关系，没有立法和执法权力。NTSB组织的事故调查集中关注如何提高国家交通运输安全，NTSB无权调查犯罪事件，因此如有证据表明悲剧与犯罪有关，联邦调查局(Federal Bureau of Investigation，FBI)将成为调查主体。独特的制度设计使得NTSB在公共安全和事故调查方面保持着鲜明的独立性、中立性和透明度，成立以来，NTSB的调查和调查报告获得了世界民航的认可和信任，其中不乏调查难度极大的飞行事故。不仅在美国本土，NTSB还经常受邀帮助他国的重大航空事故调查。指导NTSB进行不安全事件调查的联邦法规有美国法典49集中的830部(Notification And Reporting Of Aircraft Accidents or Incidents and Overdue Aircraft, and Preservation of Aircraft Wreckage, Mail, Cargo, and Records)和831部(Accident/Incident Investigation Procedures)，其中831部明确了对任何一起交通运输事故的调查，NTSB均有优先于其他联邦机构的权利。NTSB每年负责调查的航空不安全事故和事件约2 000起，另外还有大约500起的其他行业事件，而它的职员仅400人左右，因此其与其他组织和公司存在大量合作，如通常情况下，通用航空事故主要由FAA开展调查。依照美国国会的授权，NTSB与FAA均可参与航空事故的调查，但目的和权限不同。NTSB有事故调查的优先权，但无处置权，职责是代表国家和公众判定事故原因，并提出预防建议和措施。FAA调查的目的是判定事故是否涉及FAA设施的性能和功能、FAA所批准的航空器适航性、FAA所颁证的人员和机构的工作胜任性、联邦航空条例的适用性等，因此即使在参与NTSB领导的合作调查中，FAA仍能保持其独立性。在权限方面，根据法律FAA有权参加任何由NTSB主导的航空事故调查，有权根据NTSB和自身调查的结果，对与事故相关的组织、个人、设施设备和规章采取纠正行为。

4. 中国民用航空局

在我国，国家安全生产监督管理总局是综合管理我国矿山、机械、冶金、交通等各行业安全的国务院直属机构，依法行使事故查处和责任追究管理职责。由于安全生产监督管理总局的管理范围广泛，具体的民用航空器事故或征候的调查通常由中国民用航空局组织管理。民航局负责组织国内运输飞行重大事故调查和外国航空器在我国境内发生的事故调查，一般飞行运输事故(征候)和通用航空事故(征候)由各地区管理局负责组织调查。

《中华人民共和国民用航空法》《中华人民共和国安全生产法》《生产安全事故报告和调查处理条例》(国务院令第493号)从国家法律、法规层面，明确在安全生产事故调查处理活动中，各有关部门的组成、职责、权利、义务及其他注意事项。根据国家法律法规，民用航空局制定了部门的工作规章《民用航空器事件技术调查规定》(CCAR-395-R3)、《民用航空安全信息管理规定》(CCAR-396-R4)以指导和规范民用航空事故调查工作。

7.3.4 事件调查的相关理论

事故调查作为民航安全管理的重要手段，只有在了解各种事故理论的基础上，才能利用其对不安全事件进行原因分析、研究，最终达到事故的预防和预测，才能从本质上识别不安全因素和事故致因因素，从而达到消除事故的目的。

1. 墨菲定律

1942年，美国航空工程师墨菲(Murphy)提出一条著名定律"If anything can do wrong, it will"，即人们在做某件事情时，如果存在出错的可能性，那么一定会有人出错，而且往往以最坏的方式发生在最不利的时机。该定律可以通过N重伯努利(Bernoulli)试验推导得来，即事件A发生K次差错的概率为

$$P_k(n,p)=C_n^k p^k q^{n-k},\quad k=0,1,2,\cdots,n \tag{7.1}$$

其中，q 为不发生差错的概率，$q=1-p$。

一次差错也不发生的概率为

$$p_0(n,p)=q^n \tag{7.2}$$

由于 $0<q<1$，故

$$\lim_{n\to\infty}P_0(n,p)=\lim_{n\to\infty}q^n=0 \tag{7.3}$$

至少发生一次差错的概率为

$$\sum_{k=1}^{n}P_k(n,p)=1-P_0(n,p) \tag{7.4}$$

当 n 趋于无穷时

$$\lim_{n\to\infty}\sum_{k=1}^{n}P_k(n,p)=\lim_{n\to\infty}(1-q_n)=1 \tag{7.5}$$

其数学解释为：一次差错也不发生的事件是不可能的，至少发生一次差错的事件是肯定的。墨菲定律从数学的角度验证了绝对安全和相对安全的辨证关系，对民航安全管理具有很强的指导意义。应用在事故调查和分析领域，即决不能过度夸大过失和问责问题，必须强调找出差错的真实原因比差错本身更为重要。否则，一方面不利于责任人与调查人员积极配合，找出差错的真实原因所在，甚至可能会为减轻处罚而掩盖真实原因；另一方面也不利于吸取教训，达到发现和消除出错的可能性、避免事故重复发生的最终目的。

2. 海恩法则

海恩法则是德国人帕布斯·海恩提出的，该法则指出：每一起重大事故的背后，必然有 29 次征候、300 起事故苗头以及 1 000 起事故隐患(见图 7-1)。海恩法则说明任何一起事故都是有原因的，并且是有征兆的，当然同时也是可以避免的。虽然这一分析会随着航空器的安全系数提高和总量变化而发生变化，但它明确说明了飞行安全与事故隐患之间的必然联系，说明了通过发现并控制差错征兆，安全生产是可以得到控制的。

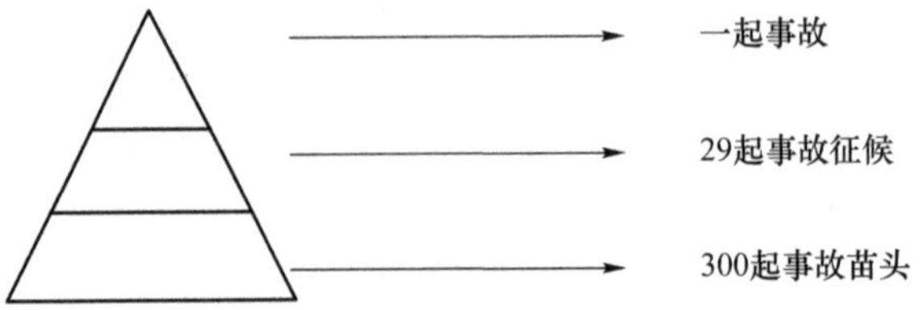

图 7-1 海恩法则图

按照海恩法则分析，当一件重大事故发生后，我们在处理事故本身的同时，还要及时对同类问题的事故征兆和事故苗头进行排查处理，以防止类似问题的重复发生，及时解决再次发生重大事故的隐患，把问题解决在萌芽状态。反之，如果安全工作仅仅停留在对事故本身进行总结，而在日常工作中忽视了对事故征兆和事故苗头的分析排查，那么这些未被发现的征兆与苗头就将成为下一次事故的隐患，并很可能呈现出“连锁反应”。

3. 事故因果连锁理论

事故因果连锁理论的精髓在于认定事故极少是由单一原因引起的，而是由许多因素像链条一样串联并产生连锁反应而导致的。因此，只要将链条上的某一环节截断，就可以实现防止事故的发生。

(1) 海因里希因果连锁理论

海因里希是最早提出事故因果连锁理论的，他用该理论阐明导致伤亡事故的各种因素之间，以及这些因素与伤害之间的关系。该理论的核心思想是：伤亡事故的发生不是一个孤立的事件，而是一系列原因事件相继发生的结果，即伤害与各原因相互之间具有连锁关系。海因里希提出的事故因果连锁过程包括遗传及社会环境、人的缺点、人的不安全行为或物的不安全状态、事故和伤害五种因素，因果连锁关系可以用 5 块多米诺骨牌来形象地加以描述。如果第一块骨牌倒下(即第一个原因出现)，则发生连锁反应，后面的骨牌相继被碰倒(相继发生)，如图 7－2 所示。

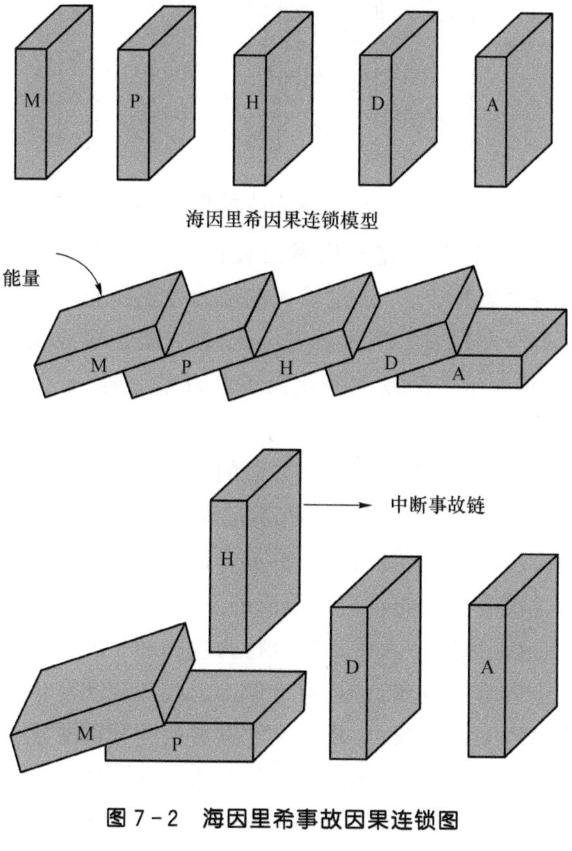

图 7－2 海因里希事故因果连锁图

该理论积极的意义就在于，如果移去因果连锁中的任一块骨牌，则连锁被破坏，事故过程被中止。海因里希认为，企业安全工作的中心就是要移去中间的骨牌——防止人的不安全行为或消除物的不安全状态，从而中断事故连锁的进程。海因里希的理论有明显的不足，如它对事故致因连锁关系的描述过于绝对化、简单化。事实上，各个骨牌（因素）之间的连锁关系是复杂的、随机的。前面的牌倒下，后面的牌可能倒下，也可能不倒下。事故并不是全都造成伤害，不安全行为或不安全状态也并不是必然造成事故等。尽管如此，海因里希的事故因果连锁理论促进了事故致因理论的发展，成为事故研究科学化的先导，具有重要的历史地位。

(2) 博德事故因果连锁理论

博德在海因里希事故因果连锁理论的基础上，提出了与现代安全观点更加吻合的事故因果连锁理论。博德的事故因果连锁过程同样为 5 个因素，但每个因素的含义与海因里希的都有所不同，如图 7－3 所示。

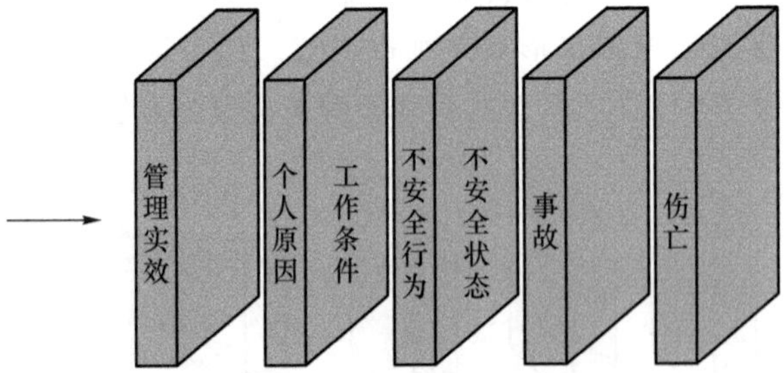

图 7－3　博德事故因果连锁图

第 1 个因素是管理缺陷。完全依靠工程技术措施预防事故既不经济也不现实，只能通过完善安全管理工作，经过较大的努力才能防止事故的发生。企业管理者必须认识到，只要生产没有实现本质安全化，就有发生事故及伤害的可能性。同时安全管理系统要随着生产的发展变化而不断调整完善，十全十美的管理系统不可能存在。

第 2 个因素是个人及工作条件。这方面的原因是由于管理缺陷造成的。个人原因包括缺乏安全知识或技能、行为动机不正确、生理或心理有问题等；工作条件原因包括安全操作规程不健全，设备、材料不合适等有害作业环境因素。只有找出并控制这些原因，才能有效地防止后续原因的发生，从而防止事故的发生。

第 3 个因素是直接原因。人的不安全行为或物的不安全状态是事故的直接原因，这种原因是安全管理的重点，并且直接原因只是深层次原因的表征。在实际工作中，不能停留在这种表面现象上，而要追究其背后隐藏的管理上的缺陷。

第 4 个因素是事故。这里的事故被看作是人体或物体与超过其承受阈值的能量接触，或人体与妨碍正常生理活动的物质接触。因此，防止事故就是防止接触。

可以通过对装置、材料、工艺等改进来防止能量的释放，或者操作者提高识别和回避危险的能力，佩带个人防护用具等来防止接触。

第 5 个因素是损失。人员伤害及财物损坏统称为损失。博德理论认为在许多情况下，可以采取恰当的措施使事故造成的损失最大限度地减小。例如，对受伤人员进行迅速正确地抢救，对设备进行抢修以及平时对有关人员进行应急训练等。

(3) 北川彻三事故因果连锁理论

日本人北川彻三在海因里希因果连锁理论的基础上，突破了企业内部的考察范围局限，提出了另一种事故因果连锁理论。该理论认为，实践中工业伤害事故发生的原因是很复杂的，一个国家或地区的政治、经济、文化、教育、科技水平等诸多社会因素，对伤害事故的发生和预防都有着重要的影响，如表 7 - 1 所列。在北川彻三的因果连锁理论中，基本原因中的各个因素已经超出了企业安全工作的范围。但是，充分认识这些基本原因因素，对综合利用可能的科学技术、管理手段来改善间接原因因素，达到预防伤害事故发生的目的，是十分重要的。

表 7 - 1　北川彻三事故因果连锁理论

基本原因	间接原因	直接原因	事故	伤害
学校教育的原因	技术原因、教育原因	不安全行为		
社会的原因	身体原因、精神原因	不安全状态		
历史的原因	管理原因			

(4) 基于人体信息处理的人失误事故模型

这类事故理论都有一个基本的观点，即人失误会导致事故，而人失误的发生是由于人对外界刺激(信息)的反应失误造成的。

1) 威格里斯沃思模型

威格里斯沃思模型于 1972 年提出，模型把人失误构成了所有类型事故的基础。威格里斯沃思把人失误定义为(人)错误地或不适当地响应一个外界刺激。他认为在生产操作过程中，各种各样的信息不断地作用于操作者的感官，给操作者以"刺激"。若操作者能对刺激做出正确的响应，事故就不会发生；反之，如果错误或不恰当地响应了一个刺激(人失误)，就有可能出现危险。危险是否会带来伤害事故，则取决于一些随机因素，如图 7 - 4 所示。

2) 瑟利模型

瑟利把事故的发生过程分为危险出现和危险释放两个阶段，这两个阶段各自包括一组类似人的信息处理过程，即知觉、认识和行为响应过程。在危险出现阶段，如果人的信息处理的每个环节都正确，危险就能被消除或得到控制；反之，只要任何一个环节出现问题，就会使操作者直接面临危险。在危险释放阶段，如果人的

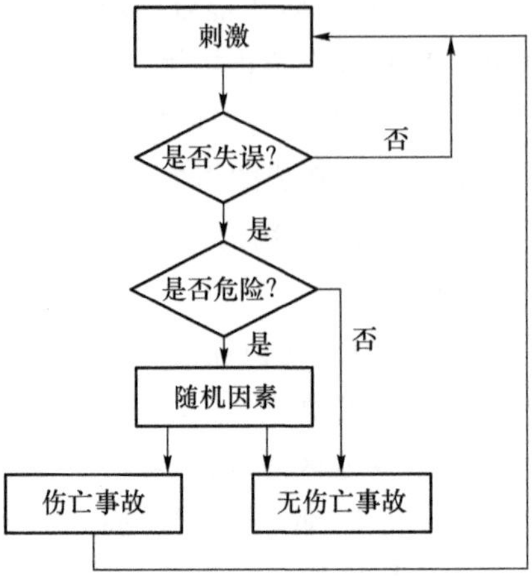

图 7-4 威格里斯沃思模型图

信息处理过程的各个环节都是正确的,则虽然面临着已经显现出来的危险,但仍然可以避免危险释放出来,不会带来伤害或损害;反之,只要任何一个环节出错,危险就会转化成伤害或损害。如图 7-5 所示。

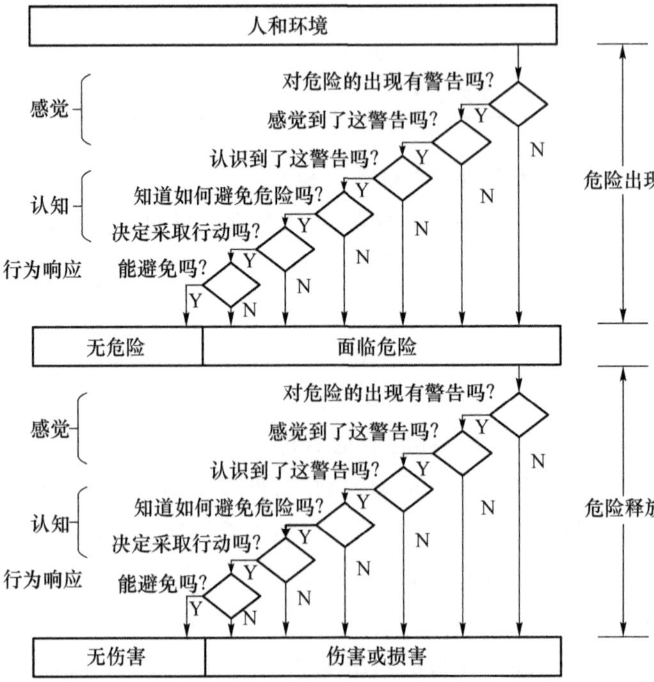

图 7-5 瑟利事故模型图

可以看出,瑟利模型两个阶段具有相类似的信息处理过程,每个过程均可被分解成 6 个方面的问题。这些问题分别是“对危险的出现有警告吗”“感觉到了这警告吗”“认识到了这警告吗”“知道如何避免危险吗”“决定采取行动吗”和“能避免吗”。这 6 个问题中，前两个问题都是与人对信息的感觉有关，第 3～5 个问题是与人的认识有关，最后一个问题是与人的行为响应有关。这 6 个问题涵盖了人的信息认知、处理全过程，并且反映了在此过程中有很多发生失误进而导致事故的可能。瑟利模型适用于描述危险局面出现得较慢，如不及时改正则有可能发生事故的情况，对于描述发展迅速的事故，也有一定的参考价值。

（5）事故树理论

事故树分析是安全系统工程中最重要的分析方法，该方法是由美国贝尔电话实验室的威森提出的，最早用于民兵式导弹发射控制。事故树分析采用一种表示导致灾害事故的各种因素之间因果及逻辑的关系图，也就是在设计过程中或现有运行系统中，通过对可能造成系统事故或导致灾害后果的各种因素（包括硬件、软件、人、环境等）进行分析，并根据工艺流程、先后次序和因果关系绘出事故树，从而确定系统故障原因的各种可能组合方式及其发生的概率，进而计算系统的故障概率，并据此采取相应的措施以提高系统的安全性和可靠性。其建造过程为：①熟悉系统，全面了解系统的整体情况；②调查事故，尽量广泛地了解事故，包括已发生的事故；③确定顶上事故；④调查事故原因；⑤建造事故树，从顶上事件开始；⑥修改、简化事故树；⑦定性分析，求出最小割集或最小径集；⑧定量分析；⑨制订安全对策。如图 7－6 所示。

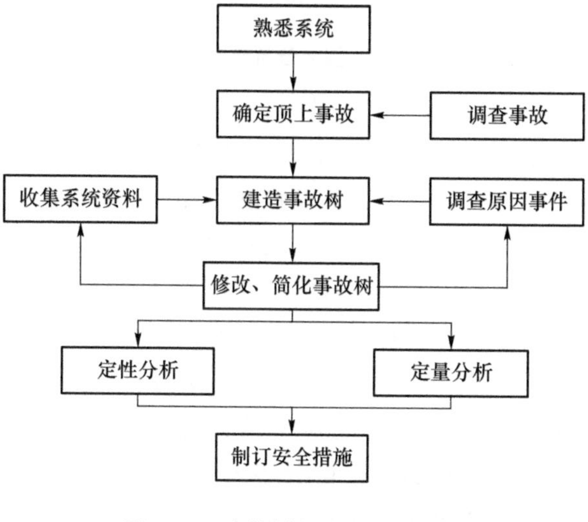

图 7－6 事故树分析的一般程序

（6）因果分析方法

因果分析法是把系统中造成事故的原因及事故造成的结果所构成的错综复杂

的因果关系，采用简明文字和线条加以全面表示的一种方法，它主要以图形的方式来表达事故发生的原因与结果的关系。因果分析图用箭头所示方向表示出因果关系，其图形状好像一条完整的鱼，有骨头有刺，故又称为鱼刺图，如图 7－7 所示。因果分析法由原因和结果两部分组成。一般情况下，可从人的不安全行为（安全管理、设计者、操作者等）和物质条件构成的不安全状态（设备缺陷、环境不良等）两大因素中，从大到小、从粗到细、由表及里、一层一层地深入分析事故原因。因果分析法的认识基础就是一个系统安全与否，主要取决于人、机械、环境、管理四个方面。它们与安全的关系极为复杂，对生产系统的安全管理而言，就要对四个方面的因素实施全方位管理。在分析过程中，要掌握好同安全有因果关系的生产方面的主要原因，使其经常保持稳定状态。为了使系统处于安全状态，要尽可能使影响程度较大的主要原因稳定化，而找出主要原因就成了安全分析的关键。

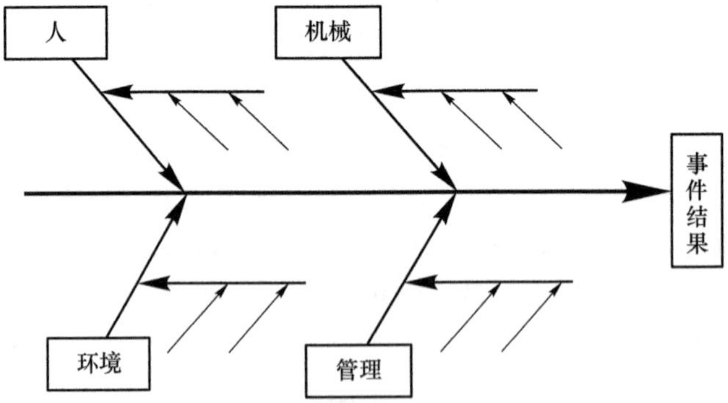

图 7－7 因果分析法（鱼刺图）

（7）SHEL 模型

SHEL 模型是用于表述飞行中人的因素概念的模型。最初由爱德华教授于 1972 年提出，霍金斯教授在 1975 年予以修改发表。该模型表明了航空系统中飞行员构成界面的四个要素及其相互关系，通过它也可以对人的错误来源进行较具体的分析。飞行驾驶舱环境中人为差错容易产生于人与硬件、软件、环境以及其他人之间的接点上，这些接点也被称为 SHEL 模型的四个界面：L－S 界面、L－H 界面、L－L 界面、L－E 界面。其中 S（Software）代表软件，H（Hardware）代表硬件，E（Environment）代表环境，L（Live ware）代表人，如图 7－8 所示。L－S 界面指人与软件之间的关系，研究合理的飞行程序，检查单程序以及应急程序等问题，以便简化飞行作业环节，减少人的劳动负荷和劳动强度。L－H 界面是指人与硬件之间的关系，研究飞行员与显示器、操纵器之间的相互适应问题，以使人机界面设计更适合人的要求。L－E 界面是人与环境的关系，研究特定环境的噪声、振动、高低温、加速度、生物节律、时差等对飞行员的影响以及适应过程和反应规律。L-L界面指人与人之间的关系，研究机组成员之间，机组与航管人员，签派人员之间的人际关系，个体交流，机组协作与配合，机长的领导艺术的管理心理学和社会心理学。

人是模式的中心，是整个系统最关键、最灵活的要素，也是系统中适应能力最强的组成单元，其他部分必须与之相匹配而适应。表示L的方块边缘是锯齿状的，系统的其他部分必须小心与其相匹配，以避免系统内出现内应力而导致系统完全崩溃，因此必须了解人这个中心的特点，诸如人体尺寸和外形、人体需求（氧气、水、食物）、输入特点（人的感官从外界接收信息）、信息处理（记忆力、理解力）、输出特点（一旦信息被接收和处理后，作出反应）以及环境忍耐力（温度、湿度、压力、噪声、光线、时间和空间）等。

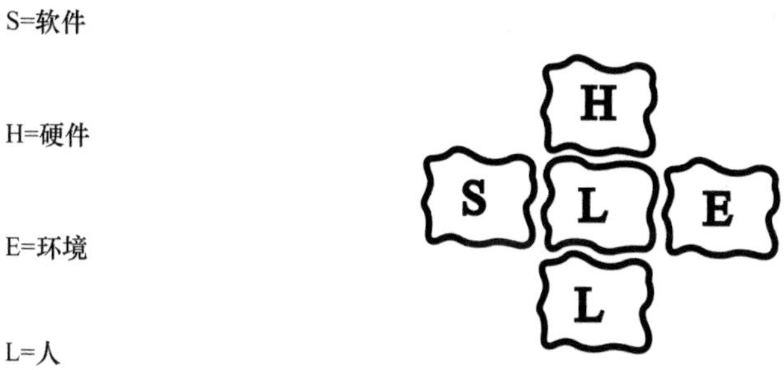

图7-8 SHEL模式关系图

7.3.5 通用航空事件调查实践

在民用航空事故调查领域，美国国家运输安全委员会（NTSB）的调查工作处于领先水平。本小节主要介绍NTSB的事故调查实践，为完善我国的事故调查系统提供参考。

1. 事故调查的组织

NTSB航空事故调查的核心是快速反应事故调查组（Go Team），其任务简单而明确：快速召集事故调查所需人员并尽快展开调查。接到事故报告后，NTSB会根据初步信息判断事故的性质和影响，成立与之对应的事故调查组。事故调查组的核心和领导是主任调查员（Investigator In Charge，IIC），他将负责调查过程中大量的程序和协调工作。主任调查员根据事故情况确立由各方面技术专家组成的调查组，如图7-9所示。在大型的运输航空事故调查中，调查组还会在各专业领域建立分支团队，但这些团队都会由一名NTSB调查员领导。团队中还会有一些非NTSB职员，被称为“当事人代表”。在美国和澳大利亚，把与事故相关的飞机生产厂商、运营人、飞行员或乘务员组织等"当事人"吸纳进调查团队被认为是非常重要的。因为NTSB清醒认识到调查中难免遇到专业技术和人力资源局限，需要业界的支持。同时这些"当事人"会代表各自利益，在调查中出现一种对抗和竞争的局面。这种类似辩论的"对抗性调查"使得真相趋于显现，责任趋于明晰。

通常情况下，运行专家负责调查飞机和机组在事发前的表现情况；结构专家负责鉴定飞机残体和现场情况，计算接地速度角度以确定接地前飞机的飞行路线和状态；动力专家负责判断动力装置的工作状况；系统专家负责判断飞机液压、电气、仪表、操纵等系统工作情况；ATC专家负责提供飞机雷达和无线电通信信息；气象专家分析天气信息；人为因素专家调查机组可能存在的人为差错，如疲劳、酒精和药物影响、训练失误、工作负荷、工作环境甚至飞机设计缺陷等；应急救援专家负责提供损失报告，检讨事件中关于应急反应（如撤离、灭火）的工作。在重大事故调查中，调查组中还配有负责公共事务和遇难者家庭事务的专家（1996年，美国专门颁布了"航空灾难家庭援助条例"，授予NTSB此项职责）。

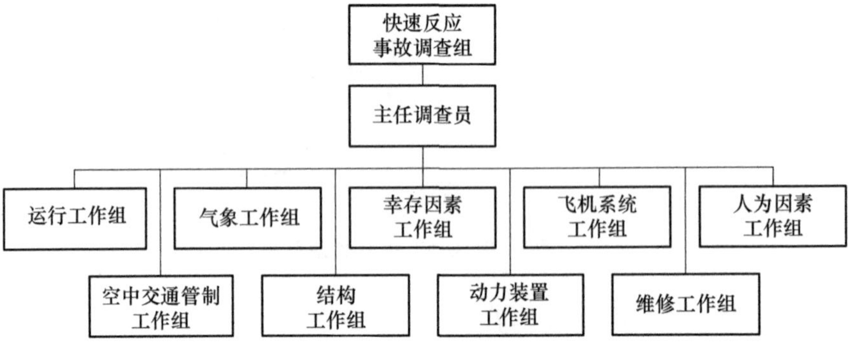

图7-9 NTSB现场调查组织图

在事故调查中，调查组还要与一些关键单位和个人展开合作，如事发当地的法律部门，他们负责关注现场调查并保护公共安全，需要判定是否为犯罪案件，协助证人保护和证物保存；当地救生部门负责救火、救生，他们最早出现在现场并可能提供调查有效信息；当地医疗部门将提供人员伤亡情况，包括身份识别；还有军队、海关、媒体等，另外飞机生产厂家、运营人、保险公司等其他组织也可能进行独立调查。

2. 事故调查的程序

国际民航组织各缔约国普遍采用了ICAO附件13和支持性技术手册《航空器事故和征候调查手册》的要求，航空事故调查的程序通常如图7-10所示。

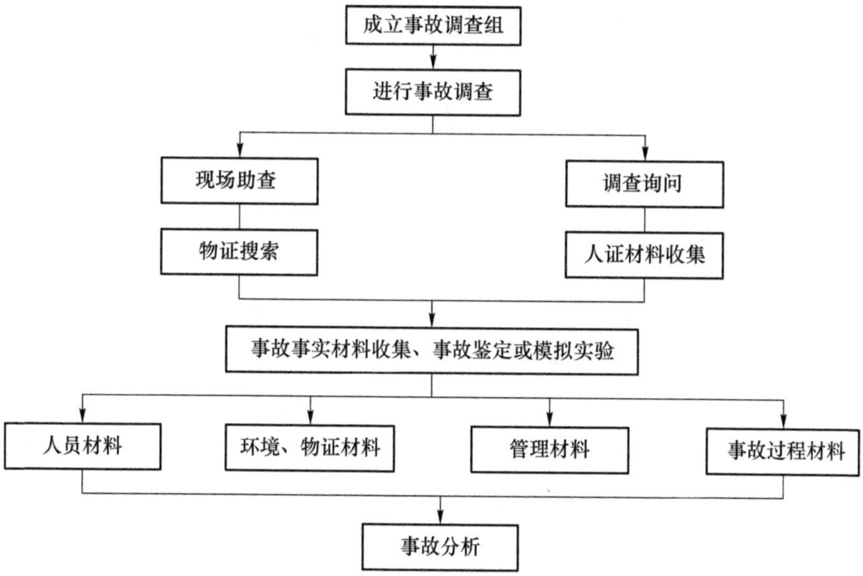

图 7-10 事故调查程序图

除了依据事故程度等级确定调查组组成外，调查一般分为下面几个步骤：

(1) 初步(现场)调查

目的是收集易随时间消散或是敏感的资料。资料内容包括人为性证据，如目击证人和相关人员的访谈取证；物理性证据，如现场图片、测量资料和送检材料等；文件性证据，如各种运行记录、报告和制度规范等。现场调查纷繁复杂，其中取证非常关键，尽管有保护现场的要求，但通常事发初期因救援等原因人员较多，因此需要考虑优先原则。以拍照为例，应优先考虑随着时间推移，将会发生变化或消失的信息，如座舱仪表指示和电门手柄位置，驾驶盘和操纵舵面位置和主要接地点位置等。另外调查员要做好充分的安全防护，现场的危险源就可能有化学污染(燃油、滑油、液态氧等)、压力容器(滑油存储器、轮胎、灭火瓶)、机械伤害(弹簧、涡轮叶片)、医学污染(肢体血液中病菌)、烟尘、汽雾颗粒等。

(2) 分析取证

通常分析采用时间序列追溯法，即按照时间的排序协助同时串接收集的证据，以判定和还原事故的真实原因。另一种被普遍采用的事故分析方法为事故树分析法，即根据事故类型和已知事实，确定调查方向和因果关系。不管采用何种方法，调查最终都会根据逐渐显现的事实不断对人、机、环、任务和管理进行全面的分析和检讨。毋庸置疑，事故分析中的技术因素相当重要。在 NTSB 的事故调查中，调查组除依赖自己的专家队伍外，还会与大学、研究机构等开展紧密合作。在事故分析阶段，NTSB 还建立了公众听证会制度，听证会作用有二：一是在事故调查期间，可以通过传唤证人作证来获取有效信息，录取证词；二是让公众了解调查的过程，增加透明度。公众听证会一般在事故发生后的六个月内会举办，如遇特殊情况可能推迟。作为民用航空主管部门，FAA 在其工作指令 8020.11C《航空事故及事故症候的通知、调查和报告》中，专门对 FAA 雇员参加 NTSB 公众听证会和录取证词提出了指导和要求。

(3) 形成调查报告

通过调查取证、分析测试等系列手段，形成调查最终报告，其中安全建议(Safety Recommendations)是最终报告的重要部分。在调查事实的基础上，安全建议被要求直接提出不足，对没有直接导致事故发生的缺陷，如设备设计、管理程序等，安全建议也被要求提出。在实践中，NTSB 的事故最终报告需要由本部职员独立完成，但同时，NTSB 鼓励参与调查的其他组织和个人提交调查报告和安全建议，并把他们制作成公共记录，这些将不影响 NTSB 最终报告的起草和审议。最后 NTSB 在华盛顿总部举办公开会议审议最终报告，一旦审议通过，报告摘要(包括调查结论和安全建议)将马上在其网站上公布，数周后公众就能看到报告全文。

3. 事故调查的标准和培训

为避免同一或类似悲剧事件的再次发生，事故调查工作的意义在于查找致灾因素、改善系统缺失。这项工作有着和司法调查工作相似的标准、程序和公正性要求，也有着非常高的技术性要求。在与事故调查相关的制度设计、系统支持和调查人员的专业能力培养方面，航空发达国家的经验值得借鉴。NTSB 针对民航事故调查专门制定了《航空事故调查手册》，作为工作指导性质的文件，该手册不断对调查实践经验加以总结和更新，极为详细地描述了事故调查的工作程序和各阶段工作的注意事项，如主任调查员的日常工作计划和各种会议组织程序等，甚至对“快速反应调查组”的行程安排如航班、租车、酒店等都有具体的描述指导。

美国从事航空领域培训的各类院校、科研机构众多，不少机构都开设有航空事故调查的培训课程。以美国运输安全学院(Transportation Safety Institute，TSI)为例，它位于俄克拉荷马城，受美国国家运输部(包括联邦航空局 FAA)和国防部等多个组织和团体的资助，专门从事世界范围的安全、安保和环保方面的培训和产品研发。TSI 开设有事故调查课程，并且课程的系统性很强，教师拥有丰富的专业背景和调查经验，教材体系完整，以调查摄影为例，教材内容非常丰富，对事故调查摄影的设备要求、正常和特殊情况下的程序技巧、文件管理等方面都做了详尽阐述。除了课堂授课，TSI 还非常重视学生实践能力的培养，它收集了大量的飞机残骸、废弃设备作为教具，为受训者提供了极为宝贵的模拟事故现场调查的教学机会。

4. 事故调查案例

1996 年 7 月 17 日，美国环球航空(Trans World Airlines)公司 800 号航班(波音 747 机型)执行纽约肯尼迪机场至巴黎戴高乐机场的飞行计划，起飞 12 分钟后在大西洋上空飞行中解体，18 名飞行机组成员和 212 名旅客无一生还。NTSB 的调查工作量可称巨大，由于飞机空中解体，而且残骸散落在海中(飞机机身在机首部分脱落后仍继续飞行了一段时间)，为判定解体原因，NTS 花费大量人力物力打捞和重构了飞机的结构。在综合驾驶舱舱音记录仪(CVR)、飞行数据记录仪(FDR)、雷达数据和目击者证词等证据后确定为中央油箱爆炸。理论证明航空煤油不易挥发产生油气，那么是哪儿来的高温呢？后经分析确定是中央油箱下方的空调组件传导而来的。接下来在分析是什么引燃油气这个问题上，调查人员考虑到了各种可能，甚至包括雷电、陨石和导弹碎片击中等，并开展了大量专业的实验和分析，如和美国空军合作，委托加利福尼亚理工大学完成了静电引爆实验，这次实验模拟了四分之一尺寸的 747 中央油箱和 TWA800 的飞行条件，得出了导致爆炸的油气比、点火能量和爆炸特征等数据。最终确定事故原因是机翼中央油箱产生了可燃的混合油气，并且极有可能是油箱外部电路短路，电流通过油量指示系统线路进入油箱，引起爆炸。同时利用事故复现技术，NTSB 清晰地还原了事故的发生和发展过程。在整个 TWA800 的事故调查中，NTSB 的调查工作可谓耗资巨大、尽职尽责，并且成效显著。

调查初期，一旦确实事故是由于中央油箱爆炸导致飞机解体，NTSB 就连续发布了一个紧急安全建议和另外三个建议。随着调查的深入，1997 年，针对消除运输机油箱中的油气泡，增加了有关爆炸可能性探测的建议；1998 年又发布了 6 个有关改进油量指示系统的建议；2000 年，NTSB 发布了长达 425 页的事故最终报告，又提出了另外 4 项关于飞机布线系统的建议。这些安全建议都被负责航空器设计、维护和型号合格审定管理的联邦航空局(FAA)所采纳，航空器的安全可靠性得到了进一步的改善。

7.4 通用航空器事件调查技术与方法

7.4.1 定性方法

1. 墨菲定律

墨菲定律严格来说不是具体的寻找事故原因的方法，却是在整个事故调查中必须要贯彻到底的基本指导理念。

首先，做概念类比，将一次通航飞行看成是发生的一件事，将这件事的结果A看成发生一次事故，结果B看成成功完成一次飞行计划。那么由墨菲定律可得出只要通航的执行任务次数增多，总会发生事故。使用墨菲定律指导实际的通航事故调查，一般可以遵循下面的步骤：

① 平时工作中宣传事故的可防可控，但不可彻底避免，让所有相关工作人员都能够对航空事故有个清楚全面的了解。

② 如果不幸事故发生了，应该将墨菲定律贯彻执行，在事故调查中不要过度夸大错误和问责，因为并不是庞大的团队中所有人都永远不犯错，也并不是犯错了就是不正常。

③ 强调事故调查的真实目的并不是揪出是谁的错，然后惩罚，而是找出导致事故的真实原因。这样有利于责任人的充分配合，不至于出现为了逃避惩罚而掩盖事实的现象。这就是墨菲定律对通航事故调查的指导意义，彻底贯彻墨菲定律，有利于事故发生后，事故原因调查能够顺利进行。

墨菲定律在整个通航事故调查中起到的作用明显，但其也有缺点，如表7-2所列。

表7-2 墨菲定律优缺点

方法	优点	缺点
墨菲定律	能够在所有的责任人和调查人心中形成一个事故几乎不可避免的认识，在调查过程中强调获知事故发生的原因，而非问责和揪出始作俑者。这样做有利于责任方的配合，有利于找到事故的真正源头	此定律只是一个基本的方法论和指导思想，其并不提供具体的事故调查策略和事故分析方法

2. 事故链理论

事故链理论的特色点在于其主张通航事故的发生并不是由某一个单一的因素引起的，而是由一系列的因素共同导致的。这一系列因素环环相扣，哪一个环节被及时控制住，就能避免事故的发生。那么这个理论不仅能找出造成事故的因素，还能对避免事故的发生提供很好的指导。

为在通航事故调查中发挥巨大的作用，事故链理论可以分为以下三大步骤：第一步是针对事故链条中的每个环节，分析列举出尽可能多的因素条件。举例如表7-3所列。

第二步是着手调查因果链中的每一个环节，针对详细列举出的诸多因素，都去考察其结果。建立起事故链条，由上及下地分析事故发生的原因。

表 7-3 事故链条可能存在的因素条件

因果链条	因素条件
管理缺陷	对工作人员的筛查、考核、培训是否到位;对飞行计划的审查是否规范严格;对飞行器的修改保养是否遵循规范;对飞行监控设备的管理维修是否严格
个人及工作条件的原因	飞行员是否存在技术漏洞或者处理意外情况的应急方案漏洞;维修人员是否具有严密的故障判断和维修知识;飞机飞行过程中,监控和保障人员是否具有应急处理能力;飞机是否存在某些方面的机械隐患;飞机监控和指挥设备是否存在故障;此次飞行计划是否合理有效
直接原因	飞行员操纵情况是否正确,是否及时有效;飞行员是否采用了正确的应急处理办法;地面监控人员是否及时判断出飞机可能存在飞行安全隐患;地面监控人员是否给出了正确的飞行指导和有效干预;飞机的两翼是否正常;飞机的发动机是否正常;飞机的通信设备和导航设备是否正常;地面监控设备是否正常等
事故	事故发生的地点;事故发生的时间
损失	人员是否伤亡;是否造成了飞机和其他财产的损失

第三步是针对得到的事故链条给出规避事故的有效建议,如图 7-11 所示。找出事故链条中的某些严重的环节或者容易有效控制的环节,斩断事故链条,规避事故的发生。

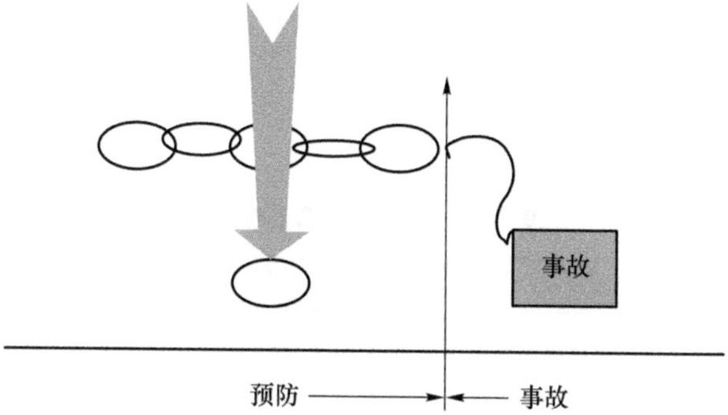

图 7-11 事故链示意图

事故链模型的优缺点如表 7-4 所列。

表 7-4 事故链模型优缺点

模型	优点	缺点
事故链模型	将原因由上及下分层,一层链锁另外一层,下层的安全隐患可以归结到上层的隐患发生,这样有利于找到飞行事故在各个层面的真正原因。同时还能从分析到的事故链条给出斩断链条的有效策略,规避事故的发生	整个链条对事故的描述有点绝对,上层的隐患不一定导致下层的隐患,同时下层隐患的发生也不一定就是由上层隐患导致的,可能上层无隐患

3. SHEL 模型

将 SHEL 模型应用到通航事故调查中，一般可以遵守下面几个基本步骤：

① 分析清楚软件、硬件、环境、人这几点以及它们与人的相互操作，列举出整个飞行过程中所有环节的数据，如表 7-5 所列。

表 7-5　SHEL 模型在通航事故调查中的应用说明

表　征	说　明
L-S	飞行员或其他机组人员在飞行过程中的每个采样时间点都做过哪些跟软件相关的操作，以及这些操作都有哪些反应或输出，把这些信息记录入库
L-H	飞行员或其他机组人员在飞行过程中的每个采样时间点都做过哪些跟硬件相关的操作，以及这些操作都有哪些反应或输出，把这些信息记录入库
L-E	记录飞行过程中每个采样点的机内外温度、湿度、噪声、速度、加速度、高度等环境信息
L-L	记录机组人员之间的协作分工，以及机组人员之间的交互沟通；记录机组人员与地面管控人员之间的交互沟通，以及达成的一致看法和结果

② 分析这些记录的交互数据，研究哪些有异常，并研究这些异常与通航事故的关系。从记录的数据中，逐个看哪些数据存在异常，以及这个异常的致命程度，分析一些异常之间的相互关系。

③ 得出结论并给出建议。

SHEL 模型的优缺点如表 7-6 所列。

表 7-6　SHEL 模型的优缺点

模　型	优　点	缺　点
SHEL 模型	以人为核心，抓住人与外界环境各种不同因素的关系，分析思路清晰，理论系统完善。抓住人因因素，就是抓住了通航事故一个很重要的核心	这种人因因素的分析方法天然假设事故与人有关，不利于对通航事故原因的全面调查

4. REASON 模型

REASON 模型在通航事故调查中的应用可以遵循以下 3 个步骤：

① 分析清楚 REASON 模型中的 4 个因素都有哪些具体的体现。

② 在整个调查任务中，针对每个因素的每个体现去分析其是否存在，是否造成影响，是否直接或者间接造成了此次飞行事故。

③ 依据分析得到的方法和结论，给出事故的结论及建议。

REASON 模型的优缺点如表 7-7 所列。

表7-7 REASON模型的优缺点

模型	优点	缺点
REASON模型	此模型继承自事故链模型，但它比事故链模型简洁高效，有利于调查人员更加全面地了解通航事故发生的原委，以及这些因素之间的关系	REASON模型在描述的各个层级的内容方面表现得并不具体，具有较强的不确定性

7.4.2 定量方法

定量计算不同于定性分析，定量计算是要在各个已知的因素中寻找哪个因素更加重要，更能影响结果，定量地分析各个影响因素，从中把握规律，找出重点。对现实的指导意义就是获知了重点因素之后，对重点因素严加防控。常用的定量分析方法多样，有灰色关联度分析法、BP神经网络分析法、模糊理论分析法等。

目前常用的各个定性定量分析方法的对比如表7-8所列。

表7-8 各个定性定量分析方法对比

模型	优点	缺点
墨非定律	能够在所有的责任人和调查人心中形成一个事故几乎不可避免的认识，在调查过程中强调获知事故发生的原因，而非问责和揪出始作俑者。这样做有利于责任方的配合，有利于找到事故真正的源头	此定律只是一个基本的方法论和指导思想，其并不提供具体的事故调查策略及事故分析方法
事故链模型	将原因由上及下分层，一层链锁另外一层，下层的安全隐患可以归结到上层的隐患发生，这样有利于找到飞行事故在各个层面的真正原因。同时还能从分析到的事故链条给出斩断链条的有效策略，规避事故的发生	整个链条对事故的描述较为绝对，上层的隐患不一定导致下层的隐患，同时下层隐患的发生也不一定就是由上层隐患导致的，可能上层无隐患
SHEL	以人为核心，抓住人与外界环境各种不同因素的关系，分析思路清晰，理论系统完善。抓住人因因素，就是抓住了通航事故一个很重要的核心	这种人因因素的分析方法天然假设事故与人有关，不利于对通航事故原因的全面调查
REASON模型	此模型继承自事故链模型，但比事故链模型简洁高效，有利于调查人员更加全面地了解通航事故发生的原委，以及这些因素之间的关系	REASON模型在描述的各个层级的内容方面表现得并不具体，具有较强的不确定性
灰色关联	可以定量分析出各个子因素的影响大小，数据处理规范，证据充足，能科学理性地给出考察因素的重要性判断，并能依据此重要性排序给出建议，用于最大限度地保障航班安全	与大多数统计方法类似，这种统计手段统计的是一个普遍的影响强弱，得出的结论可能具有一般参考性，但不针对某个具体的案例。所以在某个具体案例的应用上可能略显不足

续表 7-8

模型	优点	缺点
神经网络	理论基础雄厚，利用神经网络结构得到了各个因素与通航事故的关系，得到了每个因素的影响强弱。定量地表述了各个因素的影响力	缺点与灰度关联法类似，这种统计分析手段在某个特定的通航事故下针对性不强

从表 7-8 的对比不难看出，目前的方法体系中定性的方法只能分析出引起事故的可能原因，而这种可能原因的分析往往局限于某个方面，不利于全面调查；又或者强调方法论层面，具体操作不明确，不确定性明显。而定量的方法中，统计方法居多，上面提到的灰色关联度分析和神经网络分析就是两种典型的统计分析理论。这种统计分析理论的缺点明显，主要就是统计性质的结论，用在某个特定问题上可能不具有针对性。

7.5 通用航空器事件调查报告撰写与发布

7.5.1 事件调查报告的撰写

调查报告是调查组以书面的形式将事故发生的过程、基本事实情况、原因分析、调查结果和事故结论最终认定以及针对存在的问题、隐患提出安全方面的建议所进行的全面叙述和论证。调查报告不仅要对事故发生全过程进行全面的描述，还要详细地涵盖调查所有的相关问题。不仅对事故产生的原因要进行全面、深入、科学、细致的分析，还要对事故结论进行准确或者恰如其分的阐述，更重要的是针对该起事故提出针对性较强，具有更广泛现实和深远意义的安全建议。

调查报告通常是组织调查的部门依据各专业小组的报告编写而成的。调查组组长负责按照统一的标准、格式、内容和要求编写报告，并对报告的完整性和质量负责。

专业调查小组完成现场调查和专项试验、验证后，专业调查小组组长应当组织小组成员对掌握的各种证据和事实进行认真的研究分析，并完成小组调查报告。

专业小组报告应当包括：

① 本小组组长和成员的姓名、职务/职称、所属部门及具体负责的调查工作；

② 本小组调查活动的主要过程；

③ 进行调查所获得的所有事实，不能因认为与事故无关而舍弃某些事实；

④ 所进行的各种检查、鉴定、试验及其正式报告；

⑤ 分析各种事实与事故的关系；

⑥ 影响飞行安全的其他因素；

⑦ 调查中尚未解决的问题；

⑧ 调查中采用的新的、有效的调查技术；

⑨ 安全建议。

小组报告草案应当送至小组中的每位成员审阅，并由所有成员签名。

在小组调查中如果存在不同意见，应当将该意见作为小组报告的附件上报，由调查组组长召集有关部门和人员协商解决。

各专业调查小组报告完成后，调查组组长应当主持召开小组报告评审会。小组报告评审会的目的是在编写事故调查报告前，审查专业调查小组的调查工作是否完成，以及小组报告的全面性和准确性，解决专业小组调查中存在的不同意见。小组报告评审会由各专业调查小组组长和调查组组长指定的调查人员参加。调查组组长可以在小组报告评审会上组织对事故发生原因进行讨论分析，并征询对事故调查报告的意见和建议。

7.5.2 事件调查报告的发布

事件调查报告的发布流程如下：

① 由国务院或者国务院授权部门组织的事故调查，事故调查报告由国务院或授权部门批准和发布，民航局转发。

② 由民航局或者地区管理局组织的事故调查，事故调查报告由民航局批准，并负责统一发布。

③ 根据《国际民用航空公约》附件 13 的规定，民航局应按时向国际民航组织送交事故调查报告。

④ 调查报告经国务院或者民航局批准后调查即宣告结束。

7.6 通用航空典型事件分析

7.6.1 调机飞行过程中的典型事件

1. 事故经过

2016 年 4 月 26 日，某通航公司 R44 直升机执行桂林芦笛岩至南宁西乡塘调机飞行任务时在桂林市永福县堡里乡三县界区域坠毁，两名机组人员死亡。

当日，某通航公司左座教员赵某和右座副驾驶屈某驾驶 R44 直升机执行桂林芦笛岩至南宁西乡塘北海银滩广场调机飞行任务。11:01,机组向桂林两江进近报告已起飞,并按照管制指令向南飞正切永福县 15 km 以外飞行。11:04,管制员注意到机组偏东较多,提醒机组离奇峰岭远一点,机组回复收到。11:17:39,管制员提醒机组正前方有 1 200 多米的山,注意保持目视,机组回答“我看到了”。11:18:04,管制员再次提醒机组注意对正前方的山保持目视,机组回答“我附近云雾比较大”,管制员提示机组可以上升高度,机组回复收到。此时直升机高度 910 m,速度 180 km/h,继续爬升。11:19:24,直升机高度 1 190 m,速度 120 km/h,管制员询问机组是否能保持目视,机组回复“已经有点云雾了”。此后直升机继续爬升至最高 1 650 m。11:22:37—11:23:34,直升机高度 1 340 m,速度 39 km/h。管制员询问机组是否能保持目视,机组回复“已经不能保持目视了”,并请求管制员引导返回芦笛岩基地,管制员遂指令机组“先上高度到修正海压 1 800,修正海压 1 011”,未收到机组回复。11:23:55,空管雷达上的直升机目标消失。目标消失前指示直升机高度 1 340 m,速度 66 km/h。之后管制员多次呼叫机组,未能再次与机组建立联系。11:41,桂林监管局接到桂林空管站报告后,通知桂林市应急办及相关单位对直升机消失地点进行地面搜救。4 月 27 日约 11 时,搜救人员在桂林市永福县堡里乡东南 15 km 三县界附近一山腰处发现该直升机残骸,显示直升机在坠落处发生了起火燃烧,机上两名机组成员死亡。

2. 结论

经事件调查组调查分析,认为本次事故的最大可能原因是当事机组飞行过程中进入云雾,丢失了飞行状态,过度操纵使直升机产生低过载效应,主旋翼过度挥舞并大扰度弯曲,撞击并切断尾梁导致直升机坠毁。

7.6.2 水上飞机运行中的典型事件

1. 事故经过

2016 年 7 月 20 日,某通航公司运行的赛斯纳 208B 水上飞机执行金山至舟山通用航空包机飞行任务。12:20 在金山水上机场飞机未在规定起飞区域起飞,起飞滑跑过程中突然转向左侧,继续滑跑大约 330 m 后撞毁在沪杭公路 7385 号桥上,机上 5 人死亡(1 名副驾驶和 4 名乘客),5 人受伤(1 名机长和 4 名乘客),航空器严重损毁。

当天,该架机执行金山—舟山飞行任务,机组成员 2 名,左座机长主操纵,右座副驾驶配合。12:02:02,机组通过无线电请示开车,指挥人员回复机组可以开车,预计起飞时间 12:18。12:02:44,机长发布开车指令,3 s 后机组启动发动机,在金山水上机场滑行了 18 min 左右。12:04:54,指挥人员指挥机组使用 22 号跑道起飞,机组复诵指令。12:09:33,机长和副驾驶交流中提到飞机超载。12:18:15,机组在航向选择器上设定磁航向220°。12:19:21,指挥人员指挥机组“转过来就可以准备起飞”。12:19:53,飞机右转弯中,磁航向140°,距离22号跑道头位置395 m左右,机组开始加油门。7 s内磁航向由140°向右偏转至180°,地速由5 nmile/h提升至9 nmile/h,发动机功率增大至83%。12:20:00,飞机以磁航向180°加速滑行,8 s内地速由9 nmile/h提升至19 nmile/h,机头开始上抬,姿态由7.5°增加至8.5°。12:20:08发动机功率达100%起飞推力。12:20:11,飞机开始向右小幅偏航,4 s内磁航向由180°向右偏转至195°,左坡度2.5°,飞机最大偏流角为−12°。12:20:15,飞机急剧左转,5 s内磁航向由195°向左偏转至140°,同时飞机向右侧滑,最大偏流角为+16°,水平加速度向右达到0.732g,垂直加速度达到1.356g,最大右坡度为11.5°,飞机的右侧机翼翼尖几乎与水面接触,右浮没入水中。12:20:20,飞机磁航向从140°继续向左偏转至87°,朝大桥方向继续滑跑,此时飞机距离撞桥点330 m左右。12:20:21,副驾驶说“放水舵”,机长说“收,收,不用”。12:20:28,副驾驶说“起不来,起不来了”,机长说“拉起来了,拉起来了”。12:20:35,飞机以地速54节(约100 km/h),磁航向86°,姿态13.5°撞毁在大桥上。

2. 结论

调查组通过调查,最终认定造成此次事故的最大可能原因是飞机在执行金山—舟山飞行任务时起飞已超过最大起飞重量;机组未在规定的起飞区域起飞;机组在起飞滑跑过程中操作不当,失去对飞机方向的控制,飞机方向突变转向大桥;机组在未能确保起飞能够越障的情况下没有采取中断起飞措施,继续起飞,最终导致飞机撞桥。

7.6.3　飞机训练飞行中的典型事件

1. 事故经过

2017年1月9日中午,某通航公司XA42型飞机在特技飞行演示前做训练飞行时不幸坠落在沈阳市法库财湖机场,机上2人死亡,飞机完全损毁,无地面人员伤亡。

飞机起飞前,公司向沈空申报了1月9日飞行计划,申请的飞行任务为“训练、试飞”,航线及高度(空域)限制为法库财湖机场本场飞行,半径10 km,高度1 000 m以下。该飞行计划得到沈空的批准。

1月9日上午8:30,公司机务人员到达机库,在机库内完成了XA42飞机航前准备工作,航前检查该机无故障,飞机上没有积冰,放行人员正常签署放行飞机。11:30,两名飞行员完成飞机外部检查并与机务交接后登机,朱某在前座,吴某在后座。12:10,飞机开车,滑向跑道。12:25,飞机从财湖机场04号跑道起飞。根据当事指挥员和其他目击者访谈记录中的描述以及相关视频资料显示,飞机在跑道上滑跑约 200 m 后离陆，以小角度爬升并增速，发动机声音正常。之后飞机向上拉起做“半斤斗翻转”动作，飞机拉升至筋斗顶端并翻转过来后，飞机开始向左偏转，带左坡度，并以约 10°的俯角下降，边下降边向左转，最终飞机带左坡度坠地，坠地后机身弹起，并在地面上发生滚转，在惯性作用下冲向机场东北方向直至围界才停止，之后飞机起火冒烟。机场和地方救援人员相继赶到现场进行救援。

2. 结论

该事故是由于可能存在的飞机操纵系统突发故障、机组操纵失误、机组空中失能等原因导致的一起两人死亡的飞行事故。

7.6.4 航空医疗救援作业的典型事件

1. 事故经过

2018 年 6 月 16 日，某通航公司 AS350B3 型飞机执行昆明至安宁医疗救援任务调机过程中撞击在昆明市西山区青山垭口附近山崖上坠毁，机上三名人员死亡(两名飞行员，一名随机机械员)，飞机损毁。

2018 年 6 月 16 日，该直升机计划于 08:00—19:00 执行昆明市第一人民医院(甘美医院)经昆明市海埂公园至安宁市人民医院的医疗救援调机任务，真高 100 m 以下，目视飞行。08:17，直升机起飞，预计飞行时间为 20 min 左右。08:28，北斗系统上的直升机飞行轨迹停止。最后记录时刻的地理位置坐标：北纬 24°53′33.23″，东经 102°37′55.8″，位置大约为昆明市西山区青山垭口附近。08:43，公司航务人员将北斗系统上直升机飞行轨迹停止的情况报告公司领导，公司开始通过各种途径联系机组未果。09:53，云南监管局收到直升机失联的信息，立即协同地方人民政府和公司开展应急处置。13:30，搜寻队伍在事发地发现直升机残骸，地理位置坐标：北纬 24°53′16.74″，东经 02°37′35.77″。

2. 结论

根据事故调查组调查分析，撞山的原因可能是机组在按照目视飞行规则飞行到边缘天气条件时，决策失误，导致直升机在山区低高度进入仪表气象条件。进入仪表气象后爬升不及时，并且对周围的地形情况丧失情景意识，未能保持正确航向，导致飞向山崖并撞山。

7.6.5 航空器积冰导致的典型事件

1. 事情经过

2020 年 1 月 13 日，某通航公司 DA42/B－9438 飞机执行宜昌—恩施转场训练任务，机组 3 人。10:46 飞机从宜昌起飞，11:38 机组报告飞机积冰，申请返航。在返航途中，飞机在雷达上信号消失，机组与空管失去联系。15:03 救援人员在宜昌市长阳县资丘镇检珠山上发现飞机残骸。

10:46:45，飞行教员和两名学员驾驶飞机率先从宜昌机场 32 号跑道起飞，执行宜昌至恩施转场训练任务，飞行高度 3 000 m。10:56:56，机组向宜昌塔台报告，保持标压 3 000 m，预计到达恩施时刻为 12:06。飞机保持 140 km/h 的速度巡航，根据 ECU(全权限数字电子控制器)数据记录，飞机发动机功率杆在约 58%的位置，实际功率约 52.3%。11:19:35，发动机功率杆位置从约 58%提升到 73.8%(实际功率升至 70.2%)，飞机高度保持 3 000 m(约 69.4 kPa)。11:27:31，发动机功率杆位置从 73.8%提升到 86.8%(实际功率升至 80.7%)，飞机仍以 3 000 m(约 69.4 kPa)高度稳定巡航。11:30，机组与恩施塔台建立联系。11:35，机组通过内话频率向后机(第二架起飞的转场训练飞机)通报有积冰，要求其返航。11:37:44，发动机功率杆位置在 12 s 内逐步从 86.8%提升到 100%(实际功率升至 94.2%)，同时，飞机高度开始缓慢下降，从 69.4 kPa 到 69.6 kPa。11:38:41，机组向恩施塔台报告飞机"有点结冰"，申请返航宜昌。此时飞机距离恩施 VOR 台(ENH)约 52 km。11:39:53，恩施塔台管制员同意返航，指挥机组"左转上标压 3 300 m"。机组申请继续保持 3 000 m 返航，塔台同意。11:43:08，恩施塔台管制员告知机组变更航班呼号，应答机编号更改为 0324。机组报告预计到达宜昌时刻为 12:12。11:43:15，发动机功率杆位置降到 94.4%，停留 4 s 后马上恢复到 100%。11:44，恩施塔台管制员指令机组联系武汉区管。11:45，机组与武汉区管建立联系，报告"我现在积冰有点严重"，申请保持高度 2 900 m，同时反馈正在云中飞行。武汉区管管制员要求机组尽量保持 3 000 m 高度。11:48:03，武汉区管管制员询问飞机高度，提醒机组已经低于最低安全高度了，机组报告"标高大概 8 800 英尺①，飞机结冰比较厉害，不好保持高度"，管制员要求机组注意严格保持航路飞行，不能低于标高 2 700 m。11:51，机组报告高度 2 400 m，在云体夹层飞行，稍微能保持高度，管制员再次提醒机组已经低于最低安全高度了。由于机组反映飞机很难保持高度，管制员回复"根据你的意图决定执行你的动作"。

11:52，武汉区管管制员要求机组联系宜昌塔台，通报相关情况。随后，武汉区管管制员再次联系机组，告知"你的航迹两边都有标高 1 900 m 的山，你注意保持 2 000 m以上"，机组回复"收到"。11:55:08—11:55:50，武汉区管管制员询问机组积冰情况，机组回复"我还在云体夹层飞行，积冰还是比较厉害"。管制员再次提醒机组"一定要注意左右有 1 900 m 的障碍物"，机组回复"好的"。11:55:42，该飞机

① 1 英尺=0.304 8 m。

雷达信号消失。雷达信号消失前,飞机高度 2 070 m,呈逐渐下降趋势。11:57:14,飞机高度降低至 814 mbar(约 1 850 m),再次出现发动机功率杆快速收回后立即恢复到 100%的情况。11:57:27,管制员再次呼叫该机时,机组无应答。管制员立即通过紧急频率、宜昌塔台频率、其他机组协助呼叫等方式联系该机,均未收到回应。随后,武汉区管将该机失联情况通报军民航相关单位,请求协助。11:58:10,飞机撞地,双发发动机 ECU 断电。后续有三个航班机组报告此架机雷达目标消失点附近区域收到 ELT 信号。15:03,B－9438 飞机残骸在宜昌市长阳县资丘镇万里城村附近被发现。

飞机失事地点位于宜昌机场以西(260°方位)约 70 km 的长阳县资丘镇五里城村检珠山西侧山坡,经纬度坐标:E30°27′47.02″,N110°45′14.81″,海拔高度 1 192.7 m,山体坡度约 40°,周边沟壑纵横、山峦起伏,属典型喀斯特地貌。检珠山最高峰海拔约 1 700 m,周边山体最高峰海拔 1 900 m 左右。

2. 结论

经过调查分析,调查组认为本次事故的直接原因是飞机在转场训练飞行过程中遭遇结冰,导致机组操纵困难,飞行高度无法保持,最终飞机撞山;当事机组对航路积冰的危害性重视不够,飞行前准备不充分,违反公司《运行手册》做出放行决策是事故发生的重要因素。另外,申请转场批复流程复杂,需要得到四个单位一致批准方可执行。转场申请获得批准后,转场飞机必须在批复后 1 h 内起飞,超时后转场批复自动失效,须向所有管制单位重新申请。在时间压力和经营压力的双重作用下,机组决策武断,当班飞行指挥员也没有及时就可能的不利气象条件对飞行训练的影响提出必要提醒或决策建议,对天气变化趋势和空中飞行动态监控和研判不足,在机组遭遇危险天气过程中没有发挥支持保障作用。

7.6.6 直升机失控导致的典型事件

1. 事情经过

2020 年 6 月 23 日,某通航公司的贝尔 206－L4 直升机在吉林省安图县二道白河镇长白山地区红石林场作业点执行农林飞防任务,机上人员 2 名(1 名飞行员,1 名观察)。06:30 左右,直升机机组和其他保障人员从二道白河打车前往红石林场临时起降点进行航前预先准备。07:55,飞行员准备就绪,开始执行第一个架次飞行任务,正常预计飞行 30 架次左右。15:00,直升机第 25 个架次在红石林场作业点起飞。15:07,该机在红石林场 24 林班区执行林地喷洒飞行时,高度约 1 010 m,由西向东爬坡向山顶飞行,直升机突然遭遇下沉气流坠地。15:37 左右,由于该机没有返回,也无通信联系,公司现场工作人员感觉异常,立即派另一架在附近区域作业的直升机进行寻找，发现事发直升机观察员在一处山顶上，救起后送至起降点，由车辆转运到医院救治。据观察员描述，该机飞行员腰部受伤无法行动，地面作业团队人员和当地林业局全力搜寻直升机和搜救飞行员。19:47，搜救人员找到事发飞行员，将其送往医院救治，该飞行员无生命危险。直升机坠毁位置位于吉林省安图县二道白河镇长白山地区红石林场24林班区，坐标为N42° 20′25″，E128° 27′56″，距长白山天池44°方位，50.76 km处（延吉市234°方位，105.85 km处），海拔高度900 m。

2. 结论

调查发现，导致事故的原因主要有以下几个方面：

① 飞行员飞行前的准备不充分，在长白山区的飞行经验不足。

② 事发时，该飞行员已存在疲劳飞行风险。

③ 事发时，该机重量较大。

④ 事发前，该机疑似遭遇下降气流。

⑤ 飞行员应对复杂作业情况的飞行经验不足。

⑥ 该机坠落后未触发ELT。

导致事故发生的原因是飞行员实施作业前准备不充分，未仔细勘察地形，飞行中未关注到直升机在加油加药后，在山区爬升作业时将导致大载重机动性变差的风险。事发时遭遇下沉气流后直升机快速下降，未能及时改出，造成坠机。

第 8 章

通用航空安全应急管理

8.1 通航应急管理概念

8.1.1 突发应急事件与应急管理

对于突发事件的定义可以从多个角度进行解释:广义上,突发事件可以理解为突然发生的事情,往往难以提前预知到,并且事情开始得很快,过程迅速,另外,突发事件往往不能轻易被解决,有时需要付出一些代价,这种意义上的突发事件通常指自然灾害;狭义上,突发事件就是通俗意义上的天灾人祸,也被称为“危机”,即意外地突然发生的重大或敏感事件,如恐怖袭击、车祸等。根据我国 2007 年 11 月 1 日起施行的《中华人民共和国突发事件应对法》的规定,突发事件是指突然发生,造成或者可能造成严重社会危害,需要采取应急处置措施予以应对的自然灾害、事故灾难、公共卫生事件和社会安全事件。突发事件具有发生突然性、目的明确性、瞬间聚众性、行为破坏性、状态失衡性等特点。

民航中突发事件可分为航空器类、旅客类、生产运行类、重大任务类,包括但不限于航空器失事、航空器被劫持、航空器发现爆炸物、航空器迫降、危险品严重泄漏、航空器失去联系等突发事件。

应急管理是指政府及其他公共机构在突发事件的事前预防、事发应对、事中处置和善后恢复过程中,通过建立必要的应对机制,采取一系列必要措施,应用科学、技术、规划与管理等手段,保障公众生命健康和财产安全,促进社会和谐健康发展的有关活动。民航应急管理是指民航各单位在相关法律法规的指导下,针对民航突发事件开展的预防与应急准备、监测与预警、应急处置与救援、事后恢复与重建等活动。应急管理是对资源和职责的组织和管理,目的是减少包括自然灾害在内的所有突发事件的有害影响。

一套完备的应急管理体系应该具备以下几个特点:

① 完整性:应急管理体系应该覆盖各个方面,包括预防、应对、恢复等多个环节,形成完整的应急管理体系,以保证在各种突发事件发生时能够快速、科学、有效地应对。

② 组织性:应急管理体系应该具备明确的组织架构和职责分工,以确保各个环节之间的协调配合和信息畅通,形成高效的应急响应机制。

③ 规范性:应急管理体系应该遵循国家相关法律法规和标准规范,制定符合实际的应急预案和处置方案,确保应急工作的规范化、标准化。

④ 实用性:应急管理体系应该具备实用性,注重实践操作,以提高应急处置能

力和反应速度。

⑤ 持续性：应急管理体系应该具备持续性，不断完善应急预案和处置方案，并进行定期演练和评估，以不断提高应急管理水平和应急响应能力。

⑥ 风险管理导向：应急管理体系应该注重风险管理，及时进行风险评估和预警，采取预防措施，降低突发事件的发生概率和对人民生命财产造成的损失。

8.1.2 通用航空应急处置

1. 应急处置问题简析

根据民航规章要求，实施部分运行种类的通航公司必须建立一套对航空器可能发生的事故或征候做出反应的程序，该程序可视为公司的应急预案计划(Enterprise Resource Planning，ERP)。但对其他种类的通航公司，应急预案的制定并非强制要求，这就会导致某些公司应急预案的缺失。对于已制定应急预案的公司，其预案编制工作往往流于形式，体现在缺乏对公司突发事件及其风险等级的深入研究和分析。通航公司运行种类多样，可能面临不同的突发事件，各类突发事件的类型和风险等级也存在差异，在制定应急预案时如果不进行全面的考虑和分析，无视差别、一概而论，制定出的应急预案就无法指导实际工作，预案中的分工和程序缺乏可操作性。通航公司通常规模较小，人员较少，但在制定预案时往往只考虑各单位职能，而没有考虑该单位人手是否充足、人员能否胜任所分配的工作以及所分配的工作应当如何落实等问题，个别应急预案甚至出现职责分配错误的现象，不能根据社会和自然环境的变化及时补充和更新应急预案。近年来的火山灰、台风、强降雨，乃至 2020 年爆发的新冠肺炎疫情，都可能对通航公司的运行产生影响，但通航公司大多难以针对此类新的突发事件进行及时分析并制定相应预案。

民航突发事件种类繁多，许多突发事件彼此存在关联关系。例如航空器迫降可能是由于机上发现爆炸物或因遭遇劫机，但通航公司在制定专项应急预案时极少考虑突发事件之间的关联。如果一种突发事件引发其他突发事件，或两种以上突发事件同时发生，其专项应急预案之间的转换或并行难以实现，就会给应急处置工作带来困难。直至 1996 年民航局出台《中国民航局关于发展通用航空若干问题的决定》，提出了扶持和鼓励性的政策措施，才令我国通用航空自 1997 年起出现转机，并逐步进入新的发展时期，然而与发达国家相比，差距仍然巨大，特别是专业人才方面的差距更大。通航公司制定应急预案、开展应急培训、组织应急演练等应急工作都离不开专业人员的参与和建设，如果专业人员缺乏经验和培训，上述工作从一启动就先天不足，致使通航公司应急处置能力建设工作基础薄弱。比如在制定应急预案时无法做到全面考虑，导致缺项、漏项，甚至流程错误，一旦突发事件发生，应急预案无法指导实际工作，就会严重影响应急处置的效率。

通航公司的培训通常包括外委培训和内部培训。由于通航公司大多规模小，实力有限，无法组织大批工作人员参加外委培训，只能选派少数人员参加，然后由参训人员对公司其他人员进行内部培训。需要注意的是，外委培训通常在内容上不完全适用于通航公司，培训人员需要结合通航公司自身实际情况，有选择性、有针对性地进行内部培训，然而培训人员受专业和水平限制，难以将培训内容与通航公司应急实际工作相结合，故培训效果不佳。

通航公司在组织实施应急演练时，通常会选择某一种突发事件，根据突发事件的性质和特点，结合公司专项应急预案，制定应急演练方案并下发到公司各单位，组织一到两次桌面排演，选定时间启动应急演练，演练结束后进行讲评。这种演练的方式难以起到效果，体现在如下几个方面。

(1) 突发事件选择单一，无法起到提高综合应急处置能力的作用

由于通航公司缺乏应急处置经验，加之演练方案制定人员水平较为有限，在制定演练方案时，往往从自身专业和认知出发，不能全面考虑演练中涉及的各项工作，导致应急演练从根本上存在缺陷。

(2) 应急演练形式单一、封闭、人员参与程度不高

受限于公司规模和实力，通航公司应急演练的形式以桌面演练和公司内部演练为主，演练内容主要体现为模拟突发事件发生后，公司内部的信息传达、协调以及应急处置工作安排，而无法与机场、航站楼等外部单位进行合作，模拟对外信息沟通和现场操作等情景；在公司内部演练中，参与者主要是一线运行单位，技术管理、行政管理和后勤保障等单位往往作壁上观，或者象征性地跟着走个过场，然而现实情况下的应急处置工作需要调集全公司的力量，上述单位理应负责准备和提供各类信息、资料和物质资源，或为一线运行单位提供人力支援，这是应急工作的重要环节，但是在应急演练中却常被忽略，一旦发生突发事件，非一线单位就会成为应急处置工作的薄弱环节，严重影响应急处置工作效率。

(3) 讲评缺乏评价标准，难以起到整体改进作用

演练结束后进行讲评时，由于缺乏评价标准，加之受自身专业、经验和水平的限制，讲评人员只能对演练的整体过程和部分细节进行泛泛评价，难以形成全面、系统、有效的评价结果；基于片面的评价结果，公司只能对应急预案进行浮于表面的简单修订，无法从实质上指导和改进应急处置工作，提高公司应急处置能力水平。

2. 应急处置改进建议

现基于上述问题，针对通航公司应急处置能力建设工作提出一些改进建议：建议通航公司收集和研究国内外通航不安全事件案例，结合自身运行种类和业务特点，总结归纳公司在实际运行中可能发生的不安全事件，并划分风险等级，针对风

险等级较高的事件制定专项应急预案。

在制定应急预案时，不仅要根据公司内部各单位职能分配工作，还应当切实考虑各单位人力情况，有的单位配置人员较少，如分配多项工作，必然无力承担，可视情将部分工作委托给其他单位，如果确系职责所在无法委托，可以适当调配人手支援；根据各应急预案的不同情况，安排无任务或任务较轻的人员在力所能及的情况下，协助其他单位实施应急工作，这样不仅能减轻其他单位的负担，还有助于公司应急处置队伍的建设。特殊天气和自然灾害都会对飞行运行造成严重影响，通航公司使用的多为中小型飞机，所受影响远大于运行大型先进航空器的运输航空公司，建议通航公司加强对特殊天气和自然灾害的关注，有针对性地制定专项应急预案；针对疫情的应急处置工作较为特殊，通航公司应结合疫情特点，制定疫情专项应急预案，在保障运行正常、平稳的同时，做好自身防疫工作，保障人员健康。如运行条件允许，通航公司也可以发挥自身机动灵活、快速高效的特点，在做好自身防护的前提下，向地方政府和民航局主动请战，参与人员物资运送、交通疏导、空中勘察、药物喷洒等抗疫支援工作。

在编制和修订专项应急预案时，应充分考虑各预案之间的关联和衔接。如果同时发生两种以上的突发事件，应研究多项预案并行实施的可操作性，如人手是否充足，处置工作增加是否会影响处置进度等；如一种突发事件会引发其他突发事件，不仅要考虑并行实施多项预案，还应考虑各项预案之间的关联点和切入点，如何及时、高效地完成预案之间的过渡，需根据预案实际情况，列出各种可能性，并逐一进行分析和研究。通航公司应广泛收集和学习国内外通航领域先进的应急处置知识和经验，在制定应急预案时融会贯通，不断完善应急预案。

建议通航公司转换培训思路，外训人员结束培训返岗后，可要求该人员与公司其他应急相关单位人员针对培训内容进行研究讨论，提取适用于公司的重点内容，修改公司应急预案，并在公司内部培训时进行宣贯。在开展内部培训时，要加强培训的针对性，不应局限于泛泛地介绍应急预案内容，而应一次选取 1～2 个专项应急预案，要求各单位员工深入思考并模拟操作本单位、本岗位在应急处置中的具体工作，比如技术管理单位可能被要求提供机组资质、技术等级、训练及检查记录等资料，此类资料应已整理归纳并处于随时可以查阅和提供的状态；后勤保障单位需提供物质资源，公司应储备相应物质资源，如没有，则应思考从哪些渠道获取这些物质资源。通过这种形式，公司能够初步模拟应急处置具体工作，检验应急预案编制的科学性和可操作性，集中解决遇到的问题，及时修改不合理的内容，还能够锻炼各单位员工的应急处置能力，培养出能胜任本岗位应急工作的应急处置人员，从人力资源方面提升公司应急处置能力。

建议制定循序渐进、难度逐步增加的应急演练计划。通航公司应急演练大多起步水平较低，可先选取较为复杂的单一突发事件作为应急演练主体，根据演练效果，渐渐提高难度和复杂程度，从而达到逐步提高公司应急处置能力的目的。

制定应急演练方案时，公司各单位都应选派人员参与制定工作，务必充分考虑应急演练预案可能涉及的各个方面，研讨决定应急演练的流程和细节；然后对应急演练方案进行分解和细化，针对方案中每一阶段、步骤乃至具体工作的执行和落实情况，确定评价指标，建立评价标准(条件允许的情况下可量化评价指标并确定权重)。

应急演练结束后，应立即组织各单位负责人召开讲评会，回顾演练影像和记录，根据评价标准对演练各项工作进行打分，通过计算和对比具体分值，确定此次应急演练过程中存在的问题和薄弱环节，并进行研究和分析，如确认系相关单位组织和操作存在问题，则应要求相关单位限期整改；如确认系应急预案存在问题，则应据实对应急预案进行修订。

8.2 通用航空应急救援

8.2.1 航空应急救援发展及经验借鉴

1. 国外发展情况及其经验借鉴

随着社会经济发展要求的不断提高和整体社会经济水平的不断提升，航空应急救援伴随着航空产业的发展应运而生，发达国家和部分发展中国家已建立了完善的航空应急救援体系并积累了发展经验，其中最具有代表性的有美国、俄罗斯、瑞士、德国、日本等国，它们代表了目前航空应急救援在全世界发展的先进水平。

美国于1956年颁布了《全国搜索救援计划》，1974年制定了《斯坦福减灾和紧急救助法案》，1979年成立了联邦紧急事务管理局(Federal Emergency Management Agency，FEMA)。最早的航空应急救援实践开始于1969年Cowley通过军用直升机将休克病人快速转运到创伤中心，如今美国已成为航空应急救援最发达的国家。

1986年苏联发生了切尔诺贝利核电站事故后，1989年苏联政府成立了“国家紧急事务委员会”。这个委员会被移交到俄罗斯政府部门，1991年改名为“俄联邦民防、应急与减灾部”，简称“紧急情况部”(EMERCOM)。1994年，俄罗斯联邦立法机关通过了联邦共同体应急管理法案，以抵御联邦共同体领土范围内发生的自然灾害和技术性灾害(或者灾难)。“紧急情况部”转变为俄罗斯联邦政府直属部门，具有民防性，对突发事件和自然灾害有应急救援的职责，并且建立了俄罗斯联邦预防和消除紧急情况的统一国家体系(UEPRSS)。

瑞士在1952年成立了服务于本国的航空救援队伍(REGA),这是瑞士最大的航空救援组织,隶属于瑞士红十字会,受瑞士联邦政府监督。

德国在1972年2月成立了德国空中救援联盟(DRF),1973年3月设立了第一个配备救援直升机的紧急呼叫服务基地。目前,非营利的DRF是欧洲最大、现代化程度最高的平民空中救援联盟组织。

日本的东京消防厅在1966年组建了第一支消防航空队。截至2003年初,横滨市、川崎市、千叶市、大阪市、神户市、京都府等14个消防厅也组建了消防航空队,共配备消防直升机27架。除组建专业的消防航空队外,日本还在36个道、县设立了民间飞行机构,共配备专用防灾直升机41架,以进行紧急救援。

航空应急救援是当今世界许多国家应急救援体系的重要组成部分和主要救援力量,并且已进入了实用阶段。航空应急救援的常态化运营建立在国家通用航空产业整体发展实力强大的基础上,以政府航空救援队、军航加上民间航空救援力量为救援主体的多元化发展模式是目前最具发展优势,同时也是经过验证的主流发展模式。

美国是航空应急救援最发达的国家之一,全美可供用于执行救援任务的直升机超过1万架,一般20分钟内就能够抵达出险位置。其航空救援力量主要包括空军、海岸警卫队、民用航空巡逻队、各州航空救援力量及其他社会力量等,基本形成了医疗保险、商业保险、政府补助、慈善组织捐赠以及个人支付等多渠道费用来源的商业化运行模式。俄罗斯拥有独立、专业化的航空及航空应急救援技术局,全国拥有400多架应急救援直升机。德国专业救援用直升机数量已超过300架,其中德国空中救援中心(DRF)拥有直升机50多架及医疗救护固定翼飞机4架,共设有31个直升机紧急呼叫服务基地(Helicopter Emergency Medical Service,HEMS)。DRF是一个非营利航空救援组织,该组织已扩及奥地利、意大利,是欧洲目前最大的民间空中救援联盟。分布合理的众多的救援点/基地以及数量充足的直升机,使得德国的航空救援做到了响应时间15分钟内全国有效覆盖。日本拥有1 000余架救援直升机,在紧急救援时可随时应召投入救援行动。加拿大拥有可参与救援的各类飞机1 000余架。法国航空紧急救援队配备33架直升机和27架固定翼飞机,可实施覆盖法国全境的航空紧急救援。英国、瑞士等国均设立了国家航空应急救援中心。巴西、韩国等国也成立了专职航空应急救援队。

先进国家航空应急救援发展与实践给我们带来的重要经验借鉴如下。

(1) 救援力量配备与需求相适应

这些先进国家,不管国土面积是小还是大,人口密度是疏还是密,航空救援力量的配备及航空救援基地的布局基本上都是着眼于满足对航空救援的需求,即在设定的救援响应时间标准内，根据人群分布及灾情频发点分布，配置航空救援力量及布局航空救援站。

(2) 有效的组织与协调体系

无论是军队牵头、政府部门牵头，还是社会机构统筹，都有一个强有力的法定的管理单位对来自各方的航空救援力量进行统一的协调，并组织实施航空救援行动。

(3) 多元化的救援力量

救援力量有来自军航、中央政府、地方政府、民航及民间的航空器，以及专属的航空救援站点，还有设置在民用机场的航空救援站。除了国家航空救援力量外，还有公司化的航空救援机构提供商业化的航空救援服务。

2. 国内发展情况

我国航空应急救援事业经历了长时期的发展，并取得了可喜的进步。20 世纪五六十年代，以森林灭火为目的相继成立了东北航空护林中心、国家林业局西南航空护林总站，实现了平稳开局；2008 年，在“5·12”汶川特大地震中，军队、社会组织和企业出动数百架直升机转运救灾物资和人员，使航空应急救援广泛进入公众视野；鉴于汶川地震救灾中反映出来的我国航空应急救援短板问题，2009 年，由中国工程院刘大响院士牵头，27 位两院院士向党中央联名上书，建议尽快建设我国航空抗灾救援体系。该建议得到了党中央的高度重视，并做出重要部署，我国航空应急救援事业步入体系化发展阶段；2019 年 11 月 29 日，在中央政治局第十九次集体学习的讲话中，习近平强调“要加强航空应急救援能力建设，完善应急救援空域保障机制”，对我国航空应急救援事业的发展进一步提出了明确要求。我国现已基本形成以国家航空力量与民间航空力量相结合、中央政府与地方政府统筹协调的航空应急救援体系，并开始探索政府、商业机构与公益机构共同参与的运行模式。

目前，我国已基本具备以直升机为平台的侦查巡护、图像传输、搜救营救、物资投送、吊桶灭火、伤员转移、医疗救护等能力，立足东北和西南，辐射全国，执行森林灭火和地震、山区、海上搜救等救援任务。航空救援队伍主要由军队（空军、陆航、海航、武警部队）、警用航空、专业救援队和通用航空企业相关力量组成，除军队航空救援力量外，其他航空救援专业力量如下。

(1) 警用航空机队

1993 年，我国第一支警务航空队——武汉市公安局警务航空队成立。截至 2017 年 6 月，我国共有 25 个省（自治区、直辖市）拥有 66 架 21 种机型警用直升机（不包含签约购买但未交付的飞机），主要为 A109、AC311、EC135、AW139 和 R44 等欧美机型，国产机仅为 13 架（占比 20%左右），包括轻型活塞直升机（主要用于监视、巡逻、指挥、通信等用途）、轻型单发涡轮直升机（主要用于训练、通信、救护等用途)、轻型双发涡轮直升机、中型双发涡轮直升机(主要用于巡逻、救护、救援、执法、反恐、公务等用途)和大型双发涡轮直升机(主要用于反恐、运输、公务、消防等用途)在内的多型警用直升机。经济较发达的中南、华东、华北地区分别拥有19架、15架和10架。截至2019年底,全国已有24个省(自治区、直辖市)建立了40支航空警务队,配备警用直升机约67架,警航飞行员100多名。

(2) 交通运输部救助飞行队

交通运输部救助飞行队是国家唯一一支海上专业空中救助力量,主要承担中国水域发生海上事故的应急反应、人员救助、船舶和财产救助、海上消防、清除溢油污染和为海上资源开发提供安全保障等多项重要职责,还参加当地政府组织的抢险救灾和国家指定的特殊的政治、军事等抢险救助任务。2017年,救捞系统拥有4个救助飞行队,建立起了较完整的飞行、救生、机务队伍。共拥有救助直升机20架,救助飞行基地8个,飞行起降点115个,救助范围覆盖我国沿海重要海域,初步形成了覆盖我国沿海的空中救助飞行体系,飞行救助已经成为我国"三位一体"现代化专业救捞体系建设中的重要一环。

(3) 应急管理部航空救援支队

应急管理部航空救援支队(原森林消防航空救援支队)是国家唯一一支森林消防专业化航空力量。自2009年成立以来,先后装备专业灭火直升机18架,配备了消防吊桶、机腹式水箱专业灭火任务装备,同时还配有多套索(滑)降、搜索灯具、吊篮/吊椅、电动绞车等专业救援救生装备,拥有涵盖航空类22个专业79个岗位的300余名专业技术人员,先后在黑龙江大庆和云南昆明建立了2个综合性直升机机场,建有吊桶(水箱)、索(滑)降等专业训练场和飞行、机务训练模拟室。该支队现已成为以39名飞行员、29名空中机械师(员)为主的空勤力量,具备14个能独立遂行任务的机组,日常依托南北方两地近百个航空护林站和森林航空消防基地执行森林航空消防任务,2012年被国家纳入航空应急救援体系。

(4) 中国民用航空应急救援联盟

2016年8月25日,由中国航空器拥有者及驾驶员协会、中国应急管理学会、中国医学救援协会、中国保险行业协会四个国家一级协会共同发起创建的非营利性、非独立法人的全国性社会组织——中国民用航空应急救援联盟揭牌成立。该联盟旨在促进国内民用航空应急救援资源有效整合与共享,探讨制订与国际接轨的中国民用航空应急救援服务标准,构建覆盖全国的航空救援联盟和呼叫联动机构,打破地域限制,常态下履行空中应急救援的社会职责,服务大众,紧急情况下配合应对自然灾害、公共安全等突发事件,逐步形成规模化、规范化的航空紧急救援产业。

目前国内航空应急救援业务运行相对成熟的有交通部救助打捞局、应急管理部航空救援支队、北京市红十字会紧急救援中心(999)、上海金汇通用航空股份有限公司、海丰通航科技有限公司等少数国家单位与通用航空公司。在国际级别的应急救援行动中军航常常成为航空应急救援主力，然而，军队航空力量的主要职责是作战而非应急救援，通常也只在重大自然灾害和公共突发事件发生时才参与救援；警用航空在应急救援领域通用性不强，往往只能执行某一项救援任务；通用航空企业受运营成本、企业效益等影响，较少配备航空救援装备，专业的航空应急救援训练也没有常态化地开展。从总体上看，我国航空应急救援能力与发达国家相比具有较大差距，也与我国保障群众生命安全、提高救灾能力的需求不相匹配。

随着我国承担大型国际赛事、会议保障任务的增多，直升机救护保障也成为紧急医疗保障体系的重要组成部分，如北京急救中心(120)、北京国际救援中心(SOS)、北京市红十字会紧急救援中心(999)都拥有自己可用的航空救援直升机，并积极参与到北京周边地区的空中急救医疗服务中。此外，较之高速公路的日益拥堵，直升机运输具有快捷性与方便性，救护直升机已逐渐开始用于医院间重症患者的转诊运送。上海市、武汉市的急救中心和医院也通过与警务航空队、航空救援公司合作，搭建了“空中120”平台；第四军医大学附属西京医院更是组建了专业的航空医疗救护队伍——西京急救飞行医疗队；内蒙古巴彦淖尔市医院、四川攀钢医院等与通用航空企业合作建立了常态化的航空医疗救护能力。21世纪初，随着我国经济水平的提升以及医院建设速度的加快，许多大型医院前瞻性地建设了直升机地面停机坪或楼顶直升机停机平台。

尽管如此，因通用航空产业发展水平和航空技术装备发展水平比较低，通用航空运营环境及政府管理机制不完善，通用机场及地面保障能力弱等因素的制约，我国航空应急救援的发展仍处于起步阶段，总体来看存在以下问题：

一是领导指挥管理体制有缺失。在领导层面，没有明确的归口管理部门，航空救援力量分散在公安、交通、农林、电力等多个部门，低层次重复建设的问题较为突出，难以整合资源，形成整体合力；在指挥层面，缺少常设专职指挥机构，对航空资源分布、队伍救援能力等信息掌握不够全面，灾害救援时，无法有效对各方救援力量快速调动、高效指挥。

二是政策制度机制保障有缺位。“十三五”期间制定的《国家突发事件应急体系建设“十三五”规划》中涉及航空医疗救护相关内容，但航空应急救援没有专项规划，缺少顶层设计，体系建设工作零散、断断续续。主要表现为航空应急救援领域的法律、法规尚未成熟；政府购买航空应急救援服务的制度机制不完善；航空应急救援资源征用调用补偿标准不明确；通用航空公司参与应急救援缺少必要的政策扶持。

三是航空装备制造能力有差距。救援航空器无论是数量上，还是性能上，与实际救援需求都还存在着差距，尤其是高原型、重型直升机缺口较大，大型灭火飞机及水陆两栖救援飞机等特殊航空器急需补充。这一问题的根本原因还是航空工业制造技术发展相对滞后，民族航空工业供应能力不足，进口航空器先进技术封锁、价格昂贵、保障不到位。

四是低空空域全面开放有瓶颈。低空空域是开展航空应急救援活动的主阵地，其开放程度是关乎航空应急救援能力提升速度的关键。按照国家现行空域管理体制，空域是在空管委的统一领导下，航路内由民航提供管制指挥，航路外由军航负责管制指挥，这种空域管理模式无法满足通用航空空域使用灵活、多样的要求。此外，低空飞行存在空域申请难、计划报批难、飞机起飞难等问题，严重制约航空应急救援行动响应效率。

随着近几年国家及地方政府对航空应急救援体系建设的重视以及通用航空产业的稳步发展和通用机场建设的加速，我国航空应急救援事业也迎来了快速发展的契机，正在逐步缩小与发达国家的差距。

8.2.2 政策法规与行业标准

1. 现有航空应急救援相关法律法规

随着航空应急救援需求的凸显以及国家对航空应急救援的重视，近年来国家及相关部门出台了促进航空应急救援发展的相关政策，航空应急救援法律法规建设工作持续稳步推进。

2009 年 4 月，中国工程院 27 位院士联名向党中央报呈《关于建设国家航空应急救援体系的建议》，国家应急救援体系规划及系统性建设工作由此展开。

2012 年 7 月，国务院公布的《关于促进民航业发展的若干意见》中明确提出“大力发展通用航空。巩固农、林航空等传统业务，积极发展应急救援、医疗救助、海洋维权、私人飞行、公务飞行等新兴通用航空服务”。

2014 年，国务院办公厅印发《关于加快应急产业发展的意见》，明确将航空应急救援作为发展重点，强调市场在资源配置中的决定性作用，加快应急救援体系建立。

2016 年 5 月，国务院办公厅在《关于促进通用航空业发展的指导意见》中提出“扩大公益服务和生产应用。鼓励和加强通用航空在抢险救灾、医疗救护等领域的应用，完善航空应急救援体系，提升快速反应能力”。

2016 年 8 月，国家卫生和计划生育委员会在《突发事件紧急医学救援“十三五”规划(2016—2020 年)》中提出“鼓励发展我国航空医疗转运与救治工作”的任务，明确提出“有效推进陆海空立体化协同救援，初步构建全国紧急医学救援网络”的工作目标，在全国卫生工作层面启动并推进相关工作。

2018 年 4 月 12 日，国务院下发《关于落实《政府工作报告》重点工作部门分工的意见》，指出“要健全应急管理机制，加快航空医学救援体系建设，强化综合应急保障能力”。

2019 年，中国民用航空局、国家卫生健康委员会发布《航空医疗救护联合试点工作实施方案》，国家应急管理部发布《应急救援航空体系建设方案》，对航空医疗救护试点工作及航空应急救援体系建设进行了部署和安排。

2020 年 5 月，在两会期间，多名代表委员向大会提交了有关构建具有新时代中国特色的国家航空应急救援体系，不断提升装备国产化水平及制造能力的建议和提案。

在中央和国家相关部门的政策推动和发展指引下，江西、广东、江苏、山东、辽宁和河南等省份也在积极谋划和布局航空应急救援体系建设、积极探索航空应急救援运作模式的创新。江西省利用其通用航空制造及专业人才资源优势，正在推进国家航空应急救援体系建设示范省工作；广东省在广州番禺设立中国紧急救援广东航空基地，计划以广州为指挥中心，在全省设置 5 个区域航空应急救援分中心；2021 年 7 月，浙江省应急管理厅、省交通运输厅联合印发《关于公布浙江省高速公路直升机临时起降点的通知》，公布了 37 处符合直升机应急救援起降条件的高速公路临时起降点。

法律法规方面，与灾害防治与防灾救灾相关的法律有《中华人民共和国海洋法》《中华人民共和国防洪法》《中华人民共和国消防法》《中华人民共和国防震法》等。尽管我国针对各类灾害的防控治理先后颁布的几十部法律法规和部门规章中的部分内容涵盖了航空应急救援，但基本上都是由各部委牵头制定的单灾种的法律法规和管理文件，规范性不强、效力有限。航空应急救援往往同时涉及多个领域和部门，现行的与航空应急救援相关的一些法律法规自成体系，缺乏兼容性，且不够健全，导致我国航空应急救援存在施救主体和救助对象的权利与义务、救援作业标准和规范、救援行动的监督和管理不清晰、不明确等一系列问题，不利于航空救援体系的建设和发展。从法律层面明确航空应急救援组织机构的法律地位、救援作业人员的资质标准和权利义务、救援主体协作配合机制，以及紧急状态下空域协同与指挥调度程序、救援经费保障与补偿、救援设施设备配备、救援人员培训与演练标准、救援评估机制等基本内容，使航空应急救援的体制配套建设走上法治化、规范化、标准化的轨道，实现该领域内有法可依，逐步建立一套与国际惯例接轨的航空应急救援体系，才能从根本上保证体系的稳定和持续发展。

目前，我国涉及航空应急救援的法律主要有两部，即 1995 年 10 月 30 日中华人民共和国主席令第五十六号公布的《中华人民共和国民用航空法》和中华人民共和国第十届全国人民代表大会常务委员会第二十九次会议通过，并于 2007 年 11 月 1 日起施行的《中华人民共和国突发事件应对法》。《中华人民共和国民用航空法》是我国开展航空运输的最基本的法律，是规范通用航空应急救援工作开展的根本依据。该法共十六章，其中第十章、第十一章是针对通用航空以及应急救援的相关规定。《中华人民共和国突发事件应对法》从突发事件的预防与应急准备、监测与预警、应急处置与救援、事后恢复与重建四个方面，对控制和减轻突发事件引起的严重社会危害提供了法律依据。该法按照社会危害程度、影响范围等因素，将突发事件分为特别重大、重大、较大和一般四个等级，界定了使用通用航空器应急救援的社会条件，明确了应对各类突发事件的责任机关。

涉及航空应急救援的法规和部门规章主要包括《中华人民共和国飞行基本规则》(以下简称《飞行基本规则》)、《通用航空飞行管制条例》《中国民用航空应急管理规定》。2000 年 7 月 24 日公布的《飞行基本规则》共计十二章一百二十四条，另包括三个附件。该规则是我国航空领域的基本法规，所有航空器的单位、个人和与飞行有关的人员及其飞行活动都必须遵守。其第十二条规定，执行应急救援的通用航空器既可以使用机场飞行空域，又可以根据紧急情况的不同使用临时飞行区域。2003 年 5 月 1 日起施行的《通用航空飞行管制条例》，共分为七章四十五条，在《中华人民共和国民用航空法》和《飞行基本规则》的框架内，明确了通用航空的概念，对通用航空飞行空域的划设和使用、飞行管理以及飞行保障等方面做了全面的规定。其中第三章第十六条指出，执行紧急救护、抢险救灾、人工影响天气或者其他紧急任务的，可以提出临时飞行计划申请。这样的规定对于执行紧急任务的通用航空单位而言，审批手续更加便捷，既满足了政府的管理需求，又能最大化地提高效率，从而保障应急救援活动的顺利进行。2016 年 3 月交通部发布《中国民用航空应急管理规定》，该规定首次建立了应对突发事件分级响应制度。根据突发事件的性质、严重程度、可控性和影响范围，实行分级响应措施。从预防和应急准备、预测与预警、应急处置及善后处理等各个环节进行了较为具体的操作规定，为实施应急救援的规范性提供了法律依据。明确规定了中国民用航空局、民航地区管理局和企事业单位有责任和义务开展相应的预防与应急准备、预测与预警、应急处置、善后处理等民航应急工作，遵守本规定协助和配合国家、地方人民政府及相关部门的应急处置工作。

2. 航空应急救援行业标准

航空应急救援是一项涉及陆空协同及多任务、多工种的综合性救援活动，是专业性很强的工作，需要制订完善的行业标准来指导和规范航空应急救援活动的专业化开展。目前航空应急救援通行的国际标准及国内外典型的行业标准主要有《直升机航空医疗运输安全通告》(国际民航组织 CIR338)、《直升机空中救护运行》(FAA 咨询通告 AC135 - 14B)、《直升机紧急医疗救护运行》(欧洲航空安全局)、《直升机医疗救援服务》(中国民航局咨询通告 AC - 135 - FS - 2018 - 068)、《直升机安全运行指南》(中国民航局咨询通告 AC-91-FS-2014-22)、《民用直升机场飞行场地技术标准》(中国民航局行业标准 MH 5013-2014)等。

8.2.3 通航应急救援基本知识

1. 概念及应用领域

航空应急救援是指采用航空技术手段和技术装备实施救援的一种应急救援方式。航空应急救援在救援目的和对象上与其他救援没有本质区别,但具有响应速度快、机动能力强、救援范围广、不受地形限制、救援效果好、科技含量高的特点,具有其他应急救援手段无可比拟的优势。航空应急救援为应急救援的实施提供了更高层次的响应平台,应用前景极其广阔,是世界上许多国家普遍采用的非常有效的应急救援手段。

航空应急救援常用的航空器主要包括固定翼飞机、直升机以及无人机。根据航空器类型、机载设备以及救援装备的不同,在不同的灾情和环境下,可执行不同的救援任务,应用领域主要分为自然灾害类、事故灾害类、公共卫生事件类及公共安全事件类四种主要类型。

自然灾害主要包括气象灾害、地质灾害、海洋灾害、生物灾害和森林草原火灾等。我国属于自然灾害频发的国家,此类航空应急救援比例较高,作业类型繁多,是我国航空应急救援作业的主要应用领域。

事故灾害主要包括工矿商贸等企业的各类安全事故、交通运输事故、公共设施和设备事故、人为环境污染及生态破坏事件等。近年来,随着我国经济、社会的快速发展,各类工业事故一直处于高发态势,航空应急救援在我国各类工业事故和重大交通事故救援中具有极大的需求空间。

公共卫生事件是指传染病疫情、群体性不明原因疾病、食品安全和职业危害、动物疫情,以及其他严重影响公众健康和生命安全的事件。通常,突发公共卫生事件中所需要的航空应急救援服务是指各类专用药品、器材的高精度定点快速运输和投送,重大传染疾病的专用药剂的空中喷洒以及特定救援医护人员和伤病员的输送等。

公共安全事件主要包括战争、恐怖袭击事件、经济安全事件、涉外突发事件等。在和平年代的今天,公共安全事件发生时,往往离不开以直升机为主的应急救援作业。

除以上四种主要的救援任务外,面向医疗救护及保障任务的航空救援应用变得越来越广泛,主要包括以下两种类型。

(1) 急危重症患者的紧急救护

急危重症主要包括严重外伤和各种严重疾病,如恶性疟疾、大叶性肺炎、急性肠梗阻等。因此对急危重症伤病员，特别是边远偏僻地区和分散执勤点上的部队官兵、居民、伤病员的医疗救治和后送，是航空医疗救护的一项经常性任务。

(2) 特殊的医疗保障和其他任务

特殊的医疗保障包括执行航天飞行任务航天员的救护、境内外非战争军事行动的卫勤保障、重大集会活动医疗保障等。此外，航空医疗救护直升机还可以用于极地、高楼被困人员的营救，以及专家、药品、医疗器械和捐赠器官的紧急运输等。

航空应急救援体系是指集救援航空器、航空起降场/点、医院及急救站、应急救援准备物资、航空应急救援专业人员、航空应急救援指挥系统等为一体的复杂任务系统。考虑到地域覆盖的全面性和有效性，航空应急救援体系能力建设需要进行区域性多点布局；根据所执行的救援任务的不同，需要选择不同的航空器及不同的救援方式，于是多个地区、多种任务、多种机型、多个起降场/点、多条航线便形成了航空应急救援网络，这是一个典型的离散系统，并要求其具备安全高效的特性，以满足航空救援需求。

2. 航空医疗救护

(1) 航空医疗救护概述

航空医疗救护是指利用航空飞行器提供紧急医疗服务和突发公共事件医疗救护，包括伤病员的生命支持、监护、救治和转运，特殊血液和移植器官的运输，以及急救人员、医疗装备和药品的快速运达，以排除交通、距离、地形等影响，缩短抢救转运时间，使伤病员尽快脱离灾害或危险，达到减少致残率和死亡率的目的，是一项对医务人员身心素质、操作技能和医疗装备等要求严格、专业性强的特殊医疗急救。

与传统救援方式相比，航空医疗救护的优势体现在：①能够有效提高病人的存活率。相关实证研究通过选取数千名患者进行案例比对，发现航空医疗救护可以有效节约医疗时间、有效提升医疗处理质量，同时有利于后期进一步的医疗处理。另外，直升机在急救和运送病患方面能够比救护车快3～5倍，急救效力显著，可以降低事故死亡率40%以上。②数据表明航空医疗救护的事故率远低于地面救护车救援，航空医疗救护是最为安全的医疗救护方式。③航空医疗救护效率优势明显。根据英国一项研究测算，虽然一架空中救护航空器的运营成本是地面救护车运营成本的8倍，但其响应服务范围却是后者的17倍。尽管航空应急救援具有快速、高效、灵活、及时、范围广、受地域影响小等诸多优势，但还是易受到气象、航空管制、起降场、地面保障等因素的限制。

根据航空器类型，航空医疗救护主要分为直升机航空医疗救护和固定翼飞机航空医疗救护。直升机航空医疗救护机动性强，但飞行半径小，机身空间小，携带的医疗装备和药品有限；固定翼飞机航空医疗救护飞行半径大，机身空间较大，可改装必要的医疗装备固定于机舱内部，但需要有带跑道的机场及其地面基础设施和指挥系统支持，易受航空流量管制。目前国内外航空医疗救护都是以直升机为主，固定翼飞机和其他飞行器为辅。

直升机航空医疗救护主要分为两种模式，一种是利用航空器把伤病员快速送到医疗条件较好的医院，一般采用空运医疗后送的方式；另一种是利用航空器将医疗救护力量运送到救援现场，一般采用空运医疗队或空降医疗队等形式，通常在救援环境恶劣的情况下使用。在空运医疗后送模式中，航空器不仅作为交通运输工具，还作为医疗救护的工作平台，因此空运医疗后送是航空医疗救护发展的主要方向。在空运医疗队或空降医疗队模式中，航空器主要发挥运输工具的作用，由于飞行活动组织的复杂性，这项任务往往由陆路或海上交通工具来执行，只在特定条件下才采用空运方式。目前，我国航空医疗救护的任务类型主要有院前急救、院间转运、器官转运、医护人员运送、医疗物资运送、重大集会活动医疗保障等。

目前我国航空医疗救护常用的直升机机型主要包括贝尔 429、EC135、EC145、小松鼠 AS350B3 以及 AW109 等。随着我国国产直升机技术的进步，未来使用国产直升机开展航空医疗救护前景广阔。在航空医疗救护使用的固定翼飞机方面，当前国内用得较多的是空中国王 350i、飞鸿 300、湾流 G550、猎鹰 2000、塞斯纳 208B 等机型，近年来国产 ARJ21 医疗机具备航空医疗救援和医疗转运等功能，可用于病患转运、传染病转运和重症急救。

(2) 航空医疗救护目标人群

适用于航空医疗救护的伤病患者包括：突发事故或疾病而导致病情危重需要得到紧急有效救治的患者，如严重创伤、高危孕产妇及休克、急性心梗、脑梗死、脓毒症等患者；高速公路等偏远开阔地区，不适应颠簸的患者以及处于黄金救援期的患者；危重、疑难疾病需要向上级医院转诊患者；转运途中需要提供优质高效的医疗救护来维持生命体征的患者。

不适宜用航空医疗救护的伤病患者包括但不限于：心脏骤停病患、减压病病患、动脉气体栓塞病患、任何原因的肠梗阻病患、未缓解的嵌顿性疝气病患、肠扭转病患、7 天内的剖腹手术或剖胸手术病患、颅内积气的病患、2 周内的眼科手术病患、气性坏疽病患、7 天内的出血性脑血管意外病患，未纠正的严重贫血（血色素小于 65 g/L）、急性失血、血细胞比容低于 30%、未控制的心律不齐、不可逆的心梗、充血性心衰伴急性肺水肿、慢阻肺急性期、急性哮喘发作、急性精神疾病、未固定的脊柱损伤等病患。如遇以上不适宜上机的病患类型，而病患或家属/法定监护人坚持上机，可酌情允许上机，但应将可能出现的风险告知病患或家属/法定监护人，同时签订免责协议。

国际医疗统计表明，如重伤患者得不到及时有效救治，2/3 的人会在 30 分钟内死亡。如果在15分钟内给予其良好的救护和治疗，80%的人可保住生命，这就是许多国家都把航空应急救援响应时间设定为15～30分钟的原因所在。航空医疗救护可有效节约医疗时间、有效提升医疗处理质量，各主要发达国家的高救援成功率，与其高度发达的航空医疗救护是密切相关的。

（3）机组医疗人员配置原则

直升机航空医疗救护提供救援服务可使用多种医疗人员配备模式。人员组成由以下几个因素决定：患者人群、任务特征、交通工具能力、预算、本地资源和医生的专科专长。人员配置可一直保持不变，也可适时调整，具体取决于所要执行的任务。大多数空中转运和地面转运服务均配置两位医务人员，在某些情况下，可能会额外增加医疗人员进行专科转运。少数情况下，转运服务仅配置一位医务人员，例如单个稳定患者的常规转运或远程急救。某些情况下，受热度、湿度、飞行高度、距离、随机燃料储备、患者体重等因素影响，空中转运服务也会出现仅配置一名医务人员的情况。这些情况通常属于特殊情况，而非常规人员配置模式，使用前必须认真评估其适用性。选择航空医疗救护机组人员应考虑的因素如表8-1所列。

表8-1 选择航空医疗救护机组人员应考虑的因素

患者人群	年龄组成：新生儿、儿童、成年、老年 疾病类型：创伤、非创伤疾病
任务特征	距离、现场情况、危急程度、专科患者人群
交通工具容量	患者数、装载专科医疗设备的能力
交通工具类型	直升机、固定翼、其他
救援人员专业及资质	院前急救医务人员（医生、护士）、专科医护人员（医生、护士）；是否接受过航空医疗救护专业培训

3. 航空消防救援

将直升机应用于消防灭火救援行动，能够充分发挥直升机飞行灵活、能够空中停留盘旋、起飞和降落的限制条件少以及可以在任意的方向前进和后退的优势，从而在最短的时间内高效控制和消灭火情。

航空消防救援主要分为城市航空消防救援和森林航空消防救援。

（1）城市航空消防救援

从20世纪五六十年代起，随着直升机技术及产品的发展，直升机在国外的城市消防领域中得以应用。我国由于直升机数量少，应用推广不足，城市航空消防救援还处于初步发展阶段。

城市航空消防救援的核心装备是消防直升机。使用直升机进行消防救援，还需要加装相应设备，其中灭火设备以消防吊桶、机腹式水箱、消防水炮为主，能够通过喷洒、喷射水或泡沫等灭火溶剂进行直接灭火或控制火势。消防直升机除直接进行空中灭火外，还应具备灭火装备运输、人员救援与撤离、火灾侦察及空中指挥等功能。

选用灭火设备需要考虑水箱、吊桶的载水能力，水炮的有效射程等技术指标，同时需考虑与地面或建筑顶层消防栓的匹配性，方便救援过程中快速取水。

救援运输设备主要包括电动绞车、索降装置、软梯和外吊挂系统等，能够提升直升机对起降场地的适应性，方便消防人员、灭火装备的快速送达。为便于直升机能够快速切换执行任务，选用的救援运输设备应能快速安装、拆卸。

侦察指挥设备主要包括热成像仪、夜视仪、超短波电台以及机载光电系统、图像传输系统、空中广播系统等设备，用于观察了解火灾现场，以便及时制定有效的救援方案。

目前用于城市消防救援的直升机以大型直升机（最大起飞重量大于 9 080 kg）为主，执行灭火、救援任务；同时也常常会配备中型直升机（最大起飞重量为 3 180～9 080 kg）作为补充，执行侦察、指挥任务。目前使用较多的城市消防救援直升机有空客直升机公司的 EC225、俄罗斯直升机公司的卡-32、西科斯基公司的 S-70、卡曼宇航公司的 K-MAX 等型号，我国航空工业集团自主研制的 AC313 直升机也具备执行城市消防救援任务的能力。

直升机在城市消防救援中具有诸多优势，同时也存在较多现实问题。首先，城市消防救援是一项系统的、复杂的工程，需要政府、消防、公安、医院等部门以及通用航空企业协同作战，但目前我国航空应急救援体系仍不够完善；其次，城市中部分建筑由于年代久远，消防设施、顶层停机坪配备不完整，限制了直升机的使用；最后，城区高层建筑林立，地形复杂、人口稠密，对飞行安全有极高的要求，直升机在城市上空的飞行安全，以及直升机旋翼气流对火场的影响等问题，都是亟须攻关的技术难题。

(2) 森林航空消防救援

我国地域辽阔，森林资源丰富，按照国家林业和草原局 2022 年公布的数据，全国森林面积已达到 2.31 亿公顷，森林覆盖率达 24.02%。但我国森林资源分布广、面积大的现状也给森林消防工作带来极大的挑战，每年的春秋两季是森林火灾的高发季，频频发生的火灾每年都会导致巨大的人员财产损失。

森林航空消防救援是利用航空器对森林火灾进行预防、监控和扑救的一种手段。使用直升机进行森林灭火，可不受地形、植被、道路的限制，在短时间内可迅速飞抵火场上空，确定火场位置、观察火场态势、掌握火场环境，使火情更加清晰透明，为准确决策、高效指挥提供持续可靠的信息支撑。直升机已在我国森林防火领域得到广泛应用，是目前最为先进的灭火手段。

森林消防直升机具有载重量大、可空中悬停、性能稳定等特点，装配折叠式吊桶、机腹式水箱和索(滑)降器，采取自行吊桶取(排)水、悬停吸(洒)水、远距离供水、索降定点投放等方法，可使直升机直接作用于灭火行动，增强灭火效果。对火线采取吊桶洒水的方法沿火线喷洒，可增大湿度、降低温度、减小火势，为后续人力扑打和清理创造条件。

直升机不具备直接灭火作业条件时，可利用直升机空中悬停功能，将机载人员索(滑)降投放到火场，实施灭火行动。对火势强、热辐射高、人员难以直接扑打的火头，可采取直升机吊桶喷洒的方法降低火势，地面人员随机跟进扑救；也可用直升机洒水与地面森林消防车高压射水相互配合，直接扑灭火头，保护重点目标安全。

我国东北、西南等地区，林区面积大、地形复杂，居民区高度分散、人员稀少，植被种类繁多，生长茂密。林区内固定通信资源匮乏，有效通信手段单一，主要通信手段受地形和基站分布的影响，盲区多，难以实现全时通信保障。对于大规模灭火行动或重点灭火方向，可在直升机上安装短波、超短波和微波中继台，在灭火行动区域上空为灭火力量通信联络提供数据中转，实现通信联络不间断。

4. 航空海上救援基本知识

航空海上救援是使用水上救护飞机、直升机对水上遇险人员进行救生和援助的活动，分为悬停救生和降落救生。悬停救生是由救护直升机悬停在遇险人员上空，放下救助设备，将遇险人员救上直升机；降落救生是由水上飞机降落在遇险人员附近水面，放出救生艇，将遇险人员救上飞机。

改革开放以来，我国海运发展的能力不断增加，海上运输的规模也不断扩大。随着科学技术的发展，海上救援技术也不断提升。提高海上救助效率，离不开海上救援工具的运用，使用水上飞机或直升机等救援航空器实施海上救助，具有行动迅捷、机动性强、视野开阔、搜寻范围大、救助成功率高等特点，是海上救助最高效的手段之一。鲲龙-600(AG600)是我国自行设计、研制的大型灭火、水上救援水陆两栖飞机，是目前世界在研的最大水陆两用飞机。

海洋面积辽阔，一旦发生海上事故，缩短救援时间就是降低财产损失和生命损失的关键。而水上飞机和直升机可以在高空飞行过程中观察到大范围的海上区域，通过俯视的角度可以清晰准确地观察到海上的各种情况，不受障碍物限制，极大地扩大了可救援的范围，较之其他海上救援方式有着速度上的优势，可以给被困者带来更多生存的希望。

在执行航空海上救援任务中，不仅有专业的航空器驾驶员搜寻被困者，在航空器中还配有专业的医疗设备和医护人员。这些专业的医疗设备和医护人员能在第一时间对遇险者进行治疗，必要时还可以进行简单的手术，极大地提升了遇险者生还的可能性。航空器还可以在第一时间将受伤人员送到最近的医院,这也极大地保证了被救人员的安全。

8.2.4 通用航空应急救援运行机制与流程

1. 航空应急救援运行机制

应急救援运行机制是突发事件应急救援系统针对可能发生的突发事件,为保证快速有效地实施应急救援行动,降低损失,对系统内的组织机构、救援人员、救援装备、应急物资等做好相关指挥与协调的过程。航空应急救援应根据其救援行动特点、后勤保障特点及组织协调过程特点建立和完善运行机制。航空应急救援本质上是应急救援的一种具体方式,特指依靠航空器、机载专业救援装备等航空技术装备和机场地面保障、空中交通管理服务等航空技术手段实施应急救援的行为,与其他救援方式的区别主要在于组织协调、管理和应用的技术手段及装备。根据航空应急救援的本质,航空应急救援运行机制可定义为利用航空器及机载专业救援装备实施搜索救援、伤员转运、物资投放等救援任务,将突发事件造成的损失及后果降至最低的组织协调过程。

2008 年的汶川地震,暴露出我国航空应急救援方面的不足,表明我国航空应急救援体系还不够完善。历次的航空应急救援都是在突发事件发生后,临时组织航空器被动地飞往目的地执行救援任务,这严重影响了救援的效果。我国的航空应急救援运行机制一直以来呈现以行政为主导、政治动员能力强的特点,不同的行政部门负责管理不同类型的突发事件。当突发事件发生时,按其类型和原因一般由相应部门主要负责,以单灾种应对为主。实施救援时,过分依靠军用飞机作为应急救援的主体,对社会组织如何参与应急救援及如何做好相应的协调工作没有相关规定。

为防范化解重特大安全风险,健全公共安全体系,整合优化应急力量和资源,推动形成统一指挥、专常兼备、反应灵敏、上下联动、平战结合的中国特色应急管理体制,提高防灾减灾救灾能力,保障人民群众生命财产安全和维护社会稳定。我国于 2018 年 3 月正式设立中华人民共和国应急管理部,作为国务院组成部门,将国家安全生产监督管理总局的职责、国务院办公厅的应急管理职责、公安部的消防管理职责、民政部的救灾职责、国土资源部的地质灾害防治、水利部的水旱灾害防治、农业部的草原防火、国家林业局的森林防火相关职责,中国地震局的震灾应急救援职责以及国家防汛抗旱总指挥部、国家减灾委员会、国务院抗震救灾指挥部、国家森林防火指挥部的职责进行了整合。

应急管理部的主要职责为:组织编制国家应急总体预案和规划,指导各地区各部门应对突发事件工作,推动应急预案体系建设和预案演练;建立灾情报告系统并统一发布灾情,统筹应急力量建设和物资储备并在救灾时统一调度,组织灾害救助体系建设，指导安全生产类、自然灾害类应急救援，承担国家应对特别重大灾害指挥部工作；指导火灾、水旱灾害、地质灾害等防治工作；负责安全生产综合监督管理和工矿商贸行业安全生产监督管理等。公安消防部队、武警森林部队转制后，与安全生产等应急救援队伍一并作为综合性常备应急骨干力量，由应急管理部管理。

2. 航空应急救援主体

航空应急救援是一个需要多方协同参与的救援体系，其救援作业的开展离不开管理、实施、辅助部门乃至被救人员的综合配合与协作。当前我国航空救援的主要救援主体及其在应急活动中的角色如表 8-2 所列。

表 8-2 航空应急救援的主体

救援主体	职　能	特　点	角色作用
政府部门	政府部门通过协同各方力量，调配各种资源，组织实施救援，往往处于应急救援工作的核心地位	建立了较为完善的通报体系，通常能够在突发事件发生后的第一时间内得到报警信息，并在随后的应急救援过程中发挥领导作用	政府工作效率的高低、反应速度的快慢、采取的措施是否得当，将直接影响到应急救援工作的效率和质量
军队	国家航空应急救援行动的主要执行力量，也是航空救援装备的主要持有部门	组织性好、纪律性强，有较完善可靠的后勤、卫生防疫等支持，是救援活动中最重要可靠的有生力量	在危险性较大、救援任务较为艰巨的救援活动中，军队都扮演了非常重要的角色
非政府组织	民间团体和各类公益性的慈善资助组织，可以为突发事件提供紧急救援和各类支持，例如红十字会航空救援队	这些组织具有丰富、专业的应急救援经验，能提供各类专业物资、器材和人员，并能够随时应对突发事件。同时，还提供专业化的救援指导和培训	对于提高应急救援的效率，恢复受灾受困人员的信心，往往能起到意想不到的作用
商业化救援机构	这些机构通常与保险公司、医院以及车辆维修企业等密切合作，向参保的人员或特定人群提供应急救援服务	平时作为商业化力量独立运行，遇重大自然灾害时，该机构即作为一支专业化的救援力量投入应急抢险工作中	该方式在国外已开展多年，拥有大量的投保人群，经济效益和社会效益都非常明显。我国在民政部的组织下，组建了中援应急投资有限公司，逐步开展陆地、海上等各类应急救援服务
公众	受灾群众或自发或在当地政府组织下，积极参与救援活动	包括直接受害者，也包括突发事件的最先发现者，他们拥有突发事件最直观、最准确的大量有效信息	公众实施的自救和互救，能够在一定程度上填补支援到达前救援力量的真空，为赢得救援时间、降低死亡人数做出了巨大贡献

3. 航空应急救援整体流程

航空应急救援从任务开始到结束，涉及各类部门，主要包括管理部门、救援单位、协同部门三大类。管理部门包括中国民用航空局、中国民用航空地区管理局、中国民用航空安全监督管理局，各省(市、自治区)人民政府等；救援单位为实施航空应急救援的各级场地，包括区域航空应急救援中心、城市航空应急救援基地以及航空应急救援起降点；协同部门主要包括国家海上搜寻救助力量、地方人民政府、公安、消防、交通、医疗救护及相关部门，解放军、武警部队，航空公司等。在实施救援的过程中，根据不同的情况参与协同的部门存在差异，但从整体流程上看，主要分为四个阶段，分别为任务受理阶段、救援准备阶段、救援响应阶段和救援总结阶段。因此在救援过程中，应在遵循以下基础流程的前提下根据实际情况适当进行修改与完善。

(1) 任务受理阶段

求助人员拨打求救电话，航空应急救援指挥中心的呼叫中心通过各种途径获取事件信息、任务区域位置、周边环境等基本信息；航空救援指挥中心的运控部门与飞行部门根据气象、任务周边环境等信息对事件进行运控评估与飞行部评估，并根据实际情况确定本次救援任务需要参与协同的部门以及航空应急救援场地。如若不符合航空应急救援条件，则根据事件性质，联系事件相关的部门处理。

(2) 救援准备阶段

若符合航空应急救援条件，则立即联系需要参与协同的部门及航空应急救援基地进入准备阶段，完成救援预案的确定、飞行计划申报、航空器检查、飞行线路选择、救援用品确认等准备工作。

(3)救援响应阶段

根据事件的不同，救援人员携带相应装备物资登机，完成指定救援任务。在直升机赶往事故发生地的同时，事故现场人员应做好接机准备。若地面不适宜直升机降落，则准备悬停和索降。救援人员首先应对伤者进行营救，转移至安全地带，并控制现场，迅速消除危险源；医护人员首先对伤者进行现场急救，稳定伤情，针对伤情做出相关应对措施，直至完成任务开始返航。

(4) 救援总结阶段

救援结束后，返回救援基地，航空应急救援指挥中心及救援人员都要对本次任务过程进行详细分析，总结经验，找出不足和改进方式，同时编写任务报告存档，并上报至相关管理部门。

航空应急救援整体流程如图 8-1 所示。

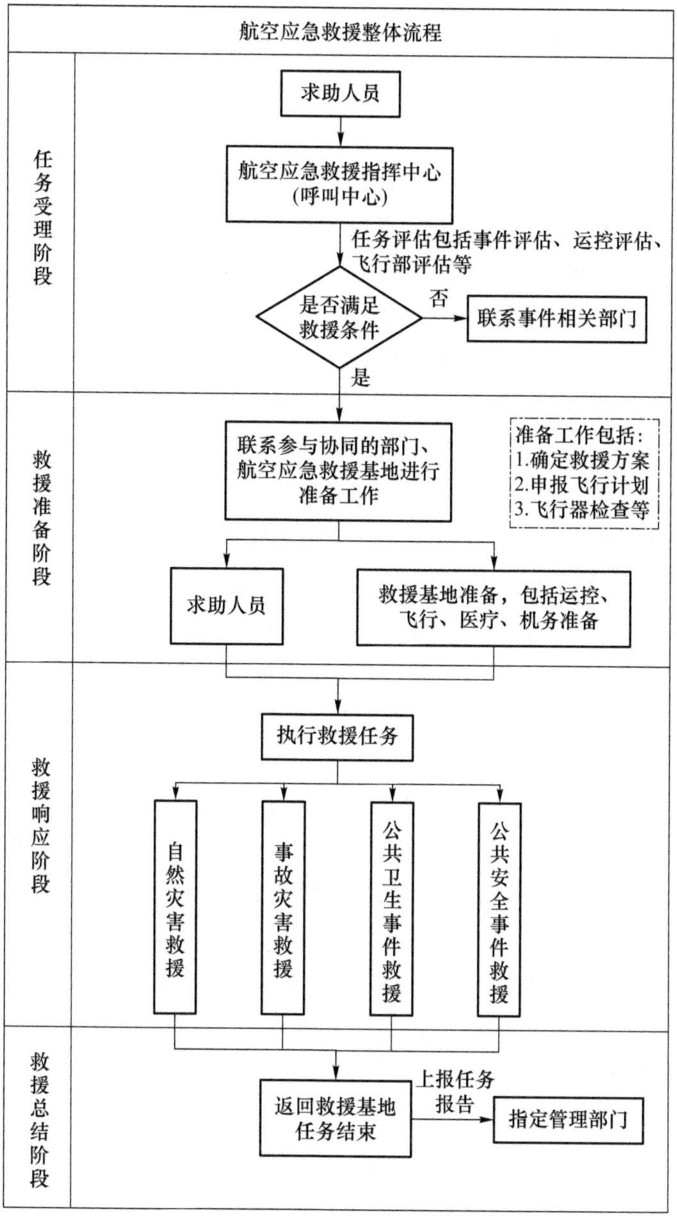

图 8－1 航空应急救援整体流程图

4. 基于任务分类的航空应急救援流程

(1) 航空医疗救护

根据求助人员的情况，航空医疗救护分为院前急救与院间转运两大类。院前急救是指在院外对急需救治的病人进行紧急抢救，包括在病人到达医院前所实施的现场抢救和途中监护的医疗活动。院间转运是指医院有组织、有准备地将危重病人从基层医院转运到专业医院治疗或者将医生从外地医院接到病人所在医院的过程。

1）院前急救流程

任务受理阶段、救援准备阶段、救援总结阶段这三个阶段与其他航空应急救援流程基本相同，只在救援响应阶段有其特定要求及注意事项，主要包括以下几点：

① 医护人员在接到救援指令后即通过电话沟通了解患者病情，同时进行医疗资源、药品准备，并进行救援、转运计划设计。在飞行过程中，机舱内部保持通信顺畅，密切观察窗外情况，遇到障碍提醒飞行员，尤其在起飞、降落时协助观察。

② 登机前患者处置。医护人员在到达救援现场或目的地时要迅速对患者进行检查、评估，并进行初步的医疗处置。主要流程为：第一，评估现场环境的安全性，向现场人员了解情况；第二，观察并确认患者位置，帮助患者脱离危险环境；第三，迅速对患者进行检查，进行初步医疗处置；第四，登机前再次检查评估患者，特殊处理做好记录；第五，医师协调现场人员搬运患者登机。

当发生群体事件导致多人受伤时，先对受伤人员进行初步的伤情判断，并做上标记，分别为死亡（黑色标识）、重伤（红色标识）、中度伤（黄色标识）、轻伤（绿色标识）。现场必须遵循的救治顺序为第一优先重伤员，其次优先中度伤员，稍后处置轻伤员，最后处理死亡遗体。

③ 过程观察。医护人员在到达医院的过程中要随时向医院报告患者的病情变化。当怀疑伤员有颈、胸、腰椎部位骨折时要平抱平抬，不能屈曲，使伤员保持平卧于硬板上，头部两侧用枕头或沙袋围起、固定；重伤员需现场抢救稳定后方可转送，且必须让伤员处于平卧位；昏迷者要及时清除口中污物，保持呼吸道畅通。在途中密切观察伤病员情况，及时处理新出现的问题，如果病情恶化，应重新检查病人基本生命体征，处理危及病人生命安全的情况，整个过程要做到安全、稳当、迅速。在快到达医院时及时报告患者是否立刻需要输血、检查、手术、专科人员以及药物治疗。

④ 到达医院交接。将患者运送到医院后，随行医护人员要向医院急救人员介绍患者情况，包括患者姓名、性别、年龄，发生了什么性质事件，初步检查的损伤情况，目前的生命体征，在转运过程中进行了哪些处理、治疗等情况，并对急救人员提出进一步的救治建议。医院对于危重患者要开通绿色通道，直接进入抢救程序，对未明确诊断患者要维持患者生命体征平稳，及时、准确完善相关检查并进行分诊，对明确诊断患者应立即由专科医师接诊，并进行专业化处置和治疗。

院前救援通常采用直升机来执行任务，直升机航空医疗救护院前急救流程如图 8－2 所示。

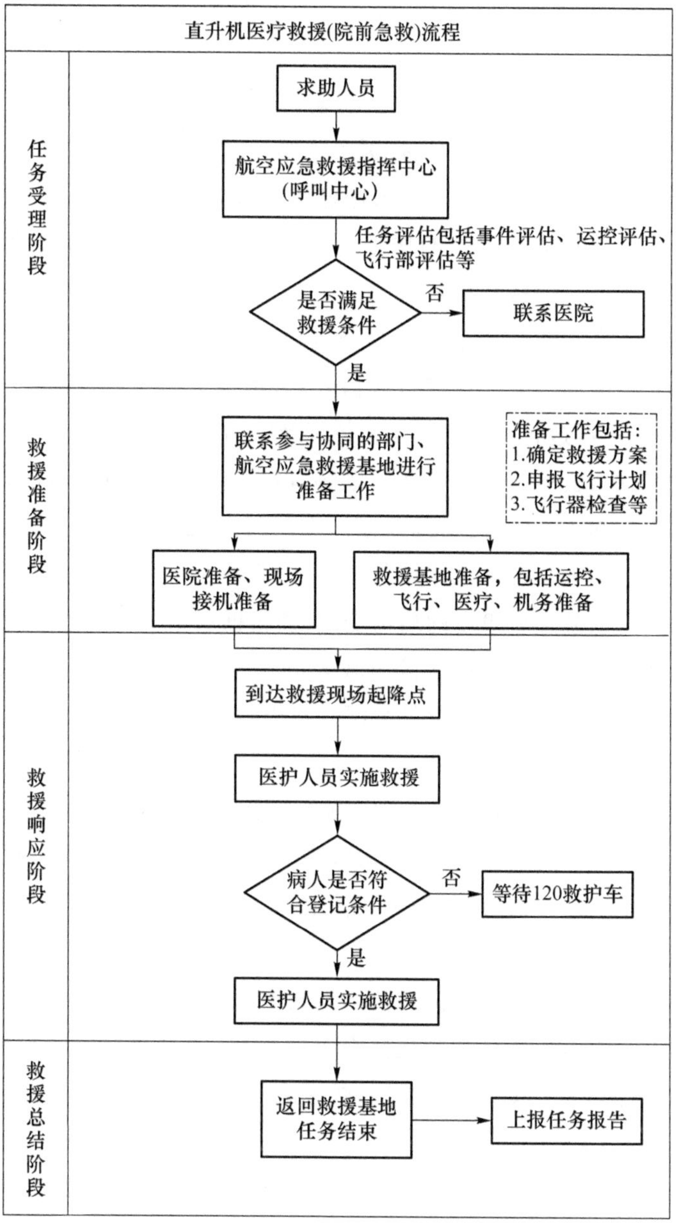

图 8-2　直升机医疗救护(院前急救)流程图

2）院间转运流程

院间转运流程如下：

① 接到院间转运通知后，立即了解患者病情，迅速启动转运应急方案。

② 指挥中心快速召开转运协调会，部署并启动应急救援分队。

③ 做好人员、急救药品器材、病区床位、临时停机坪安全标识和警戒等系列准备工作。

④ 飞行医务人员登机，前往病患所在地，并与地面医务人员保持通信畅通。

⑤ 飞机抵达病患所在地后，飞行医务人员查看患者情况，快速进行病情评估及进行转运前准备，与当地医务人员做好患者交接工作。

⑥ 飞机搭载病患起飞后，飞行医务人员做好病患病情观察及生命支持治疗工作，并与地面工作人员保持密切联系。

⑦ 搭载病患的飞机着陆后，飞行医务人员与地面人员配合将患者从飞机转运到地面平车，并与地面医务人员进行病情介绍、治疗措施建议及随机物品交接，尤其是要交代空中转运过程中患者的生命体征及病情变化等情况。

在飞行过程中，机舱内部保持通信顺畅，医护人员观察窗外情况，遇到障碍提醒飞行员，尤其在起飞、降落时协助观察。在患者登机前，再次确认患者状态是否符合登机条件，医护人员确认医疗设备、药品。医护人员在转运过程中要时刻观察患者病情，随时向医院报告患者的病情变化，并根据病情变化及时处理。将患者运送到医院后，随行医护人员要向医院急救人员介绍患者情况、目前的生命体征，在转运过程中进行了哪些处理、治疗等情况。将患者转入医院后，应进行进一步处置和治疗。

院间转运可采用救援直升机或固定翼救援公务机执行任务，直升机转运可实现门到门运送，即使采用公务机转运，从医院—机场—医院的运送过程也常常需要直升机进行衔接。直升机医疗救护院间转运的流程图如图 8－3 所示。

(2) 直升机搜救

根据救援场景的不同，直升机搜救分为城市搜救、山区搜救、森林搜救、海上搜救等。无论是山区搜救、森林搜救还是海上搜救，任务都是搜索与救援，搜救整体流程上都是相似的，需要按照任务受理、救援准备、救援响应、救援总结四个阶段按部就班执行响应的流程，如图 8－4 所示。

不同场景下直升机搜救任务的不同点主要体现在参与单位和所携带装备的不同。

以海上救援为例，海上搜救机构接到海上突发事件险情信息后，对险情信息进行分析与核实，并按照有关规定和程序逐级上报。相关责任机构立即成立应急领导小组，对险情进行应急处理，一般是通过海事局发布航行警报，警告该海域的其他船只注意通行，避免二次事故；协调救助局派出专业救助力量，如救助船、直升机等进行救助；同时协调渔业部门调派拖轮、过往商船、渔船等协助搜救。海上事故原因共分为相撞/碰撞、人员受伤/生病/落水、失火/爆炸、搁浅/触礁、风浪/被困/漂浮、故障、沉没/泄漏/进水、翻扣/走锚 8 类。

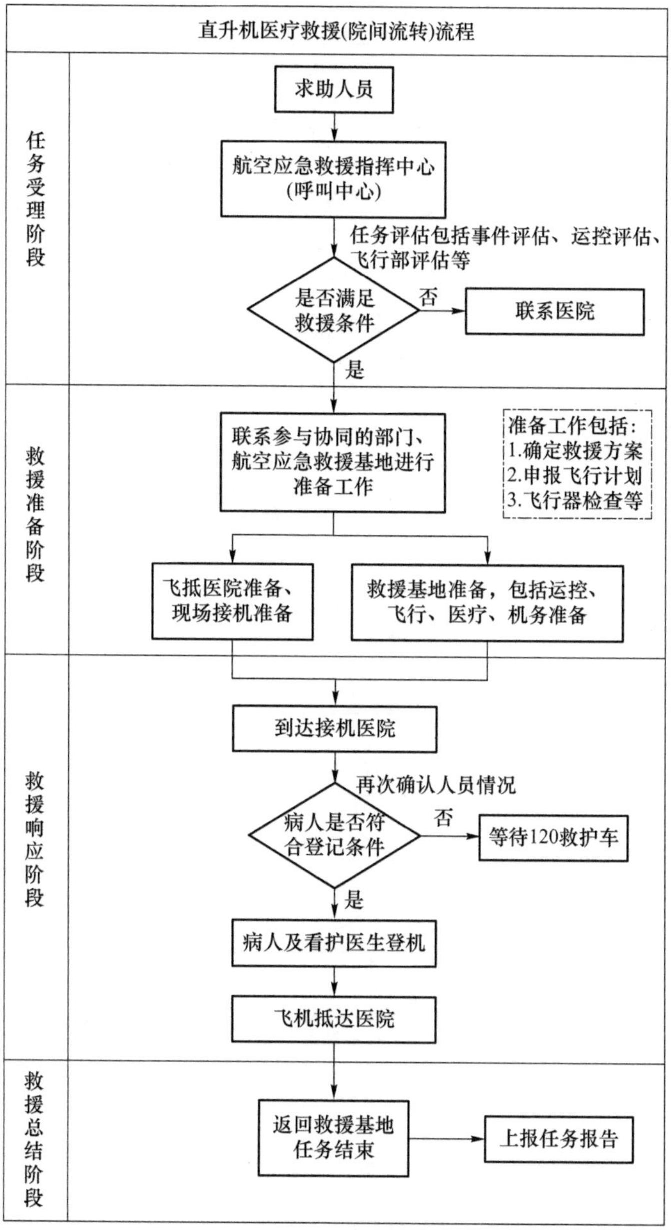

图 8-3 直升机医疗救护(院间转运)流程图

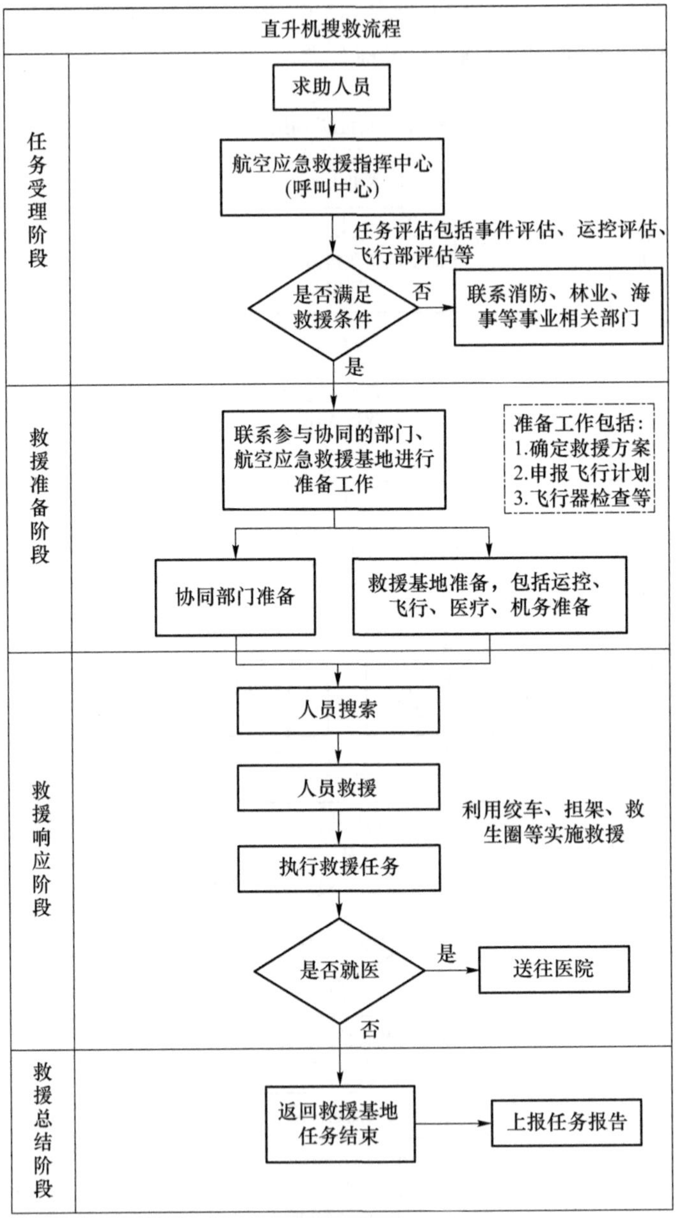

图 8-4　直升机搜救流程图

在不同救援场景下直升机救援有其不同的特点，且携带的设备也有所不同。直升机搜救的特点及携带设备如表 8-3 所列。

表 8-3 不同救援场景下直升机搜救的特点及携带设备

任务类别	场景	主导部门	装备	主要任务
搜救任务	山区	消防	绞车、担架等	首先搜索,然后是救援
	森林	消防、林业	绞车、担架等	
	海洋	消防、海事	绞车、救生圈、浮筒等	
	地震等其他大型灾难	国家	绞车、担架等需要的装备及物质	首先搜索,然后进行兵力(物质)投送、伤员转移等救援任务
医疗救护任务	院前急救	交通部、医院、消防等部门	绞车、担架、机载医疗设备等	初步处理病情—运达医院
	院间转运	医院	担架、机载医疗设备等	从甲医院到乙医院
火灾救援任务	城市火灾救援	消防	水桶、绞车等	侦查巡护、图像传输、兵力(物质)投送、伤员转移
	森林火灾救援	消防、林业	水桶、绞车等	
	其他火灾救援	消防	水桶、绞车等	

(3) 直升机火灾救援

直升机火灾救援过程中,由于火灾现场环境恶劣,极易形成影响直升机飞行安全的乱流,以目前直升机的性能甚至都无法保证直升机以及机上人员的安全。因此在火灾救援过程中,除了在条件允许的情况下直升机可以直接参与救火外,目前直升机的主要功能是侦查巡护、图像传输、兵力(物资)投送、伤员转移等。

以森林火灾救援为例,航空护林航站部门流程通常包括航站管理、航线信息管理、飞行日报管理、航空灭火管理、火场数据管理、防火物资管理等主要业务管理流程。发生火情后,一般由火情监测员根据卫星林火地图发现火情或由知情人员向消防部门报警,然后由消防部门航空应急救援调度员安排飞行任务,航站执行和保障飞行任务;机组人员及火情观察员飞抵现场后,由火情观察员观测相应的林火情况并反馈到航护处及指挥中心;然后根据火灾情况,安排吊灭计划,由机组人员及观察员进行吊桶灭火,观测员观察火场情况,并进行记录,由观察员及机组人员填写飞行日志;火情监测员通知火场信息,监测过火面积;吊灭结束后,观察员对火场地区进行巡视,并进行情况反馈。

直升机森林灭火救援流程如图 8-5 所示。

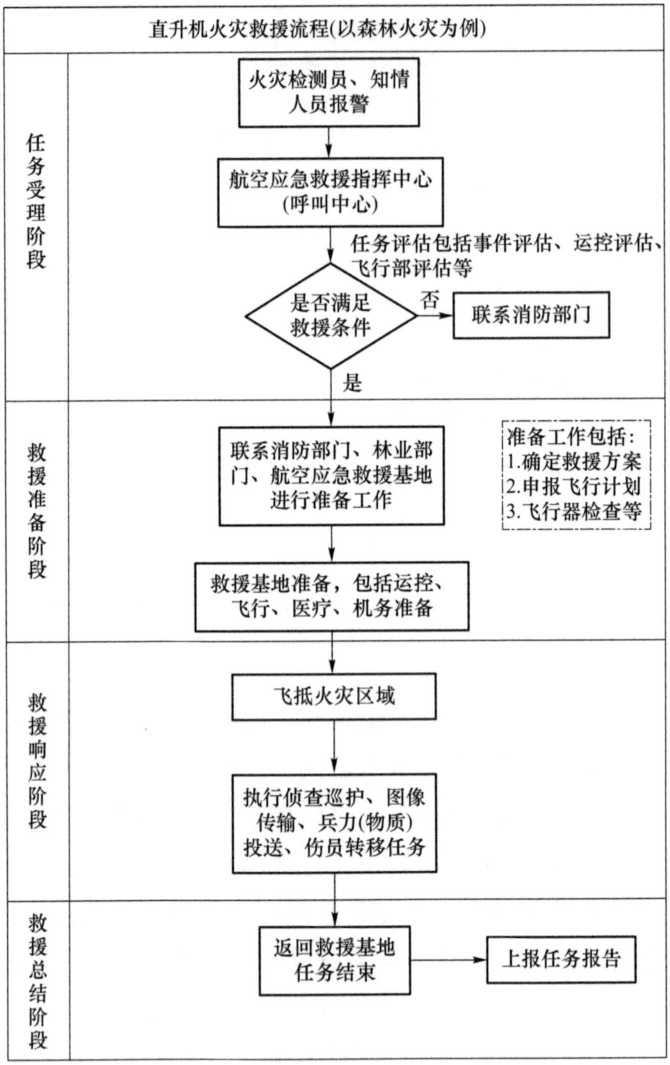

图 8-5 直升机森林灭火救援流程图

第 9 章

通用航空等效安全审核与监察

9.1 等效安全管理机制

“豁免”“专用条件”和“等效安全”，是我国民用航空适航管理规章及管理程序中常见的三个概念，它们也代表着三项非常重要的适航管理工作，然而实践过程中发现确实存在一些困惑干扰理解和执行尺度，比如“豁免”与“等效安全”的管理模式和管理程序有什么不同？为什么不同？针对这些问题，从辨析相关概念定义出发，剖析“豁免”“专用条件”和“等效安全”的管理目标和差异，从而为正确和有效地开展适航管理工作提供支持。

对于“豁免”，《民用航空产品和零部件合格审定规定》(CCAR－21－R4)规定：

① 受适航规章和环境保护要求中有关条款约束的人，可以因技术原因向民航局适航部门申请暂时或永久豁免某些条款。

② 申请人应当向民航局适航部门提交包括下述内容的申请豁免报告：

a. 请求豁免的适航规章和环境保护要求及其具体条款；

b. 豁免的原因以及为保证具有等效安全水平所采取的措施和限制；

c. 豁免涉及的范围，包括航空器及适用期限；

d. 申请人的名称、地址，如果适用，包括法定代表人的姓名、职务。

③ 民航局适航部门应当在收到报告后组织评审组进行评审，并在收到评审组提交评审报告后做出是否批准其豁免申请的书面决定。

对于“专用条件”，CCAR－21－R4 中第 21.16 条规定：

① 对提交进行型号合格审定的民用航空产品，由于下述原因之一使得有关的适航规章没有包括适当的或足够的安全要求，由民航局适航部门制定并颁发专用条件：

a. 民用航空产品具有新颖或独特的设计特点；

b. 民用航空产品的预期用途是非常规的；

c. 从使用中的类似民用航空产品或具有类似设计特点的民用航空产品得到的经验表明，可能产生不安全状况。

② 专用条件应当具有与适用的适航规章等效的安全水平。

对于“等效安全”，CCAR－21－R4 中没有明文规定，相关的定义出现在《航空器型号合格审定程序》(AP－21－AA－2011－03－R4，简称 03 程序)，具体如下：

等效安全指虽不能表明符合条款的字面要求，但存在补偿措施并可达到等效的安全水平。在三个定义中，均提到“等效安全水平”或“等效的安全水平”的说法，两者含义完全相同，但是“等效安全”与“等效安全水平”或“等效的安全水平”在含义方面却存在巨大的差异。“等效安全”的英文为“Equivalent Level of Safety (ELOS) Finding”或者“Equivalent Safety Finding(ESF)”，FAA Order 8110.112 和 FAA AC 20－166 均指明 ELOS 和 ESF 具有相同含义。可见，在英文表达中“等效安全”是一个专用名词，表达的重点在于“Finding”，“Finding”既是一种工作过程，也代表一种明确的结论。而“等效安全水平”或“等效的安全水平”不是一个专用名词，其英文为“a level of safety equivalent to”或“an equivalent level of safety”，表达的重点在于“level of safety”，即“安全水平”。当前这一安全水平即众所周知的每百万飞行小时出现一次灾难性事故的最低安全标准，民用航空适航管理通过对民用航空产品的设计、制造和维修实施全方位管理，确保民用航空产品达到和保持这一安全水平。表 9－1 给出了“豁免”“专用条件”和“等效安全”的中英文出处和对应表达，可见三者的真正作用都是确保最终的安全性管理目标与既定的安全水平等效。

表 9－1 相关概念定义描述对比表

CAAC 出处	内容要求及其译文	FAA 出处	内容要求
CCAR 21.6	豁免的原因以及为保证具有等效安全水平所采取的措施和限制。 The reason why the granting is requested and the action to be taken, or the operational limitations to be imposed by the petitioner to provide an equal level of safety.	FAR 11.81	The reasons why granting the exemption would not adversely affect safety, or how the exemption would provide a level of safety at least equal to that provided by the rule from which you seek the exemption.
CCAR 21.16	专用条件应当具有与适用的适航规章等效的安全水平。 The special conditions shall have a level of safety equivalent to applicable airworthiness regulations.	FAR 21.16	The special conditions are issued in accordance with Part 11 of this chapter and contain such safety standards for the aircraft, aircraft engine or propeller as the administrator finds necessary to establish a level of safety equivalent to that established in the regulations.

续表 9-1

CAAC 出处	内容要求及其译文	FAA 出处	内容要求
AP-21-AA-2011-03-R4	等效安全指虽不能表明符合条款的字面要求，但存在补偿措施并可达到等效的安全水平。 Equivalent level of safety finding is that although literal compliance with a certification regulation cannot be shown, compensating factors exist which can be shown to provide an equivalent level of safety.	Order 8110. 4c	ELOS findings are made by the accountable directorate when literal compliance with a certification regulation cannot be shown and compensating factors in the design can be shown to provide a level of safety equivalent to that established by the airworthiness standards. An ELOS finding may document a method of compliance that is different from what is stated in the rule, but is judged as acceptable by the FAA.

值得注意的是，当前安全水平从确立之初至今没有发生过任何改变，而适航法规却因为技术发展、航空事故调查等原因持续发展和更新。然而，无论适航法规如何变化，都不能回避其存有局限性的事实，这种局限性一方面由于适航法规制定时的技术现状、人们对于安全性的理解等原因造成；另一方面由于适航法规不可能穷尽、也不可能预见所有可能的情况等原因造成。那么，由局限性所带来的后果是需要人们在实践过程中根据不同的问题采用不同的方式加以解决，这也是导致出台不同管理政策和方法的主要原因。原则上，这些问题来源于三种情况：

第一，技术原因，申请人提交进行型号合格审定的民用航空产品设计特征无法满足当前适用的适航规章要求；

第二，技术发展或其他原因，申请人提交进行型号合格审定的民用航空产品设计特征有可能使得有关的适航规章没有包括适当的或足够的安全要求；

第三，尽管当前适用的适航规章要求明确，但申请人提交进行型号合格审定的民用航空产品设计特征或提供的符合性证据不满足条款的字面要求，但却与法规要求在本质上等效。

由以上可知，安全性水平基准是不可动摇的，而现实中却存在由三类不同原因造成的偏离。面对这些情况，适航管理当局需要相应的措施或策略进行安全性问题的管理，这就是豁免、专用条件和等效安全的作用所在。

对于第一类问题，起因在于申请人自身，因此，尽管申请人有权利申请豁免，但更有义务向适航管理当局充分陈述申请豁免的理由，同时有义务明确为使最终产品的安全性水平与当前适用法规规定的安全性水平等效而采取的措施和限制。而适航管理当局的职责在于充分评估申请人豁免申请的合理性、补偿措施和限制的正确性与完备性，做出是否批准申请人的豁免申请及相关补偿措施和限制的决定，并最终确认申请人补偿措施和限制的落实情况。需要补充说明的是，由于“豁免”的发生基于不满足当前适用法规的假设，从法理上讲是较为严重的情况，因此针对豁免申请的管理流程必定十分严格。比如，美国 FAR 11 部中规定，豁免必须执行严格的申请和审批过程，并且在批准之前必须经过公示。

对于第二类问题，需要认识到适航管理当局的主要职责是确保民用航空安全、维护公众利益，同时还需要认识到适航管理当局也存在促进本国民用航空产业和经济发展的职责。这两项职责促使适航管理当局有义务在有关适航规章没有包括适当的或足够的安全要求的情形下，制定并颁发专用条件，从而也使最终产品的安全性水平与当前适用法规规定的安全性水平等效。而申请人的职责在于向适航管理当局充分说明情况、积极配合适航管理当局的工作，并最终将适航管理当局颁布的专用条件要求正确和有效地落实。需要补充说明的是，“专用条件”的实质是针对特殊问题专门制定和颁布的适航法规，从法理上讲是非常严肃的事情，因此针对颁布专用条件的管理流程也必定十分严格，与豁免类似。

对于第三类问题，往往容易与“豁免”产生混淆。这是因为无论“豁免”还是“等效安全”，外在的表现都是不满足适航法规，同时也都要求申请人采取适当的补偿措施以达到等效的安全水平。区分“豁免”与“等效安全”的关键在于判定申请人提供的设计特征不满足适航法规的实质到底是什么。以 CCAR 25.811 条和 CCAR 25.812 条关于应急出口标示的适航要求为例，假如申请人不打算设立应急出口标示，则肯定不符合适航要求，从理论上可以提交豁免申请，但是必须说明采用的补偿方式是什么。当然这是一个比较极端的实例，目前没有申请人这么做。但假如申请人提供的设计特征是未按照规定的标示位置或字高设计，而采用了其他的实现方法，则可划入等效安全。事实上，这种实现方式存在于多种已取证机型的设计特征之中。可见，“等效安全”的适用前提是申请人提供的设计特征在本质上不是不满足适航法规的要求，而是采用了一种变通的实现方法。当然，对于这种情况如果适航管理当局严格要求，也可以上升为与“豁免”“专用条件”相同的管理方式，但考虑到等效安全不是发生在申请人提交的设计特征确实无法满足当前适航法规要求的情况下，只是申请人出于某种考虑或本身当前适用规章在制定时因无法列举所有可能的情况而不充分，导致申请提交的设计特征或符合性证据不同于当前适用规章的字面要求，同时申请人也愿意提供补偿措施及足够的证据表明其设计特征或符合性证据能够达到与当前适航规章等效的安全水平要求，那么若采用类似“豁免”和“专用条件”的严格管理方式，则会导致适航管理当局和申请人双方在时间、经济、效率等方面的巨大负担。因此，针对颁布等效安全的管理流程可以更加灵活，比如 FAA 采用的管理方式是等效安全不需要走严格的法律流程，只需管理当局和申请人双方达成一致，以问题纪要、备忘录的形式加以明确即可。

综上所述，“豁免”“专用条件”及“等效安全”在安全性管理的目标上是清晰的、一致的，即确保与当前适航规章确立的安全水平等效，但在实际操作过程中责任主体和管理流程是不完全相同的，须加以特别注意。

9.2 通用航空等效安全审核基本方法

通用航空等效安全审核方法是一种评估通用航空安全水平的方法，它是指在不同的工作条件或环境下，不同的安全设计或措施可以保证相同的安全水平。通用航空等效安全审核方法是通过对通用航空系统的各个方面进行分析和评估，从而确定安全措施的有效性和实用性。本章节将介绍通用航空等效安全审核方法的原理、步骤以及应用。

9.2.1 通用航空等效安全审核方法原理

通用航空等效安全审核方法的原理是通过比较和评估不同的安全设计或措施，以确定它们能够在不同的工作条件或环境下保证相同的安全水平。这种方法基于以下三个原则：

(1) 相似性原则

对于不同的安全设计或措施，它们的基本安全原理和机制应该相同。首先，相似性原则是通用航空等效安全审核方法的基础。相似性原则指的是对于不同的安全设计或措施，它们的基本安全原理和机制应该相同。在通用航空领域，不同的飞行器或设备可能采用不同的设计或技术，但它们的基本安全原理和机制应该是相似的，例如，防止飞行器失速的方法可能有多种，但基本原理是相同的，即通过控制飞机的姿态和飞行速度来避免失速。

(2) 功能等效原则

不同的安全设计或措施应该能够提供相同的安全保障，即功能等效。功能等效原则是通用航空等效安全审核方法的另一个重要原则。在通用航空领域，不同的飞行器或设备可能采用不同的安全措施来保障飞行的安全，例如，某个飞行器采用了新型的驾驶员警示系统，而另一个飞行器采用了传统的警示系统，但它们应该能够提供相同的安全保障。

(3) 性能等效原则

不同的安全设计或措施应该能够在相同的工作条件或环境下提供相同的安全

水平，即性能等效。性能等效原则是通用航空等效安全审核方法的第三个原则。在通用航空领域，不同的飞行器或设备可能在不同的环境和工作条件下使用，但它们应该能够在相同的工作条件或环境下提供相同的安全水平。例如，不同的飞行器可能在不同的气象条件下飞行，但它们应该能够在相同的气象条件下提供相同的安全水平。

基于以上原则，通用航空等效安全审核方法通过对安全措施进行比较和评估，确定它们的功能和性能等效性，并以此来评估通用航空系统的安全水平。

9.2.2 通用航空等效安全审核方法步骤

通用航空等效安全审核是确保通用航空器和通用航空运营单位安全运行的重要手段，其步骤包括以下几个方面。

1. 确定审核对象

通用航空等效安全审核的第一步是确定审核对象。审核对象可以是通用航空企业、通用航空机队、航空器维修工程师等。在确定审核对象时，应该充分考虑审核的范围和重点，以确保审核的专业性和针对性。

在确定审核对象后，应该了解其基本情况，包括注册信息、运营范围、机队规模、人员配置等方面的基本情况。这有助于确定审核的范围和内容，为后续的审核工作打下基础。同时，还应该了解审核对象的安全管理体系、安全标准和安全运营情况，为审核提供依据和参考。

2. 制定审核计划

根据审核对象的特点和审核目标，制定具体的审核计划。审核计划应该包括以下内容：

(1) 审核范围和目标

明确审核的范围和目标，确保审核的针对性和有效性。

(2) 审核方法和程序

确定审核的方法和程序，包括现场检查、文件审核、访谈调查等方面。

(3) 审核时间安排

确定审核的时间安排，包括审核的起止时间、审核人员的到达时间和离开时间等方面。

(4) 审核人员

确定审核人员的资质和经验，以确保审核的专业性和有效性。

(5) 审核报告

确定审核报告的形式和内容，包括审核发现的问题和建议改进措施等方面。

3. 进行审核准备工作

审核前需要对审核对象进行了解和准备。包括获取审核对象的资料、了解审核对象的业务流程和管理体系、与审核对象进行沟通等。

4. 进行审核执行

根据审核计划,对审核对象的安全管理体系、安全标准、安全风险控制等方面进行全面、系统、细致的检查。审核过程中应尽可能收集证据,包括文件记录、数据统计、现场实地考察等。

5. 记录和分析审核结果

审核过程中应对审核对象的问题、不足、风险进行记录和分析。记录应具有客观性和可操作性,便于后续跟踪和改进。

6. 综合评估审核结果

审核结果应根据审核标准和目标进行综合评估。根据评估结果,提出安全改进建议,包括制定具体措施、明确改进目标和时间、加强监管力度等。

7. 编制审核报告和跟踪

在审核完成后,审核人员应该根据审核计划和现场审核的情况,编写审核报告。审核报告应该包括以下内容:

(1) 审核对象的基本情况

包括注册信息、运营范围、机队规模、人员配置等方面的基本情况。

(2) 审核发现的问题

列出审核发现的问题和不足,包括安全管理体系、安全标准、安全运营、风险评估和控制等方面的问题。

(3) 建议改进措施

针对审核发现的问题,提出改进措施和建议,包括安全管理体系、安全标准、安全运营、风险评估和控制等方面的改进措施。

(4) 审核结论

根据审核的结果,给出审核结论,包括审核的合格性和不合格性,以及需要改进的方面和时间安排等方面的说明。

审核报告完成后,审核人员应该跟踪改进措施的实施情况。跟踪改进措施可以通过定期回访、现场检查、记录审查等方式,监督改进措施的实施情况和效果。如果发现改进措施存在问题或未能达到预期效果,应及时提出建议和推荐,协助审核对象采取有效的措施加以改进。

通用航空等效安全审核是一种非常重要的管理工具,可以评估通用航空企业的安全管理水平和运营风险,为企业改进和提升安全管理水平提供有力的支持和指导。通过合理的审核计划和程序、科学的审核方法和技巧，以及全面的审核内容和报告，可以实现审核的有效性和可靠性，为通用航空的安全运营提供保障和支持。

9.2.3 通用航空等效安全审核方法应用

通用航空等效安全审核可以应用于各种类型的通用航空企业，包括私人飞行、航空公司、飞行学校、维修保养机构等。在实际应用中，通用航空等效安全审核通常被用于以下几个方面。

1. 企业的内部安全审核

通用航空企业的内部安全审核是企业自我管理的一种重要手段，通过内部安全审核，企业可以评估其安全管理体系的有效性和可靠性，发现和改进存在的安全隐患和问题，提升安全管理水平，降低运营风险。企业的内部安全审核包括以下几个方面：

(1) 审核计划的制定

企业应该制定全面、翔实、可行的内部安全审核计划，该计划应该包括审核的目标、范围、时间表和审核的方法和程序等，确保审核的全面性和有效性。

(2) 审核团队的组建

企业应该选择具备相关知识和技能的人员组成审核团队，审核团队成员应该了解公司的运营和管理，并具备相关的审核技能和方法，确保审核的科学性和准确性。

(3) 审核的执行

审核团队应该根据审核计划，对企业的各项管理和运营活动进行逐一审核，包括企业的飞行操作、维修保养、安全管理和培训等方面，以确定企业的安全管理体系是否符合相关的要求和标准。

(4) 审核的结果和报告

审核团队应该对审核的结果进行总结和归纳，并撰写内部安全审核报告，该报告应该包括审核的目的、方法、结果、发现的问题和改进措施等，并向企业管理层提出改进建议和推荐。

(5) 改进措施的实施

企业应该根据内部安全审核报告的内容和建议，制定相应的改进措施，并按照计划和程序加以实施，以确保企业的安全管理体系不断得到优化和提升。

需要注意的是，企业的内部安全审核应该定期进行，并根据实际情况进行调整和优化，以确保审核的有效性和可靠性。同时，企业应该对内部安全审核的执行和结果进行监督和评估，以确保其符合相关要求和标准。

2. 外部安全审核

通用航空外部安全审核是由第三方机构或者监管部门对通用航空企业进行的安全审核，其主要目的是确保通用航空企业的安全管理体系符合相关的法律、法规和标准要求，保障通用航空运营的安全性和可靠性。

(1) 审核计划的制定

审核机构应该根据相关法律、法规和标准要求，制定全面、翔实、可行的安全审核计划，该计划应该包括审核的目标、范围、时间表和审核的方法和程序等，确保审核的全面性和有效性。

(2) 审核团队的组建

审核机构应该选择具备相关知识和技能的人员组成审核团队，审核团队成员应该了解通用航空运营和管理，并具备相关的审核技能和方法，确保审核的科学性和准确性。

(3) 审核的执行

审核团队应该根据审核计划，对通用航空企业的各项管理和运营活动进行逐一审核，包括企业的飞行操作、维修保养、安全管理和培训等方面，以确定企业的安全管理体系是否符合相关的要求和标准。

(4) 审核的结果和报告

审核团队应该对审核的结果进行总结和归纳，并撰写安全审核报告，该报告应该包括审核的目的、方法、结果、发现的问题和改进措施等，并向企业管理层提出改进建议和推荐。

(5) 改进措施的实施

通用航空企业应该根据安全审核报告的内容和建议，制定相应的改进措施，并按照计划和程序加以实施，以确保企业的安全管理体系不断得到优化和提升。

通用航空企业的外部安全审核应该定期进行，并根据实际情况进行调整和优化，以确保审核的有效性和可靠性。同时，企业应该对外部安全审核的执行和结果进行监督和评估，以确保其符合相关要求和标准。

3. 新业务的安全审核

在开展新业务或扩大现有业务时，通用航空企业需要对其安全管理水平进行评估和审核。这种审核通常涉及新的飞行路线、新的飞行器型号、新的飞行员或维修人员等方面。通过进行安全审核，企业可以确保其安全管理体系符合相关要求和标准，并为新业务的顺利开展提供有力的支持。

通用航空企业在开展新业务时，需要对相关的安全风险进行评估和管理，以确保新业务的安全性和可行性。因此，通用航空等效安全审核方法也可以应用于通用航空新业务的安全审核中。

具体来说，通用航空企业可以采用以下步骤进行新业务的安全审核：

(1) 定义新业务的安全目标和要求

企业应该确定新业务的安全目标和要求，包括涉及的飞行器、设备、技术、人员和环境等因素，以确保新业务的安全性和可行性。

(2) 进行安全风险评估

企业应该对新业务进行全面的安全风险评估，包括分析新业务的安全威胁和隐患，并确定相应的风险控制措施，以确保新业务的安全性。

(3) 制定安全管理计划

企业应该根据新业务的安全目标和要求，制定相应的安全管理计划，包括安全管理组织架构、安全管理职责分工、安全管理标准和流程等，以确保新业务的安全管理得到有效实施。

(4) 进行内部安全审核

企业应该对新业务的安全管理进行内部安全审核，包括对安全管理计划、安全管理流程和安全管理实施情况等方面进行审核，以确保新业务的安全管理得到有效实施。

(5) 进行外部安全审核

企业应该邀请独立的安全审核机构对新业务的安全管理进行外部安全审核，以评估新业务的安全性和可行性，提出改进建议和意见，并监督企业改进和完善安全管理体系，以确保新业务的安全性和可行性。

(6) 不断改进和完善安全管理体系

企业应该对新业务的安全管理体系进行持续改进和完善，包括对安全管理计划、安全管理流程和安全管理实施情况等方面进行监控和评估，并及时采取措施，纠正存在的问题和缺陷，以确保新业务的安全性和可行性。

通用航空等效安全审核方法可以应用于通用航空新业务的安全审核中，通过对新业务的安全目标、安全风险、安全管理计划、安全管理实施等方面进行审核，确保新业务的安全性和可行性，提高通用航空企业的安全管理水平。

9.3 等效安全审核流程

我国目前的航空安全察理体系中，安全审核这一板块所涉及的内容比较完善，但针对于通用航空的安全审核内容还相对欠缺。因此可以通过学习民航安全察理体系中的相关内容来建立通用航空安全审核的审核单。根据 CCAR－398《民用航空安全管理规定》第 21 条规定：民航生产经营单位应当建立内部审核、内部评估制度和程序，定期对安全察理体系或者等效的安全察理机制的实施情况进行评审。通用航空使用空域随意性比较大，有高空、低空、超低空等多个飞行空域，飞行作业涵盖多方面，飞行时间不确定性大。等效安全的审核流程具体步骤如下。

1. 审核分类

安全管理体系审核是对特定民航生产经营单位安全管理体系运行过程中开展的侧重成熟度和效能的评估。基于覆盖范围不同，安全管理体系审核分为专项安全管理体系审核和综合性安全管理体系审核，前者指针对被审核单位某一部门或某一业务领域的安全管理体系审核，后者是针对多部门、多业务领域的安全管理体系审核；基于审核人员不同，分为安全管理体系内部审核（以下简称安全管理体系内审）和安全管理体系外部审核（以下简称安全管理体系外审），前者可由民航生产经营单位自行组织安全管理体系内审审核员实施，后者可由民航生产经营单位或局方组织符合本办法规定的安全管理体系外审审核员实施。

2. 审核准备

安全管理体系审核组织或单位或受委托的第三方机构应根据审核要求和被审核单位或部门的规模、专业特点等，选择审核员组建审核组，并任命审核组长。

安全管理体系审核组应制定审核方案，至少包括以下内容：

① 审核目的，包括持续监督安全管理体系有效性，在规章符合性的基础上评估安全管理体系成熟度，以促进安全管理体系的持续改进和效能提升，并为局方安全监察提供决策参考等。

② 审核对象及内容，审核对象应明确被审核的部门或业务模块，审核内容应明确审核的安全管理体系模块或要素。

③ 审核计划，包括提交安全管理体系相关资料和文件审核的时间，现场审核期间的工作计划，以及与被审核单位确认审核报告初稿、完成审核报告终稿的时间。

④ 审核方法，明确审核过程中将采用的审核方法，如手册检查、记录检查、访谈和调查问卷等形式，同时明确访谈、问卷的人员要求和场地要求等。

⑤ 需事先提交的安全管理体系相关资料，应至少包括安全管理体系建设总体情况、取得的成效和存在的问题，安全察理相关手册、程序、标准和文件，其他与安全管理体系审核相关的必要资料；同时，明确资料提交的时间、形式、渠道等要求。

⑥ 审核过程中的其他必要事宜。

在确定审核方案后，安全管理体系审核组织单位应以书面形式通知被审核单位或部门。被审核单位或部门接到安全管理体系审核方案后，应指定联络员按照审核方案与审核组对接，并做好各项准备工作。

安全管理体系审核组织单位或受委托的第三方机构应制定安全管理体系审核检查单并据此开展审核。该检查单应包含审核单中内容(见表9-2),并在充分考虑以下因素的基础上充实细化审核标准:

① 民航局发布的安全管理体系建设相关规章和规范性文件。

② 重点关注安全管理体系各项工作制度程序建设、职责分配、人员配备、软硬件投入、实施落实、闭环察理、实际效果等。

③ 审核检查单应包含审核标准,并明确审核的方式、方法或手段。

表9-2 通航安全管理体系审核检查单框架

检查项目	检查内容	检查方式	检查标准	依据条款
安全管理体系整体	建立和运行	文件检查;记录检查;访谈问卷	是否依法建立并运行有效的安全管理体系?	《民用航空安全察理规定》第五条
		文件检查;记录检查	相关规定中未明确要求建立安全管理体系的,是否建立等效的安全察理机制?	《民用航空安全察理规定》第五条
	审定或备案	记录检查	安全管理体系是否依法经民航行政机关审定?	《民用航空安全察理规定》第八条
		记录检查	等效的安全察理机制是否报地区察理局或其授权的机构备案?	《民用航空安全察理规定》第八条
	持续监督	记录检查	安全管理体系是否接受民航行政机关的持续监督,以确保其有效性?	《民用航空安全察理规定》第十条
		记录检查	等效的安全察理机制是否接受民航行政机关的持续监督,以确保其有效性?	《民用航空安全察理规定》第十条
安全政策和目标	安全察理承诺与责任	文件检查;记录检查	是否建立内容全面的安全政策?	《民用航空安全察理规定》第六条
		访谈问卷	各级员工是否了解安全政策?	《民用航空安全察理规定》第六条
		记录检查;访谈问卷	是否对安全察理和安全运行提供必要的资源?	《民用航空安全察理定》第六、十八条
		记录检查	是否定期对安全政策进行评审,并适时修订?	《民用航空安全察理规定》第六条

续表 9-2

检查项目	检查内容	检查方式	检查标准	依据条款
安全政策和目标	安全问责制	文件检查；访谈问卷	是否建立安全生产察理机构或配备安全生产察理人员，满足安全察理的所有岗位要求？	《民用航空安全察理规定》第六、十七条
		文件检查	是否规定主要负责人、各分察负责人在安全管理体系建设、实施方面的职责？	《民用航空安全察理规定》第六条
		文件检查	是否明确安全察理部门、各运行部门的安全察理职责？	《民用航空安全察理规定》第六条
		文件检查	是否明确各级员工的安全责任？	《民用航空安全察理规定》第六条
	任命关键的安全人员	文件检查；访谈问卷	是否任命合格的人员担任安全总监？	《民用航空安全察理规定》第六条
		记录检查；访谈问卷	安全总监是否履行其工作职责？	《民用航空安全察理规定》第六条
	应急预案的协调	文件检查	是否建立应急响应察理规定和应急预案？	《民用航空安全察理规定》第六、二十三条
		记录检查；访谈问卷	是否按照规定配备必需的应急救援设备、设施？	《民用航空安全察理规定》第六条
		访谈问卷	各级员工是否掌握与其工作岗位相应的应急预案或程序？	《民用航空安全察理规定》第六条
	安全察理体系文件	文件检查	是否建立安全察理手册、制度？	《民用航空安全察理规定》第六条
		文件检查；访谈问卷	安全察理手册、制度是否适用、科学、可操作？	《民用航空安全察理规定》第六条
		记录检查	各项安全察理工作是否清晰记录并可追溯？	《民用航空安全察理规定》第六条
风险察理	危险源识别	文件检查	是否建立危险源识别工作制度？	《民用航空安全察理规定》第六、七条
		记录检查	是否通过多种途径识别危险源？	《民用航空安全察理规定》第六、七条
		记录检查；访谈问卷	危险源识别是否全面，与单位安全状况相一致？	《民用航空安全察理规定》第六、七条

续表 9-2

检查项目	检查内容	检查方式	检查标准	依据条款
风险察理	安全风险评估与缓解措施	文件检查	是否建立明确的风险评价方法及标准?	《民用航空安全察理规定》第六、七条
		记录检查	是否对危险源开展风险分析、评价及控制?	《民用航空安全察理规定》第六、七条
		记录检查	是否对风险控制措施的落实和效果实施闭环察理?	《民用航空安全察理规定》第六、七条
安全保证	安全绩效监测和评估	文件检查;记录检查	日常是否开展安全检查,并对发现的问题制定、实施控制措施?	《民用航空安全察理规定》第六条
		文件检查;记录检查	是否对发生的不安全事件开展调查,并对发现的问题制定、实施控制措施?	《民用航空安全察理规定》第六、二十八、二十九、三十条
		文件检查;记录检查	是否收集员工的自愿报告,并对发现的问题制定、实施控制措施?	《民用航空安全察理规定》第六条
		文件检查;记录检查	是否开展内部审核或评估,并对发现的问题制定、实施控制措施?	《民用航空安全察理规定》第六、二十一条
		文件检查;记录检查	是否开展安全信息收集与综合分析,并对发现的问题制定、实施控制措施?	《民用航空安全察理规定》第六、三十七、三十八、三十九条
		文件检查;记录检查	是否建立安全绩效指标,持续开展安全绩效监控,并针对监控发现的问题制定、实施控制措施?	《民用航空安全察理规定》第六、十一、十二、十三、十四、十五、十六条
	变更察理	文件检查	是否建立变更察理工作制度?	《民用航空安全察理规定》第六条
		记录检查	是否对涉及安全的变更开展变更察理?	《民用航空安全察理规定》第六条
		记录检查;访谈问卷	重大变更实施后是否发生过较为严重的不安全事件?	《民用航空安全察理规定》第六条
	持续改进	文件检查	是否建立安全管理体系察理评审制度?	《民用航空安全察理规定》第六、九条
		记录检查	是否定期开展安全管理体系察理评审,并对发现的问题制定、实施控制措施?	《民用航空安全察理规定》第六、九条
		记录检查	察理评审是否发现、解决安全管理体系存在的重点问题,以确保安全管理体系及其绩效持续满足相关要求?	《民用航空安全察理规定》第六、九条

续表 9－2

检查项目	检查内容	检查方式	检查标准	依据条款
安全促进	培训和教育	文件检查	是否建立安全培训和考核制度？	《民用航空安全察理规定》第六、二十二条
		记录检查	是否制定年度安全培训计划，并按计划开展培训？	《民用航空安全察理规定》第六、二十四、二十五、二十六、二十七条
		记录检查；访谈问卷	各级人员是否掌握与其岗位职责相应的安全知识，具备相应的安全能力？	《民用航空安全察理规定》第六条
	安全交流	记录检查；访谈问卷	是否通过多种渠道沟通、交流安全信息？	《民用航空安全察理规定》第六条
		记录检查；访谈问卷	各级员工是否了解与其岗位职责相关的安全信息？	《民用航空安全察理规定》第六条

3. 文件审核

被审核单位或部门应按照安全管理体系审核方案的要求，向安全管理体系审核组提交现行有效的相关资料。

安全管理体系审核组应在现场审核前依据审核检查单完成文件审核，一方面检查是否建立了相应的岗位、职责、程序和方法等，另一方面检查相关的岗位、职责、程序和方法是否符合安全管理体系建设要求且科学、合理。

4. 现场审核

① 安全管理体系审核组应制定详细的现场审核计划，明确现场审核期间的工作、时间安排，包括审核时间、审核内容、审核地点、联络员等内容，保证审核按时、有序完成。

② 安全管理体系审核组和被审核单位或部门应召开安全管理体系审核启动会，明确迎审人员名单和相关事项。

③ 安全管理体系审核组在文件审核的基础上，按照安全管理体系审核检查单，对被审核单位或部门安全管理体系各项工作的实施、效果情况进行审核并详细记录。

④ 安全管理体系审核组应每日召开总结会，沟通当日审核情况，研究解决审核中出现的问题，推动审核工作顺利开展。

⑤ 现场审核结束后，安全管理体系审核组应与被审核单位或部门召开审核情况通报会。

⑥ 现场审核中如果发现被审核单位存在重大安全隐患，审核组应立即向审核组织单位及民航监察部门报告。

5. 审核报告编写

安全管理体系审核组应在现场审核结束后 10 个工作日内汇总审核结果、完成报告初稿，并发送被审核单位或部门进行确认，同时报安全管理体系审核组织单位；被审核单位或部门应在收到报告初稿后 5 个工作日内进行反馈；安全管理体系审核组在收到反馈后 5 个工作日内，将报告终稿提交安全管理体系审核组织单位，并书面说明初稿与终稿的主要修改内容。

6. 审核整改

被审核单位或部门应在收到审核报告终稿后 10 个工作日内，总结自身安全管理体系建设的经验和不足，制定整改计划。整改计划应包括问题、具体措施、实施期限、负责部门以及必要的安全投入等内容。

安全管理体系审核组织单位应跟踪整改计划落实情况：

① 对于民航局安委会、地区察理局安委会组织的安全管理体系外审，被审核单位所在地地区察理局负责后续整改计划的跟踪，并将整改情况报民航局安委会办公室备案。

② 对于民航生产经营单位组织的安全管理体系内审或外审，民航生产经营单位负责后续整改计划的跟踪，并将整改情况报所在地地区察理局备案。

第10章

通用航空企业诚信经营评价

为贯彻落实《国务院关于建立完善守信联合激励和失信联合惩戒制度 加快推进社会诚信建设的指导意见》《国务院办公厅关于促进通用航空业发展的指导意见》和《民航局关于通用航空分类管理的指导意见》，规范通用航空诚信经营评价工作，促进通用航空健康发展，民航局依据《通用航空经营许可管理规定》《民航行业信用管理办法》等相关规定，制定《通用航空企业诚信经营评价管理暂行办法》。

10.1 通用航空企业诚信经营评价意义

《通用航空企业诚信经营评价管理暂行办法》(民航规〔2021〕16 号，以下简称《办法》)于 2021 年 6 月印发，充分发挥了引导企业遵章运行、诚信经营、保护消费者权益，促进行业健康发展的作用。2022 年第二季度，民航局组织并完成首次评价，及时向社会公布结果，在行业内外引起广泛关注。为更好推动行业诚信体系建设，进一步发挥诚信评价在创新行业管理、引导企业自律发展方面的重要作用，民航局结合首次评价实践和行业发展新趋势，从无人机企业评价、定级指标标准、评价结果应用等方面作了进一步完善优化，经充分征求通航企业代表、各地区管理局及行业专家意见，完成了《办法》的修订工作。

新《办法》坚持覆盖全面、重点突出、合理分级、以评促诚导向，进一步优化评价指标、精准评价等级，引导传统通航企业和无人机企业在安全生产、诚信经营、优质服务等方面自律经营。同时，加强评级结果应用，有效实施精准监管，加强联合失信惩戒，共同维护市场秩序，有效提升通用航空行业信用水平，促进行业诚信自律高质量发展。

10.2 通用航空企业诚信经营评价概述

《通用航空企业诚信经营评价管理暂行办法》所指的诚信经营评价，是中国民用航空局 (以下简称民航局)依照统一的评价指标及评价方法，对通用航空企业在评价周期内的诚信经营情况进行综合评价，并开展评价结果运用的行政管理行为。《通用航空企业诚信经营评价管理暂行办法》适用于设立在中华人民共和国境内，持有经营许可证且在评价周期内开展经营活动的通用航空企业，包括传统通用航空企业和部分无人机企业。

诚信经营评价遵循公开、公正、客观、科学、保守秘密的原则。民航局负责对通用航空企业诚信经营评价工作实施统一管理。根据工作需要,民航局可以委托第三方机构(以下简称受委托机构)组织开展诚信经营评价具体工作。民航地区管理局负责配合开展评价工作,并根据评价结果增减对不同评价等级企业的行政检查频次。

评价周期原则为 1 个完整日历年。

10.2.1 明确无人机企业重点覆盖范围

为顺应无人机发展新趋势,更好服务安全发展要求,《通用航空企业诚信经营评价管理暂行办法》进一步明确评价覆盖的通用航空企业范围,包括传统通用航空企业、使用无人驾驶航空器开展经营活动的通用航空企业。鉴于无人机企业主体数量较大,上位法及条例有待出台,相关数据获取途径尚待完善,结合各管理局监管实践,须至少覆盖民航局批复的无人机试点企业、特定类无人机试运行企业、民用无人驾驶航空试验基地(试验区)相关无人机企业。

10.2.2 建立和完善评价指标和评分标准

为进一步提升评级结果客观性、公平性,《通用航空企业诚信经营评价管理暂行办法》从四个方面做了优化完善:一是完善无人机企业评价指标。针对无人机企业特点和安全发展需求,设计了无人机企业诚信经营评价指标。二是增加正向激励指标。为鼓励通用航空企业参与国家、地方航空应急救援体系建设,结合近期应急管理部门正在制定的相关法规,《通用航空企业诚信经营评价管理暂行办法》增加了对通航企业在非营利情况下参与航空应急救援任务的正向激励。三是弱化监管差异影响。针对首次评价中企业反映较为突出的整改通知书数量受飞行作业量、管理局检查频次等因素影响问题,《通用航空企业诚信经营评价管理暂行办法》出台后,拟在每年具体评分时,按照全国平均水平对上述指标得分按照当量处理并核减,弱化因各地监管差异造成的扣分差异,减少因监管频次不均衡造成的部分优质企业分值偏低问题。四是优化评价方法的发布方式。为及时适应行业发展新特点、新变化和监管实际,《通用航空企业诚信经营评价管理暂行办法》明确在保持评价维度、指标相对固定的基础上,民航局每年在下发评价通知时,一并公布评价时间安排、评分方法、具体评价指标等内容。

10.2.3 建立和优化评级方式

为进一步加强评价对安全生产、诚信经营的引导,《通用航空企业诚信经营评价管理暂行办法》从以下两方面优化了评价定级方式：一是按得分比例确定评价等级。将按照“得分区间”确定评级调整设置为按照“得分比例”确定评级，A级、B级、C级划分比例按照全行业前50%、50%～90%、末位10%确定。二是明确三类“一票否决”情形。《通用航空企业诚信经营评价管理暂行办法》设置了“一票否决”情形，直接评定企业为C级，包括以下三类情况：一是企业因自身原因未保证安全，发生亡人事故的；二是企业被吊销、撤销经营许可证或运行合格证的；三是企业或法定代表人在信用中国、国家企业信用信息公示系统、民航行业信用记录中存在严重失信行为记录的。

10.2.4 拓展结果应用范围

《通用航空企业诚信经营评价管理暂行办法》明确，企业诚信经营评价结果将作为民航行政机关实施行业监管、政策使用、通用航空发展专项资金补贴发放等工作的重要参考。

10.3 通用航空公司评价指标及评价方法

诚信经营评价指标由企业违规经营、损害消费者合法权益、失信惩戒、社会责任四个部分组成：

① 企业违规经营是指通用航空企业在评价周期内存在不符合法规规章规定、不履行法定义务要求开展经营活动等情况。

② 损害消费者合法权益的情况主要包括消费者投诉、合同违约、发生安全责任事故等情形。

③ 失信惩戒是指通用航空企业或者企业法定代表人、主要管理人员在评价周期内在民航行业信用信息记录中存在严重失信行为信息，被“信用中国”平台列入严重失信主体名单，被国家企业信用信息公示系统列入经营异常名录或者严重违法失信名单等情况。

④ 社会责任是指通用航空企业在非营利情况下参与航空应急救援等活动的行为，予以正向激励。

原则上，传统通用航空企业评价应实现全覆盖。无人机企业重点对企业违规经营、失信惩戒等方面进行评价，评价对象主要包括民航局批复的无人机试点企业、特定类无人机试运行企业、民用无人驾驶航空试验基地（试验区）相关无人机企业及民航地区管理局认为需要进行评价的其他无人机企业。

民航局或者受委托机构根据评价指标对通用航空企业的诚信经营情况进行评分，在评价周期内，评价基准分设定为 100 分，评价方案、评价内容、评价细分指标、“一票否决”项目等应保持相对固定。评分方法由民航局另行制定。

根据通用航空企业得分排序，企业诚信经营情况分为三个等级，依次为 A、B、C 级。得分排名及对应等级如下：

① A 级：诚信经营评分在全部参评企业得分前 50%，且扣分项中不涉及“一票否决”项目；

② B 级：诚信经营评分在全部参评企业得分的 50%～90%，且扣分项中不涉及“一票否决”项目；

③ C 级：诚信经营评分在全部参评企业得分后 10%或扣分项中涉及“一票否决”项目。

10.4 通用航空企业诚信经营评价指标

通用航空企业诚信经营评价指标如表 10－1 所列。

10.5 通用航空企业诚信评价的组织与实施

民航局于每年一季度组织开展上一年度的诚信经营评价，并于二季度发布评价结果。根据工作需要，民航局可以在评价周期内组织开展临时或者专项诚信经营评价。民航地区管理局在每年第四季度确定当年参与评价无人机企业名单，并将名单在年底前反馈民航局。

评价程序包括印发通知和评分方法、收集材料、开展评价、结果公示、复核结果、公布评级六个环节。参评企业应当依法配合民航局诚信经营评价工作，真实、全面、及时、准确地提供材料。

民航局在官方网站公示评价结果，公示期为 5 个工作日。对评价结果有异议的企业应当在公示期内向民航局或受委托机构提出书面复核申请，并附相关证明材料。受理结果复核申请后民航局或者受委托机构应当在公示期结束后 15 个工作日内完成结果复核，并书面通知申请人复核结果。民航局应在官方网站公布评级结果，供各方参考并应用。

表 10-1 通用航空企业诚信经营评价指标

指标		评价内容	分值	评价说明	指标依据	评价方法
企业违规经营	1	企业被民航行政机关行政约见	5分/次	企业违反有关规定，被民航行政机关行政约见的，扣5分/次。	《中华人民共和国民用航空法》《通用航空经营许可管理规定》	根据民航行政机关行政检查情况，从民航行政机关获取数据
	2	企业被民航行政机关处以警告处罚	10分/次	企业违反有关规定，被民航行政机关处以警告处罚的，扣10分/次	《中华人民共和国民用航空法》《通用航空经营许可管理规定》	根据民航行政机关行政检查情况，从民航行政机关获取数据
	3	企业被民航行政机关下达整改通知书，责令改正	3～10分/次	1. 企业违反有关规定，被民航行政机关责令改正且在规定期限内完成改正的，扣3分/次； 2. 企业违反有关规定，被民航行政机关责令改正，但未在规定期限内完成改正的，扣10分/次	《中华人民共和国民用航空法》《通用航空经营许可管理规定》	根据民航行政机关行政检查情况，从民航行政机关获取数据
	4	企业被民航行政机关处以罚款处罚	10～30分/次	1. 企业违反有关规定，被民航行政机关处以1万元(含)以下罚款的，扣10分/次； 2. 企业违反有关规定，被民航行政机关处以1万元以上，3万元(含)以下罚款的，扣20分/次； 3. 企业违反有关规定，被民航行政机关处以3万元以上罚款的，扣30分/次	《中华人民共和国民用航空法》《通用航空经营许可管理规定》	根据民航行政机关行政检查情况，从民航行政机关获取数据
	5	企业被吊销通用航空经营许可证	50分	企业因违法违规行为被吊销经营许可证的，扣50分	《民航法》《通用航空经营许可管理规定》	根据民航行政机关行政检查情况，从民航行政机关获取数据

续表 10-1

指标		评价内容	分值	评价说明	指标依据	评价方法
企业违规经营	6	企业未按要求报送生产经营信息	按实际扣分情况核减	企业在评价周期内因未按规定报送信息而导致扣分的，所扣分数在本项相应扣除（注：计算评价周期内的累计扣分总和）	《中华人民共和国民用航空法》《通用航空经营许可管理规定》《通用航空管理系统信息报送要求及考核办法》	从民航行政机关及通用航空管理系统中获取数据
	7	在评价周期内，企业因同一事由被处罚两次或者以上	50 分	企业在评价周期内因同一事由被处罚两次或者以上，扣 50 分	《中华人民共和国民用航空法》《通用航空经营许可管理规定》	根据民航行政机关行政检查情况，从民航行政机关获取数据
损害消费者权益	8	企业被消费者有效投诉	3 分/次	1. 企业因违反合同约定被消费者和通用航空用户投诉的，扣 3 分/次。基于同一事由进行多次投诉的，记为 1 次； 2. 下列情形不属于投诉范围：①存在明显的犯罪事实，应当向公安机关报案的；②法院、仲裁机构正在进行审理、仲裁，或者判决，裁决已经发生法律效力的；③涉及公安、海关、边防检查、检验检疫等其他行政机关行政行为的；④属于投诉受理范围但其他行政机关正在处理或者已经处理完毕的；⑤已做结案处理且无新的投诉理由的；⑥涉及依法履行民航运行安全及安全保卫职责的；⑦其他不属于服务质量问题的	《中华人民共和国民用航空法》《消费者权益保护法》《民法典》《通用航空经营许可管理规定》《通用航空短途运输管理暂行办法》等规范性文件	从民航行政机关或 12326 等渠道获取数据

续表 10－1

指　标		评价内容	分　值	评价说明	指标依据	评价方法
损害消费者权益	9	企业由于自身原因未保证飞行安全、作业安全、造成人员死亡或者重伤	30～50 分/次	1. 累计死亡或者重伤人数 1～4 人，扣 30 分/次； 2. 累计死亡或者重伤人数 5～9 人，扣 40 分/次； 3. 累计死亡或者重伤人数 10 人及以上，扣 50 分/次	《中华人民共和国民用航空法》《通用航空经营许可量理规定》《通用航空短途运输管理暂行办法》等规范性文件	从民航行政机关获取数据
失信惩戒	10	企业或者企业高级管理人员和其他负有直接责任人员在民航行业信用信息记录中存在严重失信行为信息	50 分/次	企业或者企业高级管理人员和其他负有直接责任人员在民航行业信用信息记录中存在严重失信行为信息的，扣 50 分/次	《民航行业信用管理办法》	从民航行政机关获取数据
	11	企业或者企业法定代表人被列入“信用中国”失信被执行人、企业异常经营名录，或者重大税收违法案件当事人名单	50 分/次	企业或者企业法定代表人被列入“信用中国”失信被执行人、企业异常经营名录，或者重大税收违法案件当事人名单的，扣 50 分/次	《国务院办公厅关于加快推进社会信用体系建设构建以信用为基础的新型监管机制的指导意见》	从“信用中国”平台获取数据
	12	企业或者企业法定代表人被列入“国家企业信用信息公示系统”经营异常名录或者严重违法失信企业名单	50 分/次	企业或者企业法定代表人被列入“国家企业信用信息公示系统”经营异常名录或者严重违法失信企业名单的，扣 50 分/次	《国务院办公厅关于加快推进社会信用体系建设构建以信用为基础的新型监管机制的指导意见》	从“国家企业信用信息公示系统”获取数据

注：1. 企业类型包括载客类、载人类、其他类（不含执照培训）、执照培训类 4 类；

2. 扣分项目同一事由仅记一次，且取最高分值计算。

10.6 通用航空企业诚信评价管理

民航局对诚信经营评价工作的真实性和公正性负责,并接受有关部门和社会监督。发现诚信经营评价结果与事实不符的,民航局或者受委托机构应主动并及时予以纠正。民航局或者受委托机构的工作人员在组织开展诚信经营评价过程中存在徇私舞弊、玩忽职守、收受贿赂等违法违纪情形的,依纪依法予以处理。企业诚信经营评价结果将作为民航行政机关实施行业监管、政策适用、通用航空发展专项资金补贴发放等工作的重要参考。对诚信经营评价等级高的通用航空企业,民航各地区管理局可以调减检查频次或者豁免检查;对诚信经营评价等级低的,可以调增检查频次。

第 11 章 通用航空安全管理实践与应用

11.1 通用航空公司安全管理

11.1.1 通用航空公司安全管理现状

自《关于深化我国低空空域管理改革的意见》实施以来，我国通用航空得到迅速发展。然而，通航发展的同时，安全形势却不容乐观，飞行事故和征候率远高于运输航空。究其原因，除了通航航空器种类繁多、通航保障条件和作业环境差以及局方监管不足之外，其根源还在于通航企业安全管理水平落后，运行不规范，体制不健全，管理理念、队伍建设、管理手段等方面都比较薄弱，因此通用航空安全管理能力不足已成为制约我国通用航空快速发展的重要因素，通航企业安全管理水平急需提高。目前对通航公司安全管理能力的研究较少，而针对通航公司安全方面的研究主要集中于以下几个方面：

① 从通用航空公司发展现状入手，通过对该行业现阶段发展的分析，得出限制通用航空公司运营的安全因素，从而得出通用航空公司的发展策略，建立符合通用航空公司特点的规范标准和安全管理体制。

② 从政府安全监管的角度进行分析，通过对通用航空公司安全监管过程中发现的问题，如安全监查人员不足、安全监管能力不足等方面进行研究，并且强制通用航空公司执行安全规则和接受安全指导，最后得出影响通用航空公司安全管理的因素。

③ 从通用航空公司安全管理体系建设的角度入手，制订实施安全管理体系的详细计划，重点从实施方案、安全目标、安全管理过程及活动、资金限制及时间限制等内容入手，找到安全管理的隐患和盲点，制订安全方案和安全绩效目标，合理分配和规划安全管理体系的工作和资源，并进行检查、考核和奖惩。但是前人针对通用航空公司安全管理的研究大多侧重于该行业在发展的过程中出现的安全问题、安全管理体系建设以及政府安全监管中发现的安全隐患，以上从企业内部安全资源建设、外部的政府职能监管以及企业安全管理体系建设的角度所做的研究，揭示的只是通航公司安全发展的必要条件，而通航公司自身安全管理能力的建设才是其安全发展的充分条件。根据企业安全管理能力理论，安全管理能力是企业对内外部资源的协调控制和综合利用，因此，研究通航公司安全管理能力的构成及内部关系对于提高通航安全水平，实现安全发展具有重要意义。

11.1.2 通用航空公司安全管理实施

1. 通用航空公司运行特点

通用航空公司的运行特点包含以下几个方面：

① 通用航空公司的机队机型种类繁多，飞机的管理比较困难，飞机的维修需要更加专业的机务人员；

② 通用航空公司的作业大多为低空飞行，受空域、管制的影响较大；

③ 通用航空公司的航线不固定，航前准备比较多样，飞行申请审批流程比较烦琐，影响公司运行的时效性；

④ 由于通用航空发展起步晚，速度慢，相关的法律法规不是很健全，导致通用航空公司内部的管理制度不是很完善，增加了运行过程危险发生的可能性。

2. 通用航空公司运行规章体系及运行过程

(1) 通用航空公司运行规章体系

国务院涉及通用航空安全管理及运行的法律规定主要是《中华人民共和国民用航空法》《通用航空飞行管制条例》，民航局针对通用航空公司运行的规章要求主要体现在 CCAR－91－R4《一般运行和飞行规则》和 CCAR－135－R2《小型航空器商业运输运营人运行合格审定规则》中。

通用航空公司的安全运行离不开安全管理，通用航空公司的安全管理体系包括安全管理的政策、目标、组织机构及职责、安全教育与培训、文件管理、安全信息管理、风险管理、不安全事件调查、应急响应、安全监督与审核等。通用航空公司管理机构应当至少每月召开一次安全生产例会，每季度要召开安全生产分析会，每年对通用航空公司的运行安全状况组织一次评估。还应配备足够数量的合格人员从事通用航空公司运行保障的所有岗位，管理机构还应当建立员工培训和考核制度。通用航空公司管理机构应当依据法律法规、民航规章和标准编制本公司运行手册，手册应当满足通用航空公司运行安全管理工作需要，有利于不断提高本公司的安全保障能力和运行效率。

(2) 通用航空公司的运行组织过程及流程

1) 通用航空公司的运行过程

一般通用航空公司的运行过程包括航线分析、飞行申请、机场评估、运行控制的航前准备、飞机放行和航班的运行监控、旅客进出港。航班的运行流程如图 11－1 所示。

① 航线分析

运行部接到飞行任务后，对起飞和落地性能分析采用厂家提供的分析软件或《飞机飞行手册》，参考外界大气条件、障碍物限制等对起飞性能、落地性能进行分析，并确定飞行油量，根据分析结果确定飞行任务的适合性。起飞和落地性能分析结果需在机组飞行预先准备时提供给机组。运行人员利用 JEPPESEN(杰普逊)航图、国内航图等航行情报资料，制定航线、选择备降场、确定飞行航线。

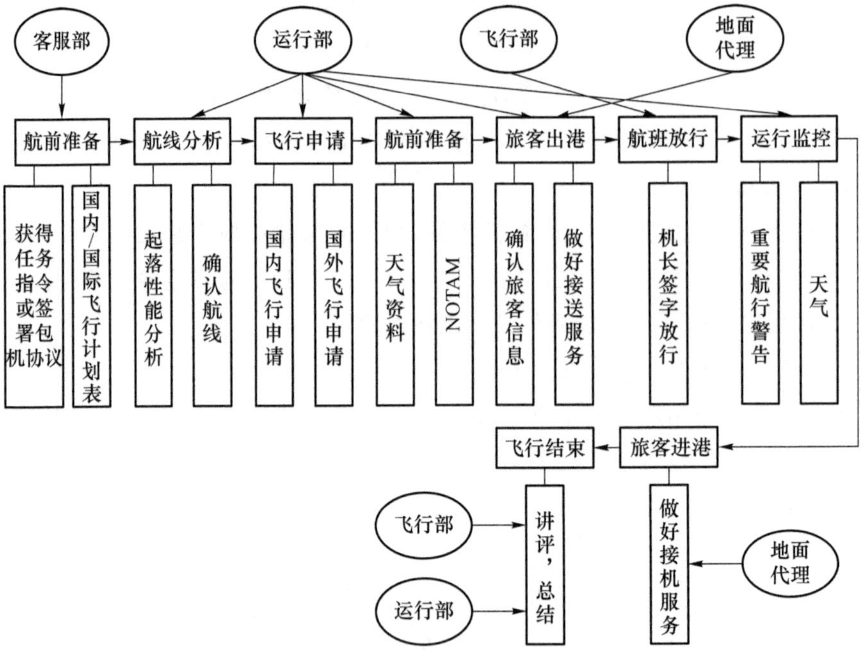

图 11-1 通用航空公司运行流程及相关部门

② 飞行申请

对于国内飞行，由运行部负责国内航线飞行许可和国内民用机场的起、降时刻申请，并将批准文件发送到相关单位。对于国际飞行，运行部负责国外机场起、降时刻及飞越的申请。飞越申请按各国 AIP 规定或 JEPPESEN 航线手册介绍的有关内容填写，主要有执行日期、班期、航班号、机型、起飞机场及起飞时刻、目的机场及到达时刻、飞越国家进/出边境点时刻、飞越航路、距离、飞行时间，申请的时间均用国际协调时 UTC，申请时限不晚于各国要求的时限。航班飞越申请批复后，将得到的各国飞越批准号录入运行管理系统备忘录，在飞行准备时提供给飞行机组。

一般由公司负责国内军民合用机场使用权的申请，需要时向当地空军司令部提出申请。申请由公司领导签发，得到机场使用权批复后，通知运行部。申请函内容包括执行日期、班期、航班号、机型、起飞机场及起飞时刻、目的机场及到达时刻。

③ 机场评估

机场评估项目至少包括以下内容：主降、备降机场的飞行特点、进离港程序、复飞方法、等待程序、限制噪声程序和宵禁规定；主降、备降机场航行管制、气象保障、航行通告保障和通信导航设备等情况；跑道、滑行道、停机位、灯光设备和净空条件，地面保障的组织实施的机构、设备能力，机务的放行资格与能力；应急处置和消防设备的能力；军用或军民合用机场空军的特殊要求；沿途各国（或各管制区、情报区)有关航行方面的特殊规定;其他特殊规定和要求。

④ 运行控制的航前准备

值班运行控制人员或代理人负责在不晚于飞机预计起飞前 30 min,向飞行机组提供最新的目的地机场、备降场天气实况资料和天气预报资料以及高空或低空风温图、重要天气图等天气资料。如果飞机延误超过两个小时,需要重新提取相关天气实况和天气预报,并递交机长。同时值班运行人员或代理人负责收集、提供起飞机场、目的地机场、备降机场及所飞越情报区的最新航行通告,并提交机长。

获取以上飞行必要资料后,运行控制人员需进行分析,如有影响飞机放行的因素存在,应及时通知机组。运行控制人员需不迟于起飞前 1 h 30 min 制作出放行单并交于机长审核(或通过代理人交于机长),审核无误后由机长签字放行。

⑤ 飞机放行和航班的运行监控

所谓放行就是由机长签署放行单,从而保证每次飞行符合中国民用航空规章和公司的《运行规范》,保证每次飞行安全和航班正常运行。机长签署放行单后,该次航班才能合法有效地执行。

在该次航班起飞后,运控中心签派员即开始对该航班进行严格的运行监控。主要监控航班飞行状态,掌握航路、目的地机场和备降机场的天气情况和影响飞行安全的航行通告等其他各类信息,向飞行机组提供有效的地面支援,同时对公司当天的所有航班进行合理化调整,保证航班的安全正常运行。运控中心对航班的运行监控就是对航班运行的总体情况的掌握和控制,包括对不正常航班的调整和控制。

机长在飞行结束后,组织机组成员对飞行运行情况进行讲评,如果在飞行运行中发生不正常的飞行事件,还应查找原因、总结经验教训。运行部也有责任和义务在飞行结束后进行总结、评价。

2) 通用航空公司运行系统各部门职责

通用航空公司的运行系统如图 11－2 所示,包括飞行部、安全技术监察部、生产运行中心以及维修部,其职责如下:

① 飞行部　飞行部是公司组织和实施机组飞行任务和对飞行人员进行管理教育的职能部门,贯彻“安全第一”的方针,组织飞行人员的规范运行、安全教育和机组管理,确保飞行安全和空防安全,按照公司下达的航班运行任务,负责编制机组飞行计划并按《运行手册》规定和要求组织飞行运行;按照公司确定的飞行员训练计划和飞行技术管理部门的训练要求,负责编制飞行员训练实施计划并组织实施;负责制订飞行排班计划,组织飞行员体检,配合飞行员的引进工作;负责当日、次日飞行机组排班计划和飞行机组变化、控制机组值勤和飞行时限限制,对预计的飞行机组超时提出预告;在航班不正常时及时提供备份机组,做好次日航班计划变更有关机组的协调。

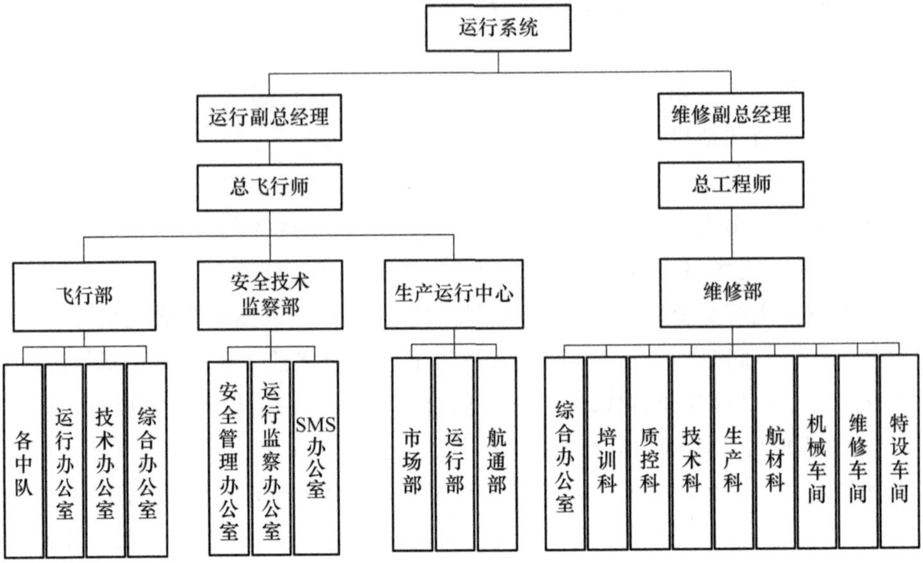

图 11-2 通用航空公司运行系统

② 维修部　飞机维修部包括培训科、质控科、技术科、生产科、航材科、综合办公室、机械车间、特设车间以及维修车间。负责分管公司航空器维修工程、航材保障和科技教育工作;确保公司航空器处于适航状态,保证飞行安全,提高航空器利用率,减少航班延误千次率,合理库存航材,为实现公司总体经营目标提供基本条件,并正确履行维修部的职责。

③ 运行部　运行部是以根据客户出行计划制定的航班计划为基准,以运控人员的运行控制为核心,以公司航班日常生产运营管理为目的,确保航班安全、正点、顺利、高效、有序运营的航班生产运作体系。运行部主要负责航班国内、国际飞行的飞越、离地许可和国内军用、军民合用机场使用权的情况;负责航线和机场分析、飞机性能管理和油量管理工作、协调主运营基地、保障现场协调工作、飞行监控、临时性包租合同的签署;负责行路费、机场费用、第三方服务费用账单的审核工作。

④ 安全技术监察部　负责组织贯彻落实国家、单位、公司有关安全运行方面的法律、条令、条例、法规及规章制度;负责组织与指导公司安全教育和安全培训工作;负责对公司发生的飞行、地面生产事故、征候及严重差错、交通事故、工伤事故及不安全事件进行调查和处理;负责《运行手册》及《运行规范》的编写、修改、报批及分发工作。

3. 通用航空公司安全管理实施措施

目前,通用航空公司存在着飞机种类繁多、技术保障标准不完善、飞行高度低、安全管控基础设备薄弱等问题。一般从通用航空航空器注册的适航管理、通用航空飞机基础数据的管理、制定运行地面保障流程的政策性要求、通用航空飞行监管信息的获取与统计等方面来加强通用航空公司的安全管理能力。

(1) 加强通用航空航空器注册的适航管理

通用航空飞机要实施运行必须取得我国的航空器国籍与注册号。通过加强航空器注册管理,对航空器机载设备需配合航空监管的最低配置提出相应的要求,明确飞机实施目视、非精密进近、精密进近、PBN(基于性能的导航)进近等程序所需配备的设备标准,特别对机载应答机或 ADS－B(广播式自动相关监视)设备的安装提出硬性的要求。这样后期通过监管系统可以对各架通用航空飞机是否符合飞行申报、天气条件、适航的有效性等多个方面进行监管。

(2) 加强对通用航空飞机基础数据的管理

为更高效地监管通用航空飞行活动,应利用当前的大数据管理、云计算等先进技术手段,建立针对通用航空的基础数据库,将处理从通用航空公司获得的监视数据的工作站放到空管部门运行,然后通过互联网传递到局方监管部门的一部服务器中,通过综合静态数据融合就可以得出每一架通用航空飞机的准确信息和详细的监管数据统计报表等,以便于未来利用 AFTN(航空固定电信网)、ADS－B 等数据网络进行日常监管。航空器的基础数据应在航空器注册时取得,包括机型、机载设备、飞机性能、执行各类飞行的场地和气象标准等数据。将这些数据和飞行计划、气象等信息相关联,可以判断该飞行的合法性和安全性。同时为便于对通用航空监管数据进行管理,需要建立通用航空飞机注册数据和运行数据的概念化模型。飞机注册信息包括机型、注册号、飞行机载仪表设备配置、各个设备适航时限等基础信息;飞行计划信息包括通用航空公司通报 AFTN 网的 FPL(领航计划报)中的各类相关数据,包括飞行的区域、航线、预计起飞的时间、飞行的科目等信息;飞机运行信息包括 ADS－B 的 24 位注册码及通过 AFTN 或 ADS－B 活动的飞机实际飞行时间、区域和基本状态的数据。对这些信息进行概念化的处理有利于进行自动监管,制定相应的通用航空运行的政策,使得通用航空公司必须具备相应的保障设备,必须按照运行保障的流程要求上报计划申请等数据。航空监管部门通过监管数据系统可以自动得到所需飞行监管信息,减少人为工作和人为干扰,通过可靠的监管统计数据实施科学有效的通用航空监管和服务。通用航空的航空监管本身也是一个发展的过程,因此在所需数据内容方面可以参考欧美等发达国家的通用航空数据要求。

(3) 制定通用航空公司运行地面保障流程的政策性要求

对通用航空运行的地面保障流程制定相应政策性要求,包括对飞行计划的提前申报、对气象信息和航行情报信息的获取和核准流程,通过 ADS－B 等设备对飞机实际运行时间的通报、对飞行科目的通报、对飞行不正常情况的通报。根据局方监管所需数据的要求,在通用航空公司运行规范中提出其通用航空公司应提供监管数据的要求。由于局方对通用航空公司具有监管权,通用航空公司有向局方提供监管数据的责任。本章提出的通用航空监管数据提供系统具有自动获得数据的功能,可以在航空器注册时获得静态数据,在 FPL 报中获得重要飞行数据,通过 ADS-B 获得运行数据。这样直接的数据获取可以防止通用航空公司对飞行数据进行隐报或瞒报,也可以减少飞行监管数据上报的环节,减少通用航空公司的工作量。为保障通用航空运行的安全有序,在建立合理的通用航空监管数据获取体系的情况下,为保证通用航空监管数据的正常获取,局方应制定相应的监管实施流程和规范性的政策要求。这种监管实施流程和规范的制定一方面可以促进通用航空公司严格按照运行要求实施航空运行,保证飞机适航性、人员资质、飞行报备、飞行条件、飞行架次统计等方面的安全准确;另一方面可以监管保证通用航空监管数据获取体系本身的正常运行,保证获取数据的准确和有效,以便于对通用航空运行现状进行监管、对通用航空发展进行指导。

(4) 对通用航空飞行监管信息的获取与统计

根据通用航空航空器注册时获得的基础数据和通用航空公司运行时地面保障流程的数据通报,可以采用适当的数据处理系统,对通用航空公司每架飞机的飞行情况进行管理。通过对监管部门进行相应的调研,根据监管部门获取监管数据的用途和要求能够列出所需通用航空数据的清单,包括飞行计划、飞行时刻、飞行人员、飞行区域、飞行气象条件、飞行种类、飞行科目。这样可以对各类通用航空飞行,特别是通用航空训练飞行的飞机架次、飞行小时数、飞行训练小时、飞行训练种类、不安全事件等一系列内容进行监管统计。该数据处理系统以单架通用航空飞机为数据块核心,可以处理来自 AFTN、SITA(航务动态报)、ADS-B 及来自互联网的信息,对该架飞机的注册信息、运行信息进行识别、存储和统计,从而对本地区所有通用航空飞机的飞行状况进行全面地统计、分析和监管。

11.2 通用航空空管安全管理

11.2.1 通用机场空管运行保障

通用机场空管运行单位是指在通用机场提供通用航空保障服务的部门和人员。通用机场空管运行保障是指在我国领域内从事通用航空活动的单位和个人,为其提供保障飞行安全所需的空中交通服务、通信导航监视服务、航空气象服务和航空情报服务,并遵照国家有关通用航空的法律法规和规章标准建立与其运行相适应的规范和程序，并在机场使用手册中明确提供各类服务的方式、方法及内容。

中国民用航空局空管行业管理办公室于 2013 年出台了《通用航空机场空管运行保障管理办法》，该文件从总体、通用机场空管安全管理、空管运行保障服务要求 3 个方面对通用机场空管运行提出了具有指导性和参照性的建议和要求。其中，涉及通用机场空管运行设备保障的条款共有 8 条，主要包括通用机场塔台设置、通信导航监视服务设施设备以及航空气象服务设施设备三方面内容。

空中交通管制服务的任务一般包括：

① 防止航空器与航空器相撞，防止航空器与障碍物相撞。

② 维护和加速空中交通有秩序地流动。

飞行情报服务的任务：向飞行中的航空器提供有益于安全、能有效地实施飞行的建议和情报的服务。

飞行情报服务的范围：重要气象情报；使用的导航设备的变化情况；机场和有关设施的变动情况；可能影响飞行安全的其他情报。

空中交通流量管理的任务：在空中交通流量接近或达到空中交通管制的可用能力时，适时进行调整，保证空中交通流量最佳地流入或通过相应区域，尽可能提高机场、空域可用容量利用率。

空管设施设备保障主要涉及通信导航设备、气象观测设备、航空情报服务保障和辅助设备 4 个方面。通用机场的运行与一般民航运输机场尤其是支线机场相比，存在较大差异性。因此，通用机场出现突发事件时，其空管应急保障设施设备配置及方案也存在较大差异。通过对比分析相关文献及法规标准，可总结得到通用机场空管保障具有以下几个特点。

(1) 通信导航设备要求趋于简单化

根据 1999 年起施行的《通用航空机场设备设施》(GB/T 17836—1999)，通用航空机场应具备 100 W 以上单边带电台、6 W 以上甚高频电台和手持地空对讲机，而对于通用航空临时性机场在调机、作业期间应配备单边带电台或甚高频电台和手持地空对讲机。此外，通用航空飞行时的导航保障，通常利用固定航线上的导航设施，但必要时应在作业机场(作业区)设置临时导航设备。与一般民用航空运输机场管制设备要求相比，通用航空通信导航设备要求更趋于简单化和可操作性。

(2) 气象观测设备配备更具灵活性

《通用航空机场设备设施》(GB/T 17836—1999)规定通用航空永久型机场应设立机场气象台或气象站，并配置常规气象仪和一般气象设备，而临时起降点应配置常规气象仪，包括温度湿度测量仪和风速风向测定仪等。然而，根据调研西南地区及中南地区典型通用机场和企业可知，由于企业成本控制及业务特点两方面的原因，导致大于 90% 的通用机场并不能完全遵照《通用航空机场设备设施》的气象观测设备规定。为了控制通用机场及相关企业的成本，同时为了保障通用机场运行可行性，通用机场及企业多选择参照 2013 年施行的《通用航空机场空管运行保障管理办法》(以下简称管理办法)第四节第二十六条、第二十七条及第二十九条的规定实施机场气象服务保障。该管理办法仅提出建议，并未强制通用机场及企业执行该标准，具有较强灵活性，即仅建议通用机场根据实际运行需求考虑是否设置气象台或气象站。

(3) 航空情报服务相关业务主要依托其他航空情报服务机构

由于通用机场资金和实际运行条件的限制，我国通用机场的航空情报服务多委托其他航空情报服务机构提供。

(4) 辅助设备配备不具有统一性，没有统一标准

目前我国通用机场空管运行保障辅助设备配备主要包括：

① 供电供水设备。

② 储油、加油设施。其中多数一、二类通用机场具备一定数量的加油车和运油车，且建立了专用储油场所和加油器械。

③ 其他设备。主要包括信号用具、一般车辆、启动电源设备等。

目前我国通用机场空管应急设施设备保障存在以下几个方面的问题。

(1) 缺乏针对不同类型通用机场的空管应急保障设施设备配备的统一标准

由于我国通用机场分类不同且分布不均，各通用机场仅根据其自身运行特点制定暂时性的空管应急保障设施设备配备方案。此外，有部分三类通用机场没有制定空管应急设施设备保障方案，从而为通用机场安全运行埋下隐患。

(2) 不同通用机场的空管应急设备保障能力参差不齐

有的通用机场制定了详细的空管应急设备保障预案，内容包括消防设备、备用供电设备、备用通信保障设备、应急信号用具等。而有的机场仅以简单列表形式列出几项应急保障设备清单，且没有规定设备数量、设备型号等详细信息，从而导致应急保障可操作性较低。

(3) 缺乏通用机场空管应急保障设施设备使用细则相关培训

虽然，多数通用机场制定了一定数量的空管应急保障预案，然而缺乏对设施设备使用细则及操作的相关培训。因此，一旦出现通用机场突发事件，多数机场相关人员不能高效快速地使用空管应急设备，导致应急效率大大降低。

针对上述问题，根据我国通用机场空管应急设备保障现状，现提出以下应急设施设备配备方案：

① 配备高频通信设备。如便携式高频电台、科麦克 HF-90 携带式短波电台、HF-90H 跳频电台等。

② 配备空中转发通信设施。如便携式空中转发台有 HYTTR50 等型号；此

外，进行空中转发通信需要选择合适的机型，以速度较低、滞空时间长的机型为好。

③ 配备航空移动卫星通信设备，如便携式卫星电话等。目前主要的卫星移动通信主要分为海事移动卫星通信系统 MMSS、航空移动卫星通信系统 AMSS、陆地移动卫星通信系统 LMSS 三大类。

④ 地空数据链应急空管通信(ACARS 通信)：

在发生紧急情况时，使用飞机通信寻址与报告系统(Aircraft Communication Addressing and Reporting System，ACARS)建立应急空管通信联系，就要求在建立指挥中心时预先安装好 ACARS 通信的地面终端。在具体实施时首先需要考虑空管指挥中心是否能够和地面公共通信网，特别是民航航务电报网(SITA)相连，如果是能够连接的，则可以利用已有的通信网络，使用民航数据公司提供的地空数据通信服务。

当空管应急指挥中心无法与民航航务电报网相连时，则通过车载的甚高频通信地面站直接与区域内的救援飞机取得联系；对于需要卫星连接时，也可以使用车载的卫星通信甚小口径地面站 VSAT 等设备，建立其应急指挥中心与飞机之间直接的数字通信联系。

11.2.2 管制中人为因素对航空安全的影响

航空管制中影响航空安全的因素主要来源于两个方面，一个是直接安全问题，另一个则是人为因素。当前，针对直接因素已经达到了很好的控制效果，而人为因素由于具有一定的偶然性，从相关的统计数据中能够看出，人为因素已成为影响航空管制中航空安全的主要因素。控制管制人员的工作主要是在终端管制室、飞行报告室、进近管制室等岗位上，他们所提供的服务与航空安全的联系是非常紧密的，因此，有必要对人为因素对航空安全的影响进行深入分析。

1. 航空管制中人为因素对航空安全的影响分析

(1) 技术因素带来的影响

通用航空管制技术对于航空安全发挥着非常重要的作用。管制人员需要运用自身非常熟练的决策和调配能力，采用规定的通信设备来对航空飞行进行相关管制工作。只有管制工作人员的自身技术掌握牢固，并且在短时间内进行正确的决策，熟记飞行动态，才能在飞机遇到特殊情况的时候及时准确地解决相关问题。当航空管制人员技术掌握得不够熟练，专业技术缺乏，会造成安全管制缺乏保障。

(2) 环境因素带来的影响

在人为因素方面，环境对于管制人员的影响也是比较大的，这里所说的环境因素主要是两个方面，一个是工作环境，另一个是培训环境。工作环境方面，管制室内的光线、色彩以及声音都会使管制人员在操作过程中的注意力、敏感度、反应能力等受到影响，从而对航空管制的安全产生影响。良好的工作环境会使管制人员保持良好的心情和比较旺盛的精力，因此空管安全和服务质量能够有所保障。在培训环境方面，由于航空管制工作的特殊性，需要及时地对管制人员进行相关技能的培训，对管理人员培训的内容、时间以及成果等直接影响着空管人员管制的能力，管制人员接受的培训时间越长，培训内容越丰富，培训的效果也就越好，这样，管制人员的工作技能就能够得到有效提高。

(3) 个人素质因素带来的影响

管制人员需要对不同的飞行条件进行准确地判断，对于危机事件进行正确、及时地处理，因此，除了需要管制人员具备过硬的技术素质之外，还应当具有良好的心理素质。当前，由于管制人员的个人原因，一部分人员对于工作没有形成积极的态度，消极对待工作；另一些管制人员并没有非常深刻地认识到航空管制工作的重要性和指导作用，在工作中仅仅注重形式；还有一些管制人员不能有效地发挥个人主观能动性，缺乏学习的热情和创新意识，单纯按照旧有的技术和方法来进行管理，不能更新自身素养与时代接轨；还有的管制人员缺乏责任感和服务意识，不能满足航空事业的发展。在管制工作中，由于管制人员的心理素质出现问题，在飞行出现特殊情况的时候，管制人员不能很好地调整自己的心理和情绪，会出现对问题分析不足的情况，使得在进行决策和预测的过程中出现混乱，管制工作陷入被动和混乱，从而导致飞行事故。

(4) 管制因素带来的影响

一项工作职能是需要通过合理的管理来发挥作用的，通用航空中的航空管制工作同样如此。在航空管制工作的每一个环节中，都规定了相关的工作流程、规章制度以及对特殊情况进行处理的预案方法等，但是，目前管制的管理工作并没有进行有效地落实，并且缺乏时效性，空中风险问题一直存在，对乘客和工作人员的人身财产安全造成了威胁。管理力度不高，直接导致了管制人员的警惕性与风险预见性降低，在实际中也会降低民航空管的安全系数。

2. 对于人为安全风险的应对方案

(1) 技术方面

由于通用航空飞行的安全是与管制人员技术方面紧密联系在一起的，因此需要加强管制人员相关的技术培训。新参加培训的管制人员需要勤学勤问，在模拟机上进行练习，尽快投入到工作中去。工作经验丰富的老员工也需要经常参加培训，对自己的技能进行巩固，提高自身的素质与修养。由于航空管制工作并不仅是独立的工作，它也属于航空运输系统的一部分，因此需要有团队合作意识和熟练的团队合作技巧，从而协调各个环节之间的合作，保证航空管制的有效性，减轻监管的负担。

(2) 环境方面

在工作环境方面,应当将控制室中的光线与色彩等进行合理布置,并且符合人体工学,保证管制人员的工作环境是舒适的,这样才能够有效地提升工作者的工作积极性和战斗力。在培训方面,应当对航空管制人员的工作能力进行全面的提升,定期开展理论知识和技能的培训,这样才能够大大提升管制工作者的综合能力,促进管制人员工作技能的提升。

(3) 个人素质方面

思想教育是工作开展的前提条件,只有提升了工作者的整体思想道德和素质能力,工作者才能在工作中爱岗敬业、遵纪守法,责任心和自信心才会得到强化。需要加强对航空管制人员的思想素质教育,提高他们对管制工作的认识,体会到管制工作的重要性,树立自身的管制理念,将空管制度进行贯彻实施。另外,还要培养管制人员良好的心理素质。管制人员应保持高水平的工作能力,同时提高本身的自检能力,做好对自己的保护工作,加强航空飞行的稳定性和安全性,减少事故的发生。

(4) 管理方面

航空飞行的整个过程涉及的环节是非常繁多的,一旦掌握得不到位,就会对飞行安全造成严重的影响。在进行航空管制管理的过程中,应当建立起完善的风险管理制度,构建科学、合理、系统的管理机制,一旦在管制工作中发现问题,应当及时启动风险管理响应,积极地处理风险。另外,所制定的规章制度需要真正落实到实处,建立严格的监管机制,确保管理制度发挥其应有的作用。除此之外,还应当针对航空管制人员建立合理的薪酬与奖惩制度,提高空管人员的生活水平,并且对空管人员的管理质量进行效益的评价,完善相关的绩效考核制度,奖励工作表现突出的员工,对不合理的行为给予及时的惩罚和提醒。

通用航空管制的特殊性决定了其安全工作中存在着多种人为因素,因此,需要对航空管制人为因素进行控制,减少航空安全事故的发生。需要对每一项可能的风险和问题进行分析,采取相应的措施进行有效地解决,从而加强航空安全的保障,提高航空安全管理工作的质量和效率。

11.3 通用航空机场安全管理

11.3.1 通用机场概况

1. 通用机场定义

《民用机场管理条例》(国务院令第 553 号)第八十四条对“通用机场”的定义如

下:为从事工业、农业、林业、渔业和建筑业的作业飞行,以及医疗卫生、抢险救灾、气象探测、海洋监测、科学实验、教育训练、文化体育等飞行活动的民用航空器提供起飞、降落等服务的机场。民航行业标准《通用机场建设规范》(MH/T 5026-2012)中为了区分"可以及已经开展通用航空业务的运输机场",把"通用机场"限定为仅适用于"开展纯通用航空业务的机场"。本节所指的通用机场包含了"可以及已经开展通用航空业务的运输机场"和"开展纯通用航空业务的机场"。2017 年 4 月 14 日,民航局发布了《通用机场分类管理办法》,对通用机场进行了重新分类,定义了 A、B 两类。其中,A 类为对公众开放的通用机场,A 类通用机场包含 A1、A2、A3 级通用机场:A1 级通用机场为含有使用乘客座位数在 10 座以上的航空器开展商业载客飞行活动的 A 类通用机场;A2 级通用机场为含有使用乘客座位数为 5～9 的航空器开展商业载客飞行活动的 A 类通用机场;A3 级通用机场为除 A1、A2 级外的 A 类通用机场。B 类通用机场为不对公众开放的通用机场。

我国通用机场建设发展迅速,通用机场总量、增长量以及飞行小时数均有较大突破,2022 年全国在册通用机场数量达 399 个,相比 2021 年新增 29 个,增幅较大,其中颁证机场较上年度新增 6 个,增幅 6.9%,总数达 93 个;备案机场较上年度新增 23 个,增幅 8.1%,总数达 306 个。2021 年,全国通用航空共完成飞行 117.8 万小时,比上年增长 19.8%。其中,载客类完成 2.0 万小时,比上年下降 19.1%,载人类完成 10.7 万小时,比上年增长 17.0%,其他类完成 59.1 万小时,比上年增长 27.0%;非经营性作业完成 46.0 万小时,比上年增长 14.4%。

由于我国通用航空飞行中传统的飞行训练和作业飞行(医疗救护、农林生产等)比重高达 95%,且大多通用机场除了保障传统飞行活动外还拓展了多种公众业务来加速自身的发展,这些通用机场均属于 A 类通用机场。随着通用机场建设和发展,这种通用机场的运行模式将会成为趋势。

2. 国内通用机场的发展现状

由于市场需求培育不足,低空空域尚未开放的原因,与国外通用航空产业和国内运输航空业相比,我国通用航空和通航机场发展相对滞后。

(1) 通用机场数量偏少

虽然近十年来,我国的通用机场建设速度明显加快,但是由于前期我国通航业整体发展缓慢、通用机场标准不明确、建设门槛过高等原因,现有的通用机场总量仍较少。

(2) 各地发展状况差异明显

我国经济发展的区域特色明显,各地区的通用航空发展现状也相差甚远。

(3) 政策支持不够,机场布局不平衡

地方政府对建设和发展通用机场不够重视,长期重运输航空、轻通用航空。

(4) 监管体系不合理，市场准入太严格

在通用机场的准入方面，军方的审批是难以逾越的环节，且周期长、环节多、协调难度大。审批内容几乎覆盖了通用航空的所有核心环节，包括机场选址、地方发改委立项、起降点和进离场航线等的设定和管理。

中国人民解放军总参谋部、中国民用航空局联合发布了《通用航空飞行任务审批与管理规定》，除 9 种特殊情况外，通用航空飞行任务不需要办理任务申请和审批手续，但在飞行实施前，须按照国家飞行管制规定提出飞行计划申请，并说明任务性质。这在很大程度上简化了通用航空飞行手续，但仍然还有很多相配套的限制条件需要放宽。

(5) 通用机场安全研究较少

在航空产业中比较活跃的实体是航空企业，大部分安全管理的研究也是针对该类企业的。同时，与运输航空的飞行事故较为集中在起飞、落地阶段所不同的是，通用航空事故的发生主要集中在平飞巡航(作业)过程中，而此时航空器已经脱离了机场的技术保障和应急救援范围，因此，通用机场的安全管理在整个通用航空体系中的权重系数较小，安全管理方面的研究也成为一个薄弱环节。

(6) 缺乏适于通航飞行的管理规则

通用航空活动具有速度慢、高度低、区域分散、不确定性强、主要以目视飞行为主的特点，与公共运输航空的交集小，需要建立一套不同于运输航空、适用于通用航空活动管理需求的规则。

同时，通用航空内部在飞行性能、机载设备、业务范围等方面也存在很大差异，难以用高约束力、统一的规则、程序和手段去规范通用航空活动，需要根据业务类型实施针对性的飞行规则或者放松对通用航空活动的管制。

3. 国外通用机场发展可借鉴的经验

(1) 发展战略和政策方面

1) 放松政府各项管制

目前，很多发达国家的低空空域已全面开放，如美国对 3 000 m 以下的低空实行了全面开放，极大地方便了通航飞机的运行。

2) “三位一体”发展体系

美国通用航空实行政府、协会到公司“三位一体”的综合发展战略。政府管理机构是行业发展的规划者和引导者，美国联邦航空局由美国交通运输部下设，是纯粹的运行和安全管理机构。协会组织代表行业利益，在美国民间有众多全国性的通用航空协会，它们大多是非营利性的民间组织，代表通航企业、航空爱好者以及相关产业从业者、公司的利益，是美国通航中不可或缺的组成部分。协会主要开展四个方面的工作:保护通用航空的整体利益、从事通航相关培训和教育、开展面向各级政府的公关活动以及为会员提供各种服务。同时,协会还在机场建设、通用航空投资、通用航空配套设施建设、航空保险等方面为企业提供支持。

3) 加强政府引导作用

尽管美国等国家一直倡导自由经济,但其通用航空及通用机场的发展却离不开政府推动。国外政府积极与航空制造、金融等相关企业合作,共同打造通航产业链,对与通航产业发展密切相关的空域、机场、飞行员培养等给予政策、资金、财税等方面的支持。

(2) 机场安全管理方面

1) 健全规则制度,明确机场安全监管主体

通航发达国家明确了安全管理的责任主体,杜绝了监管部门之间相互推诿的现象,如澳大利亚颁布的《运输安全调查法 2003》(TSI 法),其中就规定了澳大利亚运输安全局(Australian Transport Safety Bureau, ATSB)执行局长的权力,授权其进行独立、不追究责任的航空、海事的安全调查。除了调查事故和事件,ATSB还对安全缺陷进行调查,预测缺陷发生的趋势和未来可能导致的事故。

2) 简化安检程序,确保通用飞行灵活快捷

有了完善的安全规则制度和明确的监管主体后,通用航空发达国家的机场对安检程序就实行了简化操作,如在欧洲,部分机场进出口处甚至不会设置安保人员。在天气条件允许的情况下,航空器拥有人只要持有合格有效的驾驶员执照,就可以自由地在欧盟成员国进行即时起降。

11.3.2 通用机场运行特征

机场是供飞机起飞、着陆、停放和用以组织保障飞行活动的场所,通常由陆侧和空侧两部分构成,如图 11-3 所示。

陆侧部分主要包括机场地面到达系统,是人员和车辆活动的区域。此外,机场还可能设有航空油料的存储、供给和加油设备设施,机场消防和应急救援设备设施,以及供水、供电、供暖、污水污物处理等设备设施。

空侧部分(也称飞行区部分)是机场的主要组成部分,包括跑道、滑行道和机坪,以及用于保障飞行活动的设施设备,如导航设施、气象自动观测系统等。为保证飞行活动的顺利展开,将机场飞行区及其临近地区的空域规定为净空区。

大型公共运输机场的保障系统基本由机坪保障子系统、飞行保障子系统、净空保障子系统、航站保障子系统、运行指挥保障子系统、应急救援保障子系统、信息保障子系统、运行保障子系统、施工保障子系统、消防管理保障子系统组成。

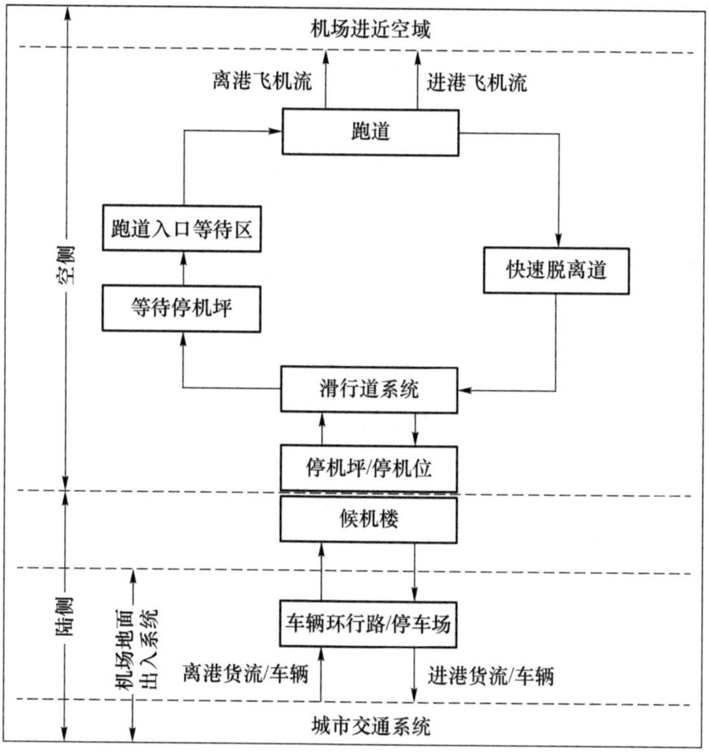

图 11－3 通用机场运行组成

而国内通用机场的飞行活动具有速度慢、高度低、区域分散、不确定性强等特点，所以通用机场与运输机场在运行管理的安全标准、运行模式、管理制度等方面存在显著的差异。通过统计 85 个已取证 A 类通用机场的服务信息，可知其中仅有约 5％的通用机场有独立的应急救援服务。同应急救援服务相似，通用机场也要依靠当地政府的消防部门，配备相应消防等级的消防设施设备。故将应急救援和消防管理归于运行保障子系统，不作为一个单独的子系统。根据通用机场的运行要求相对较低，并且较为灵活等特点，结合目前我国典型通用机场运行模式和体制，将通用机场的运行保障系统整合优化，分为飞行保障子系统、空管保障子系统、净空保障子系统、信息保障子系统和运行保障子系统，如图 11－4 所示。

飞行保障子系统：主要包括跑道、滑行道和停机坪在内的飞行区的所有工作、活动的运行和管理工作。

净空保障子系统：主要包括通用机场空域内保障飞行安全的所有运行和管理工作。

空管保障子系统：主要包括通用机场内所有任务的管制和飞行情报的管理工作。

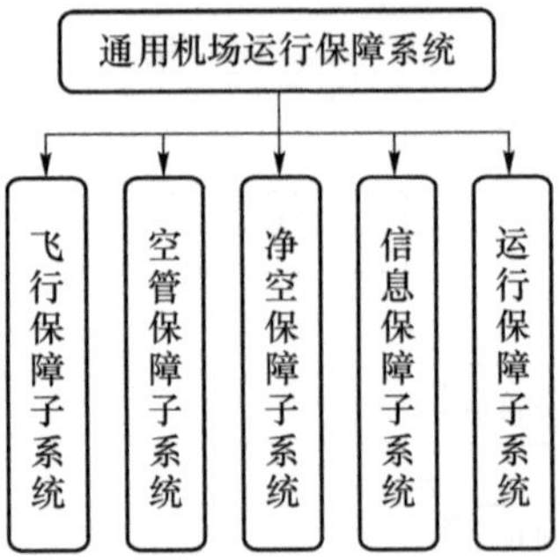

图 11-4 通用机场运行保障系统

信息保障子系统：主要包括通用机场内部运行管理体系的文件、制度和计划等。

运行保障子系统：主要包括不直接参与飞行任务活动的其他保障工作的管理和运行。

11.3.3 通用机场安全风险影响因素分析

本节根据机场相关规章、咨询通告，立足于通用机场实际运行状况和历史事故/事件数据，对通用机场进行安全风险分析，确定国内通用机场安全风险的影响因素。事故/事件是影响通用机场运行安全的强有力的证据。由于对通用机场安全风险的管理目标就是降低事故/事件的可能性和严重性，故分析通用机场事故/事件的原因对于通用机场安全风险的管理来说是必须的。根据民航局发布的《民用航空器征候等级划分方法》，并结合通用机场运行涉及范围，对通用机场相关事故/事件的主要原因进行分析，并将事故进行归类，如表 11-1 所列。

表 11-1 通用机场相关事故/事件分类

序号	事件类型	说明	数量
1	净空管理事件	机场净空保护区内出现非法升空物和新增超出障碍物限制面的超高建(构)筑物	59
2	跑道侵入事件	《民用航空器征候等级划分办法》标准定义的跑道侵入	13
3	机坪刮碰航空器事件	《民用航空器征候等级划分办法》标准定义的航空器与航空器、车辆或其他物体相撞，造成航空器受损(仅轮胎损坏除外)或人员受伤	30
4	不停航施工事件	按《民用机场飞行区运行情况报告规定》上报的不停航施工相关的安全事件	2
5	鸟击事件(机场责任)	按《民用机场飞行区运行情况报告规定》上报的机场本场责任的鸟击事件数	116

续表 11-1

序号	事件类型	说明	数量
6	外来物损伤航空器征候（不含轮胎扎伤）	按《民用机场飞行区运行情况报告规定》上报的外来物损伤航空器征候	18
7	轮胎扎伤事件	按《民用机场飞行区运行情况报告规定》上报的轮胎扎伤事件数	65
8	冲突事件	按《民用航空器征候等级划分办法》标准定义的航空器小于规定雷达管制间隔事件	9
9	设备故障	按《民用机场飞行区运行情况报告规定》上报的机场供电、目视助航设施等设备全部或部分失效或运行不正常的情况	16
10	供油运行事件	供油单位负责的供油相关的安全事件	5
11	其他	按《民用机场飞行区运行情况报告规定》上报的，本指标体系未单独作为指标列出的事故、事件	15

对通用机场事故/事件数据库的全部事故/事件原因进行安全风险分析，根据已实施的中国民航机场安全管理法规将结果进行汇总，确定风险影响因素为：机坪运行管理、跑道、滑行道和机坪维护及检查、目视助航设施运行及维护、机坪车辆管理、设施设备管理、交通管制服务、航空气象服务、航空情报服务、非法升空物、鸟害及动物侵入、安全计划、人员资质及培训、不停航施工管理、供油服务和消防管理。

飞行保障包括跑道、滑行道和停机坪内所有活动的运行和管理等工作。飞行保障直接参与飞行任务，其直接影响到飞行安全状况。

(1) 跑道、滑行道和机坪维护及检查

跑道、滑行道和机坪是航空器最主要的活动区域，而且范围广，要时刻保持对这一区域的维护。当这个区域出现路面污染、外物入侵等问题时，既不能保证正常的航空器活动，又会增加出现事件和事故的可能性。维持跑道、滑行道和机坪符合各项规章、标准的要求，将会大大降低通用机场的安全风险。通用机场建立的跑道、滑行道和机坪巡视检查工作制度主要包括：每日巡视检查的次数和时间；跑道、滑行道巡视检查的通报程序；巡视检查人员与塔台管制员联系的标准用语；巡视检查跑道过程中发生紧急情况的处置程序等。任意一环的缺失都可能会影响飞行活动的安全运行，进而增加通用机场的安全风险。

(2) 目视助航设施运行及维护

目视助航设施包括风向标、各类道面（含机坪）标志、引导标记牌、助航灯光系统（含机坪照明）。通用机场的目视助航设施始终处于不适用的状态，很可能会由于滑行引导灯光、标志物、标志线、标记牌等指示不清或设置位置不当而造成错误指引等，造成航空器误滑或者人员、车辆误入跑道、滑行道的事件。

(3) 机坪运行管理

机坪内活动复杂，主要包括：航空器试车、航空器维修、机坪检查及机位管理等。由于存在多个活动在该区域内共同进行，故该区域的影响因素也较复杂。往往由一方面因素而引发连锁反应，造成一系列的事件。因此，机坪运行混乱而造成通航事故，其直接损失和间接损失都是不可估量的。做好对机坪运行的管理，保证通用机场内的安全，这是非常重要的。

(4) 机坪车辆管理

通用机场内的特种车辆不仅要保障作业安全完成，还需要按规定停放和移动。由于车辆行驶速度较快，与航空器、人或建筑碰撞后，都会造成非常大的损失。例如电源车未按规定驶入正在滑出机位的航空器的滑行通道，一旦碰撞，必将会对航空器造成损坏，需要投入大量的人力、物力、财力对这一事故进行处理。

(5) 设施设备管理

不能擅自损坏、挪用、占用或遮挡通用机场内的基础设施和设备。当设施设备不合规地出现在机场内的活动区域内时，其将会成为一个不确定、不稳定的风险因素，大大增加了通用机场的安全风险。

净空保障主要包括通用机场空域内所有活动的运行和管理。在航空器起降过程中，事故/事件频发，若缺乏对航空器起降空域的监督、管理，则等同于将航空器置于一个充满风险的飞行环境中。

(1) 非法升空物

净空管理需要保证航空器在飞行中于机场净空保护区域内免遭飞行干扰。通过分析历年事故/事件可以发现，2010 年至 2015 年内大部分非法升空物都是风筝、气球等，随着科技的飞速进步，无人机技术得到了充分的发展，近年来，频频有无人机、动力伞等航空器在通用机场净空保护区域内非法升空，这给通用机场的航空安全带来了较大风险。

(2) 鸟害及动物侵入防范

表 11-1 中的统计分析结果显示，鸟击及动物侵入事件共 123 起，约占全部事故/事件的 35%，如此大的占比给通用机场内航空器的运行带来了很大的风险。通用机场相关部门应采取综合措施，防止鸟类及其他野生动物对航空器的安全运行产生危害，最大限度地避免鸟类及其他野生动物撞击航空器。

空管保障主要包括机场内所有活动的管控和飞行情报的管理工作。统计 85 个已取证 A 类通用机场的服务信息，虽然只有约 55%的通用机场拥有塔台和交通管制服务，但随着通航产业的不断发展，通用机场的空管保障系统将越发完善。

(1) 交通管制服务

通航发展刚刚起步,机场的交通管制人员和设施设备均不完善,大多数通用机场没有空中交通管制塔,是不受控制的机场。目前,国内通用机场的运行管理还不成熟,通用机场的交通管制服务受到诸如规章、配套设施、相应的专业技术人员等的限制,难以成为保障飞行安全的有效手段。完善通用机场交通管制服务不仅能提高通航飞行效率,还能降低通用机场内所有活动的风险。

(2) 航空气象服务

目前,国内空管部门的气象服务一般只针对运输航空,且只有运输机场终端区域以及高空航路的天气预报和实况,缺少通航所需的低空飞行的气象信息。通用机场没有独立的航空气象服务,没有通航飞行前获得气象资料的正式途径,相关人员只能在每次飞行前通过现场观测以及互联网获得有限的气象资料,给通用机场内的飞行活动增加了难度和风险。

(3) 航空情报服务

国内低空开放不久,通用航空飞行情报还未进行统一收集整理,存在缺少之前未对外开放的通用机场的飞行情报和情报有误等情况。飞行任务前无法将航图和机场资料调入系统进行分析、评估,无法识别机场的潜在风险,易造成极大的危害和损失。

信息保障主要包括机场内部管理体系的文件、制度和计划等。从运行管理方面来看,国内通用机场运行的大环境相对较差,缺乏有针对性的政策和研究。这就显得通用机场对自身安全风险的监控和安全监督等管理工作显得尤为必要。

(1) 安全计划

安全计划是对突发事故、事件进行必要响应的基础。安全计划包括定期航行通告、定期设施设备自检、日常安全检查与自检、机场使用手册的编制与修改、安全管理规章和制度以及应急响应等多项程序。通过多种程序共同作用,保障通用机场自身的安全水平,规避风险。通用机场运行的安全信息报告给所属民航地区管理局,包括通用机场使用细则资料的变更、安全生产建议、影响运行安全的事件或隐患等与安全生产有关的信息。

(2) 人员资质及培训

通用机场的人员均应持有符合岗位要求的执照或资质认证,并建立员工培训和考核制度。对人员资质监督不到位会对机场运行产生负面影响,造成的后果也是不可估量的。同时,开展与通用机场相关的培训可以大大减少通用机场人员造成的事故/事件。国内通用机场在专业人员方面较单一,通用机场间专业人员的相互学习、流通,既可增加专业人员的数量,又可以帮助通用机场扩大业务面。

运行保障子系统主要包括不直接参与飞行任务的其他活动的管理工作。在统计的85个已取证A类通用机场的服务信息中，仅有约5%的通用机场有独立的应急救援服务和维修服务，其中5个通用机场有独立的应急救援服务，4个通用机场可独立承担维修服务。通用机场内的维修服务均由驻场的航空公司承包，应急救援服务则依靠当地政府。通用机场并不是维修服务和应急救援服务的主体，故在风险因素分析时并未将其考虑其中。

(1) 不停航施工管理

不停航施工是指在机场不关闭或者部分时段关闭并按照航班计划接收和放行航空器的情况下，在飞行区内实施工程施工，通用机场应该依照规定对不停航施工进行管理和监督，最大限度地减少不停航施工对通用机场正常运行的影响，防止危及通用机场运行安全的事件发生。

(2) 供油服务

通用机场内从事航空油料供应的单位应当根据规定结合该通用机场的实际，制定各项安全管理规章制度、操作规程、作业程序、应急预案等，保证供油服务的运行安全、有效，减少火灾、爆炸事故，溢油污染事故，拉坏航空器(加油车)加油接口或刮碰航空器等事故/事件的发生。

(3) 消防管理

同应急救援服务相似，通用机场也要依靠当地政府的消防部门，但是依照规定，不同消防等级的通用机场应配备相应的消防设施设备并定期检查，以确保出现火情或火灾隐患时，在消防部门到达现场前先行采取灭火措施，控制起火范围，降低机场损失。

11.4 通用航空适航维修安全管理

11.4.1 通航机务维修

1. 相关概念

通用航空维修管理，是指对通用航空维修系统及其相关资源进行有效整合，以达成系统既定目标与责任的动态创造性活动的总称，即利用计划、组织、指挥、协调、控制等管理行为活动，有效整合人、财、物、时间、信息等航空维修管理要素，以提高通用航空维修资源的利用效率和效益，高效地达成通航维修目标。

通用航空维修管理体系可简单定义为所有与通航企业维修有关的事物相互联系、协同互助而又相互制约的一个整体。其具体构成要素主要有：

① 维修的手段和设施，是实施维修活动的物质基础，主要包括保障维修的设

备与各类器材、维修技术资料等；

② 维修航材保证，是指在维修工作中更换使用的飞机部件以及机载设备的保障；

③ 维修人力资源，是指从事维修保障的各类专业技术人员、管理人员、培训及航材管理人员等；

④ 维修体制，是指通航维修工作的组织机构设置、部门职责权限、领导建制以及任务划分的制度。

通用航空维修管理就是为完成预定的维修任务而合理组织、计划、使用各类维修资源（包括人力、物力、财力和时间）的全过程。

2. 通用航空维修管理的基本任务

通航维修的最终目的就是科学地利用各种维修资源，以最小的资源消耗、最经济的形式，及时迅速地恢复通用飞机的完好状态，保证通航飞行任务的安全实施。其最基本的任务概括起来主要有以下几点：

① 组织维修的实施。统筹安排、制订飞机的维修计划，组织进行飞机的维护、修理和改装等工作。

② 保障维修质量和维修安全。加强质量体系和安全监督体系建设以及人为差错工作教育，确保飞机维修质量和维修安全。

③ 提高维修效率和效益。

④ 提高维修人员素质。组织企业维修技术人员和管理人员进行专业技能的学习，培训企业员工的综合素质。

⑤ 保障维修相关资源。包括维修设施、器材、航材备件、手册及其他技术资料等的管理。

⑥ 维修信息管理。建立和完善维修信息管理系统，为科学的维修提供可靠的数据信息支持。

3. 通用航空维修管理的主要职能

现代航空器的使用和维修过程都有其技术规律，任何维修组织都必须遵守。在通航维修管理中，必须按照维修生产过程的客观要求，使维修生产诸要素做到最佳组合。维修管理职能作用于维修生产过程中表现为六种基本职能，分别是决策职能、计划职能、组织职能、领导职能、协调职能和控制职能。

（1）决策职能

决策活动贯穿于通航维修活动全过程和各个方面，它关系到管理工作的成败，要求维修决策者必须掌握科学决策的理论和方法。决策是通航维修管理活动的首要职能，任何维修活动总是要先做出决策然后才能以此做出计划，并根据决策意见和计划方案组织实施。

(2) 计划职能

是指维修管理人员通过调查研究和预测，依据通航公司经营目标、维修方针、航空器持续适航的维修要求等，制订预定维修的方案和计划，制订长期和短期的维修生产计划，制订维修与工程的发展计划，确定实现计划的措施和方针，并将计划指标层层分解，落实到各个部门、各个环节。

(3) 组织职能

是指把维修活动的各要素、各环节和各方面，从劳动的分工协作上，从纵横交错的相互关系上，从时间和空间的相互关系上，合理地组织起来，以形成一个有机整体，从而有效地实现通航公司和维修部门的目标。其主要内容包括建立合理的组织机构、明确各级部门的职责范围、规定各级领导的责任和相应的权力等。

(4) 领导职能

是指对各级各类人员的领导，保证维修活动的正常进行和既定目标的实现。要实现科学的指挥，建立统一的强有力、高效率的指挥系统，对航空器的运行和维修过程实现统一领导、统一指挥，及时解决航空器使用和维修过程中出现的各种问题。

(5) 协调职能

是指维修单位的一切工作都要和谐配合，以便于维修生产活动顺利进行。

(6) 控制职能

也称监督职能，就是检查各项工作的进展是否与计划相符，是否与下达的指令及已定的原则相符，及时发现差异和存在的问题，分析原因、采取对策，以便纠正偏差，保证计划目标的实现。控制必须以计划为依据，控制要有组织机构，要有合理的规章制度，要有明确的责、权、利相结合的经济责任制。

科学的维修管理就是通过深入研究航空器运行全过程的维修工作、管理工作的一切方面，充分有效地发挥这六大管理职能，使维修生产要素处于最佳的结合状态，发挥最大的效益。

4. 通用航空维修管理机制

通用航空维修的管理机制是指组成航空维修工程系统的各个部门，以及各部门之间用一定的程序和制度所形成的相互联系和联系方式的总和，并通过它促进通航公司的经营活动和维修生产按照预定的目标不断运转。

航空维修的管理机制是通过管理实践不断完善的，主要有以下方面：

① 动力机制，使维修组织的全体职工自觉地为通航公司的总目标而奋斗；

② 风险机制，企业和职工都有要承担的风险，要有压力；

③ 运行机制，使维修生产各要素处于最佳组合与运作状态；

④ 增长机制，使维修能力、规模和效益不断增长；

⑤ 调节机制，能根据市场和航空公司及维修工程部门内部情况的变化不断地调节；

⑥ 行为机制，使企业的行为合理化和长期化，进行自我约束等。

5. 通用航空维修管理的部门设置

部门是指承担一定管理职能的组织单位，是由某些具有紧密联系的管理业务和人员构成的集合。企业设置的各个部门以及它们之间在纵向与横向上的联系，就是部门结构。部门与部门结构是企业管理组织的分工形式。

6. 通用航空维修计划管理

维修计划管理是航空维修管理的首要职能，计划是维修各项管理的起点，也是各项管理的终点——实现计划目标。计划管理的综合性最强，它的管理水平反映了整个维修管理的水平。维修计划管理的主要任务是制订维修计划、平衡优化维修计划、实施维修计划。

（1）维修计划的制订

维修计划文件，是航空器制造厂为了帮助航空公司和用户尽快制订符合运行规章要求的维修方案而以维修大纲为框架编写的指导性维修技术文件，便于航空公司参照该文件更好地执行维修大纲。维修计划是在维修大纲的基础上制订的。

（2）维修计划方案的优化

飞机维修计划方案是企业维修部门进行全部维修的指导性文件，维修方案制订得是否科学，不仅会直接关系飞机的安全与适航，而且直接影响维修企业的维修成本。通航企业维修计划方案的制订要在参考制造商维修计划文件的基础上，充分结合企业自身实际，在维修过程中通过对可靠性数据的分析和工程评估，科学地对维修方案进行优化，才能真正实现通用航空企业用最低的费用实现飞机持续适航的目的。

7. 通用航空维修的安全管理

通用航空维修关系到通用航空产业安全发展，责任重大。它作为一种系统工程，包含维修、质量、技术、生产等多方面的组织管理和协调工作，安全任务艰巨。

目前，通用航空维修的管理主要存在两大问题，分别是管理问题和人员问题。具体表现在生产效率较低、业务技术培训效果差、人力资源使用不尽合理、管理水平得不到提高、企业文化培训上缺少使员工与企业共存共荣的长效机制等。因此，为了保证通用航空维修的安全管理，提出以下措施：

① 制定专门针对通航维修管理的法规。

② 强化人才意识，重视人力资源开发。要坚持机务维修人力资源开发与管理并重，破除人才观念局限性，坚持科学的人才培养与使用管理方法。

③ 优化组织结构，合理配置人力资源，使人尽其力，坚持任人唯贤。

④ 建立择优录用、任人唯贤的机制。这是建立高素质的机务专业技术队伍不可缺少的措施和手段，坚决避免任人唯亲等危害企业的行为。

⑤ 认识到培训的重要性。培训是企业人力资本增值的重要途径，是企业人力资源管理的核心内容，也是企业提高效益的重要方法。

⑥ 深化薪酬制度改革。激励机制是一种具有竞争力的制度，直接影响着员工的工作积极性和主动性，坚持业绩与薪酬挂钩的原则。

⑦ 建立市场化的激励奖惩机制，并公正、公平、公开地实施，避免暗箱操作。坚决打破吃大锅饭、干多干少都一样的做法，提高员工积极性和创造力。

⑧ 要正确处理安全与发展的关系。对安全事故的处理要区分对待，通过修订民航飞行事故等级分类标准，明确通航事故的界定、调查与处理方法，做到在促进通航发展的基础上实施有效的安全管理。针对通航，颁布咨询通告，给通航企业提供可靠性分析方法。局方监督各通航企业完善安全审核制度。建立全国通用航空平台，对各类故障进行上网共享或者建立自愿报告。局方配备专职通航监察员，加强对通航人员训练、航空器维修、航材管理、安全管理等方面的全面监管。

⑨ 大力发展通航飞机制造及相关产业支撑能力。通航和航空制造业是相互联系的，事实证明，只有航空制造业发展到一定的水平，才能有效地为通航发展提供动力。航空器国产化程度高，会大幅度降低运营人购机成本，且容易得到各类飞机零部件，维修方便。

总之，坚持以人为本、激励优先，培养浓厚的企业文化，培养员工事业心、凝聚力和责任感，才能为通用航空器维修基地建设筑牢制度和做好人才保障。

11.4.2 通航机务维修存在的问题及对策

在通用航空运营中，飞行安全是根本，而机务维修是飞行安全的基础。由于通航作业类型多样、作业地点分散，这些对通航公司的机务保障和维修能力提出了很高的要求。同时，机务维修涉及的专业面广，工种复杂，技术难度大，质量要求高，因此这也是一个高风险、高技术、高投入的技术密集型领域。

目前国内大多数通航公司机队规模小、机型多样、作业地点分散，机务维修难度在某种程度上甚至超过以单一机型为主的运输航空公司。对于这些中小型通航企业而言，建立起符合规章要求的维修体系是一项复杂的系统工程，不仅涉及财力、人力等巨大投入，更需要解决飞行维修的经验累积和维修深度问题，否则很难保证维修质量。具体来看，我国通用航空机务维修发展的现状和问题主要有以下几个方面。

(1) 维修人才负增长，专业人员太稀缺

出于成本方面的考虑，很多企业忽视了对维修人员的在职培训、专业技能培养以及精进培训，加上工作量小、维修任务少，在工作中缺少锻炼机会造成了维修人员始终在低水平徘徊。此外，目前通航机型多样、单一机型维保量少的现状，对通航企业的工程管理、维修控制、质量管理及航材保证等都提出了很高的要求，可实际情况是这些方面的能力良莠不齐，绝大多数通航企业连及格线也达不到。

（2）通航维修规章少，执行标准套民航

目前应用于通航维修的主要规章有 91 部、43 部、66 部以及 145 部，然而 91 部和 43 部至今未颁布与维修工作相关的咨询通告，专门针对通用航空维修工作中的民航法规也同样缺乏，不符合通航维修自身特点。121 部针对维修的 AC(咨询通告)有 18 个，145 部针对维修的有 15 个，但都针对的是运输航空，适航监察员在对 91 部运营人进行相关审定和检查时，往往按照 145 部、121 部中相关规定来执行；而适航监察员在对 145 部运营人进行相关审定和检查时，提高到和运输航空相同的高度，增加了通航维修工作的难度。

（3）专业设备惜投入，维修质量难保证

维修设施设备在航空器维修过程中也起着非常关键的作用，但针对不同机型、不同项目，所需的设施设备都不尽相同，因此通航企业需要在购置维保设备和专用工具上投入较多。事实上，我国通航企业在维修设备设施包括工具上的投入非常谨慎，专业设备和工具的投入增长速度远远跟不上通航产业的快速发展，维修质量当然难以保证。

一家专业的通航机务代管公司应该是能紧密结合通航产业的发展特点，全面覆盖工程技术管理、生产计划和维修控制管理、质量管理以及航材管理的行业专家。通过专业的团队，过硬的资质，完备的专业设备以及强大的航材保障体系，为选择机务维修外包的客户提供以下标准化、高质量的专业服务。

（1）工程技术管理

负责航空器构型评估和加改装方案的制订；对航空器维修保留工作项目、航空器维修方案偏离的审批；对发动机性能进行监控；为维修机组提供技术支援。

（2）生产计划和维修控制管理

负责制订机队维修计划、部件维修计划以及航空器的飞行计划；根据航空器维修计划，制订工具设备/航材计划、定检工作包，做好生产准备工作，分配生产任务；负责协调整个机队的运行情况，负责航线维修、定检维修工作的组织协调和指挥，收集维修信息，采集、整理、录入维修数据，确保录入数据及时、准确、完整。

（3）质量管理

负责航空器技术档案和维修记录管理；与局方保持联络，及时通报航空器在维修过程中出现的重要情况，确保航空器持续适航；对航空器的使用、维修以及保持和恢复适航性进行监督，保证航空器符合民航局的法规要求和各种使用限制；协调适航部门完成航空器适航年检、停机坪检查等各种检查工作。

(4) 航材管理

建设航材专用仓库,对航材供应商进行评估,确保采购用于航空器上的航材必须有适航许可或厂家评估;在航材框架协议指导下进行器材的采购、送修、索赔、运输、报关等工作;充分、及时地保障航空器维修工作所需的航材。

作为通用航空机务维修的未来发展方向,机务代管服务必将成为同时有利于国家监管、行业整合以及企业利润的共赢选择。中小型通航企业选择规范化、专业化的机务代管服务,也就是选择与低成本同行,选择与未来同行。

11.5 无人机运行安全管理

11.5.1 无人机运行交通管理

无人机(Unmanned Aircraft Vehicle,UAV)是指机上无驾驶员操作的遥控航空器或自主航空器,模型航空器除外。国际民用航空组织关于无人机系统(Unmanned Aerial System, UAS)的第 328 号文件将无人机定义为"无驾驶员驾驶的飞机及其相关元件"。物流无人机配有 GPS 自控导航系统、GPS 接收器、各种传感器以及无线信号发收装置。物流无人机具有 GPS 自控导航、定点悬浮、人工控制等多种飞行模式,集成了三轴加速度计、三轴陀螺仪、磁力计、气压高度计等多种高精度传感器和先进的控制算法。同时配有黑匣子,以记录状态信息,还具备失控保护功能,当无人机进入失控状态时将自动保持精确悬停,失控超时将就近飞往快递集散部门。无人机可以通过 4G/5G 网络或者无线电通信遥感技术与调度中心进行数据传输,实时向调度中心发送相应的地理坐标和状态信息,接收调度中心发送的指令,在接收到目标坐标以后采用 GPS 自控导航模式进行飞行,到达目的地上空后便采用精确降落技术降落。

近年来无人机行业的发展速度极快,截至 2021 年底,获得通用航空经营许可证的无人机通用航空企业 12 663 家。其中,华北地区 1 888 家,东北地区 1 004 家,华东地区 4 363 家,中南地区 2 459 家,西南地区 1 489 家,西北地区 969 家,新疆地区 491 家。截至 2021 年底,全行业无人机拥有者注册用户达 78.1 万个,其中,个人用户 71.8 万个,企业、事业、机关法人单位用户 6.3 万个。全行业注册无人机共 83.2 万架,全行业无人机有效驾驶员执照 12.08 万本,参与民航局无人机云交换系统的无人机飞行小时共有 143.6 万小时。其发展的速度远远超过了法规制定的速度,这样就导致了很多监管上的空白,持续的监管空白会带来更多的安全隐患,还会导致行业的混乱，造成不必要的资源浪费和经济损失。现阶段我国的无人机监管的法律法规正在加速制定中，中国民航局正在全国范围内征集意见，通过集思广益的方法尽快完善法规的建立。任何新事物的出现，都要对其分类进行研究，只有更加合理的分类才可以更加明确地进行分类管理，从而为未来更深入的研究带来便利。

1. 国外无人机分类

从目前的研究情况来看，各个国家对于无人机的分类并没有形成统一的标准，每个国家根据自己国家的规章制定方法有其不同的分类方法，并且不同的学者对于无人机的分类也有不同的观点。英国 CAP722 部的英国航空公司无人驾驶飞机系统运营(Unmanned Aircraft System Operations in UK Airspace-Guidance)中规定的无人机的分类如表 11－2 所列。

表 11－2 英国无人机分类

质量分类	重量/kg	负责监管的机构
小型无人机	0～20(含)	国家民航局
轻型无人机	20～150(含)	国家民航局
大型无人机	150 以上	欧洲航空安全局(EASA)

从表中可以得知英国的无人机可以分为三类：小型无人机、轻型无人机、大型无人机。并且划分的依据是重量，重量为 0～20 kg 的为小型无人机，重量为 20～150 kg 的为轻型无人机，重量大于 150 kg 的为大型无人机。由于英国属于欧洲国家，其小型和轻型无人机由英国国家民航局来管理，大型无人机需要交由欧洲航空安全局(EASA)管理。英国不同类型的无人机由不同的监管机构负责监管，我国的无人机都是由民航局统一监管的，但是英国对无人机的分类可供我国参考。

美国 FAA 将无人机分为三大类：民用用途无人机、公共用途无人机和其他无人机。其中民用用途无人机又分为用于娱乐用途的航空模型和最大起飞全重小于 25 kg 的非娱乐无人机。FAA 无人机分类监管体系架构如图 11－5 所示。

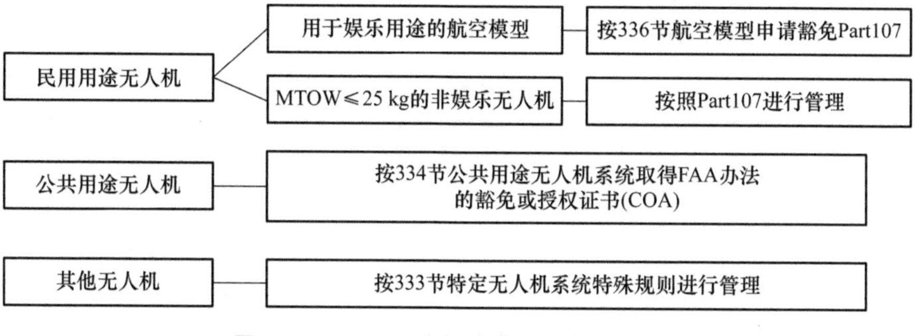

图 11－5 FAA 无人机分类监管体系构架图

EASA提出建立三种运行策略及相关的监管制度：开放类、特许运行类和审定类。对于无人航空器系统的开放类运行策略，飞行应无须民航当局的授权，但需留在界定的运行边界内；特许运营类策略的无人机运营活动具有一定的风险，需要通过额外的限制或通过对设备和人员能力提出更高的要求来控制风险；审定类运行策略的无人机操作者不仅需要进行风险评估，而且无人机的安全性和操作过程需要满足更高的标准。其中开放类中又建立了三个子集，分别为CAT A0（小于1 kg）、CAT A1（<4 kg）、CAT A2（小于25 kg），如图11-6所示。

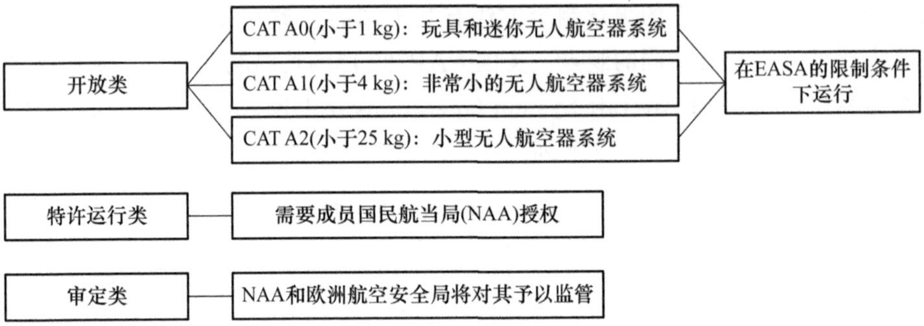

图11-6 EASA无人机分类监管图

根据欧盟（EC）第216/2008号条例，对于最大起飞重量（Maximum Take-off Weight，MTOW）小于150 kg的无人驾驶航空系统的规定属于欧盟成员国的责任，这导致了一个不统一的监管制度，妨碍了欧盟市场无人机和跨国界无人机业务的发展。欧盟理事会和欧洲议会提出的基本法规（以下简称"样本法规"）旨在通过扩大欧盟管理所有权力来解决这个问题，将所有起飞重量纳入管理范围。因此在2017年5月，欧洲航空安全局（European Aviation Safety Agency，EASA）发布规章修订通告NPA-2017-05（A）《无人机系统运行监管框架说明——开放类和特许运行类无人机系统的运行》，并于2017年9月更新成相应的NPA-2017-05（B）版。这意味着欧盟在无人机的安全管理上将进行一次大规模的变革。

澳大利亚航空安全局对无人机的分类、飞行活动分类、安全守则等具有明确规定。根据规定无人机按其重量可以分为四类（见表11-3）：微型无人机，100 g～2 kg；小型无人机，2～25 kg；中型无人机，25～150 kg；大型无人机，150 kg以上。

表11-3 澳大利亚无人机分类表

无人机分类	重量
微型无人机	100 g～2 kg
小型无人机	2～25 kg
中型无人机	25～150 kg
大型无人机	150 kg以上

英国剑桥的 R. E. Weibel 等对无人机的分类进行了研究，认为给无人机贴上一个“标签”会使无人机的研究更加容易，因此其将无人机按重量分类为微型无人机、迷你型无人机、战略无人机、中型无人机、大型无人机。当下并没有关于无人机的统一的分类标准，这些命名方法都来自其他研究或者军方的系统命名法。Weibel 关于无人机按重量分类的具体情况如表 11－4 所列。

表 11－4　Weibel 无人机分类表

无人机分类	重量/1bs
微型无人机	小于 1
迷你型无人机	1～40
战略无人机	60～1 000
中型无人机	1 000～10 000
大型无人机	10 000～100 000

注：1 1bs≈0.45 kg。

根据以上其他国家无人机的分类研究情况来看，大多数国家都是按照无人机的重量进行分类的。还有的是按无人机的用途分类的，如美国。EASA 是按无人机的放行类别分类的。可以发现其他国家对无人机都是按照单一指标进行分类的，这对我国无人机的分类有很大的指导意义。

2. 国内无人机分类

《民用无人机驾驶员管理暂行规定》中我国无人机的分类如表 11－5 所列。根据国外的分类情况可知，一般只选用单一指标的分类方法，根据用途分类或者根据重量分类，但是从表 11－5 可以看出，我国对于无人机的分类标准里既有重量又有用途，这样可能会使我国无人机的分类管理出现混乱的情况。

表 11－5　《民用无人机驾驶员管理暂行规定》中对无人机的分类

分　类	空机重量/kg	起飞全重/kg
Ⅰ	$0<W\leqslant 0.25$	
Ⅱ	$0.25<W\leqslant 4$	$1.5<W\leqslant 7$
Ⅲ	$4<W\leqslant 15$	$7<W\leqslant 25$
Ⅳ	$15<W\leqslant 116$	$25<W\leqslant 150$
Ⅴ	植保类无人机	
Ⅺ	$116<W\leqslant 5\,700$	$150<W\leqslant 5\,700$
Ⅻ	$W>5\,700$	

3. 无人机运行交通管理

民用无人机类型多样，分为微型、轻型、小型、中型、大型，且构型、能源、控制方式、续航时间、用途不一。与传统有人航空、公路、高铁等交通方式相比，民用无人机的交通量、飞行速度、飞行密度等交通流主要参数的对比如表 11 - 6 所列。

表 11 - 6 民用无人机交通流特性对比

交通流特性	有人航空飞机流	公路车流	高铁车流	民用无人机流
速度	最大	较小	较大	多变
交通量	较少	最大	最少	较多
密度	最小	较大	较小	最大

由表 11 - 6 可知，民用无人机呈现交通量大、飞行速度多样、飞行密度大的交通流特性。民用无人机交通流最终将形成带有时间维度的四维属性，即无人机三维飞行空域不再固定，可随飞行时间或飞行需求动态变化、灵活调整，需要突破传统针对有人航空的空中交通管理规则，探索新的解决方案。可以从三维空间上参照有人航空器进行分层管理，而在同一高度层上借鉴公路车流设计不同车道，最终形成综合、立体、多层次、灵活的民用无人机综合立体网络，有序规范民用无人机的安全飞行。借鉴中外无人机交通管理相关经验，根据民用无人机运行风险的高低和所需空域保持能力的不同，结合国家相关政策规定、空域分类、飞行规则、任务用途等因素，从民用无人机运行逐步融入国家空域系统的角度，提出四类民用无人机典型运行场景，如图 11 - 7 所示。

图 11 - 7 民用无人机典型运行场景

(1) 超低空隔离运行场景

该场景运行范围在真高(Above Ground Level,AGL)120 m (含) 以下且不包含民航空管管制范围。一般有民用微型、轻型、小型无人机在此范围内进行视距内运行(Visual Line of Sight, VLOS)或超视距运行(Beyond Visual Line of Sight, BVLOS)。此场景内,民用无人机一般与有人机相互隔离运行,其主要应用包括个人娱乐、农林植保、国土测绘、电力巡线、应急救援、支线及末端物流等。

(2) 低空混合运行场景

该场景运行范围在民航空管管制范围以外的低空区域,且不含超低空隔离运行场景的范围。所有类型民用无人机均可能在此场景下进行超视距飞行。在此场景内,民用无人机面临与有人通用航空器混合运行的情况,其主要应用包括支线物流、应急救援、短途载人运输等。

(3) 高空融合运行场景

该场景运行范围在民航空管管制范围以内。一般有民用中大型无人机基于仪表飞行规则(Instrument Flight Rules, IFR)飞行。此场景内,民用无人机与民航运输航空飞机融合运行,其主要应用为公共航空运输,是典型的远程遥控驾驶航空器(Remotely Piloted Aircraft Systems, RPAS)运行场景。高空融合运行场景的运行规则与空管体系基本沿用现有空中交通管理(Air Traffic Management, ATM)体系。

(4) 超高空运行场景

该场景运行范围在 FL600 飞行高度层(不含)以上。一般只有民用中大型无人机基于 IFR 规则飞行。此场景内,民用无人机应用包括行星探测等。

11.5.2 无人机安全管理策略

在设计民用无人机交通管理策略时,需考虑不同运行场景间的差异。面向不同运行场景,基于不同运行风险等级,民用无人机管理策略分为开放、特许、审定三类。

1. 低风险运行——开放管理策略

运行方不需要为其使用的民用无人机进行适航审定,不需要在运行前向监管方提出用以证明其具备相应运行安全水平的资质申请,也不需要在飞行前提交任何飞行申请。监管方不设置严格的交通规则,运行方对民用无人机飞行安全自主负责,负责避让、应急处置等。

2. 中风险运行——特许管理策略

运行方不需要为其使用的民用无人机进行适航审定,但应当在运行前向监管方提出用以证明其具备相应特许运行安全水平的资质申请,在飞行前提交飞行申请。监管方需要设置相应交通规则并由相关无人机服务方为运行方提供无人机交通服务。

3. 高风险运行——审定管理策略

运行方需要为其使用的民用无人机进行适航审定,在运行前向监管方提出用以证明其具备相应运行安全水平的资质申请,在飞行前提交飞行申请。民航空中交通服务机构参照运输航空空中交通管理规则为高风险运行提供相应空中交通服务。

4. 无人机监管立法概况

随着无人机创新技术日益发展,无人机商用前景可期。就目前而言,国外无人机监管立法方面已有相关法律出台,并在不断修改和完善中,而我国在此方面较为滞后。依据《国际民用航空公约》第八条规定,无人机若要应用于商业领域,则必须获得国家认证许可。为更好地保障无人机安全飞行和应用,尽量避免给空中其他航空器、地面的人员生命、公共设施等的安全带来危害,国内外掀起了无人机监管立法的新浪潮。

以美国为例,其关于无人机监管立法的研究较早,目前也已形成了较为成熟的管理体系,早在 1990 年,美国空域系统就已经对无人机开放了,但随着无人机的数量不断增加,事故发生的概率也逐步上升。由此,2007 年,美国禁止无人机商用发展,但随着无人机商用的潜力逐渐被认可,美国关于无人机的监管法规也随之逐渐放宽。关于无人机方面,美国现已颁布的法律主要包括《联邦法规》《2012 年联邦航空管理局现代化与改革法案》《2016 年联邦航空管理局扩张、安全和安保法》以及《小型无人机系统运行和审定》(Part 107)等,主要涉及空域、民航信息、空中交通管理以及实名认证等系统的监控管理。另外,美国 FAA 还颁发了一系列关于无人机的咨询通告和指南等文件,主要有航空安全系统、飞行服务系统、空中交通管制、飞行决策以及技术支持类文件指南等,较为系统地从上而下依次建立了多阶层的无人机法律监管体系。

随着我国相关部门对无人机的运行特点和监管方式等进行深入研究,目前已逐步出台了一系列管理政策文件,如民航局飞标司于 2015 年颁发的《轻小型无人机运行规定(试行)》,主要对无人机进行了精细化分类,同时引入了无人机云和电子围栏等监管技术对无人机进行数据化管理,在无人机驾驶员的操作资质、飞行空域等方面同样提出了相应的运行管理要求,相当于国内首部无人机交通法规。

与此同时,民航局还制定了较为严格的准入规定——《使用民用无人驾驶航空器系统开展通用航空经营活动管理暂行办法》第四条规定确定了十条准入规则。2016 年,民航局发布新版《民用无人驾驶航空器系统驾驶员管理暂行规定》,首次对无人机考试培训管理体系提出了相应要求。另还,还发布了新版《民用无人机空中交通管理办法》,指明民用无人驾驶航空器现阶段仅允许在为其单独划设的隔离空域内飞行。

2017 年成都双流国际机场接连发生的无人机扰航事件,对民航飞行安全产生了严重威胁，国家民航局对此做出积极反应，颁发实行了《民用无人驾驶航空器实名制登记管理规定》，要求对无人机的所有者进行实名登记，这一规定的出台对危害公共安全、碰撞其他航空器以及对地面第三人等侵权行为可以快速确定违法行为的责任主体，对追究其法律责任提供了依据，在一定程度上对相应违法行为起到了警示作用。同年，工信部发布了《关于促进和规范民用无人机制造业发展的指导意见》，提出相关企业应该大力发展技术创新，研究制定民用无人机数字身份识别规则、技术方案，实现“一机一码”，引导相关企业通过加装通信模块实现民用无人机的可识别、可监视和管理，对无人机的生产以及应用采取源头保障措施。

2018 年，《中华人民共和国民用航空法》新版本修订，第二百一十四条规定创新授权我国国务院和中央军事委员会对目前我国无人机的飞行管理模式做出特别的新规定，明确将无人机纳入国家航空安全监管的具体机制当中。而经由民航局在其工作总结前期的监管模式的经验基础上，第二次修订了《民用无人机驾驶员管理规定(AC-61-FS-2016-20R1)》，接着便发布了新版规定，修订的主要内容包括监管模式的调整，相关配套制度和标准的进一步完善，执照、等级颁发要求和程序的进一步细化，以及执照的颁发原则和方法的明确等。

2019 年，民航局提出基于运行风险方面的考虑，年底将初步建成无人机适航管理体系，并颁发《特定类无人机试运行管理规程(暂行)》，鼓励无人机在典型运行环境和情境下的试点和示范操作，以此为基础来探索如何对危险性较大的无人机进行规范运行操作。2020 年，民航局发布指导性文件——《民用无人驾驶航空试验基地(试验区)建设工作指引》，就是为了能够更为持续和深入地开展无人驾驶航空试点工作，从而进一步探索其发展规律。

我国目前无人机监管体系主要是由 1 部法律、3 部行政法规、30 余部规范性文件及各类管理文件组成的。第一层级是法律，《中华人民共和国民用航空法》是我国民航领域唯一的一部法律，由全国人民代表大会常务委员会制定和发布；第二层级是行政法规，由国务院和中央军事委员会等制定颁发，主要包括《国务院关于通用航空管理的暂行规定》《中华人民共和国飞行基本规则》《通用航空飞行管制条例》等，这些法规适用于所有航空器飞行活动的监督和管理，为无人机监管提供了一定的法律支撑；第三层级是规范性文件、各类民航规章和政府颁发的管理文件等，支撑着各地政府在实践中监管无人机的运行。

现行有效的主要无人机管理政策法规汇总如表 11-7 所列。综上，按照立法范围划分，我国对于无人机的制度监管已涉及市场准入、生产制造、驾驶员资质认证及管理、实名认证、运营许可、适航管理、飞行空域申请及管理等多个方面。按照立法层级划分，我国目前多层级的法律法规框架也已初步建成：“母法”——《中华人民共和国民用航空法》；“支柱”——《国务院关于通用航空管理的暂行规定》和《中华人民共和国飞行基本规则》；“主干”——《通用航空飞行管制条例》和《中华人民共和国低空空域管理条例》;“基础”——各类规章制度和技术标准等;“补充”——相关配套法律法规制度和规范性文件等,初步建成了多层级无人机监管体系框架。但随着无人机产业的迅速发展,现有法律监管在实践中逐渐暴露出各种监管漏洞,为此,在无人机监管的道路上各个国家和地区仍在不断探索与研究,以期无人机有效监管、安全飞行早日实现。

表 11-7　无人机管理政策法规汇总

时　间	立法等级	名　称	颁布机关	相关要点
1944 年	公约	《国际民用航空公约》	国际民航组织	国际空域飞行
1995 年	法律	《中华人民共和国民用航空法》	全国人民代表大会及常委会	民航全面管理
1986 年	行政法规	《国务院关于通用航空管理的暂行规定》	国务院	通航管理依据
2001 年	行政法规	《中华人民共和国飞行基本规则》	国务院及军委	飞行活动准则
2003 年	行政法规	《通用航空飞行管制条例》	国务院及军委	通航基本法规
2015 年	规范性文件	《轻小型无人机运行规定(试行)》	民航局飞标司	无人机管理
2016 年	规范性文件	《民用无人驾驶航空器系统空中交通管理办法》	民航局	空中交通管理
2016 年	规范性文件	《民用无人机驾驶员管理规定》	民航局飞标司	驾驶员管理规定
2017 年	规范性文件	《民用无人驾驶航空器实名制登记管理规定》	民航局	实名登记管理
2018 年	规范性文件	《民用无人驾驶航空器从事经营性飞行活动管理办法》	民航局	民用无人机监管
2018 年	规范性文件	《低空联网无人机安全飞行测试报告》	民航局飞标司	监管技术可行性
2019 年	规范性文件	《特定类无人机试运行管理规程(暂行)》	民航局空管办公室	航空管理措施
2010 年	指导意见	《关于深化我国低空空域管理改革的意见》	国务院及军委	低空开放管理
2017 年	指导意见	《关于促进和规范民用无人机制造业发展的指导意见》	工信部	无人机生产制造等的管理
2017 年	民航规章	《民用航空空中交通管理规则》	民航空管	优化了空域管理
2017 年	通知公告	《关于公布民用机场障碍物限制面保护范围的公告》	民航局空管办公室	公布了 155 个机场数据
2017 年	发展规划	《通用航空“十三五”发展规划》	民航局运输司	通航五年规划
2018 年	政府公文	《民航局关于促进航空物流民航局业发展的指导意见》	民航局	开放物流无人机的应用与发展
2019 年	征求意见稿	《关于促进民用无人驾驶航空发展的指导意见(征求意见稿)》	民航局	提升无人机管理及服务质量

11.5.3 无人机空域精细化管理

1. 空域分类

空域分类是一系列标准和系统运行软硬件框架的集合，包括对空域内运行的人员、设备、服务、管理的综合要求。无人机飞行类型多样，需突破现行针对有人航空的空域分类规定，现有研究主要聚焦在某一指定空域或典型运行场景上，未形成系统的无人机空域分类框架、方法、技术。

空域(或称可航空间)是航空器在大气空间中的活动范围，是空中交通服务提供者向空域用户提供的资源。《中国民用航空空中交通管理规则》中规定我国的空域分为飞行情报区、管制区、限制区、危险区、飞行禁区、航路和航线。其中限制区、危险区和飞行禁区是根据需要并且经批准划设的空间区域。

限制区：限制区是在位于航路、航线附近的军事要地上空划设的空间和供飞行训练的空域。在规定时限内，未经批准，航空器不得飞入。

危险区：危险区是在航路、航线或机场附近，需要进行对空射击或者发射的危险活动时而划定的空间区域。在规定时限内，无关航空器禁止飞入。

禁飞区：空中禁区是指在国家重要的政治、经济、军事目标上空划设的，未经特别批准，任何航空器不得飞入的空间。禁区无垂直边界，只有水平边界。

净空区：是为保障航空器的起降安全而在机场周围划定的区域，用来限制机场周围及附近的飞行障碍物高度。

总之，对于无人机，飞行禁区和机场净空区的禁入是没有时间限制的，任何时间都不得进入；而限制区与危险区，只限定在一定时间内禁止进入，即区域的状态包括激活和非激活。

根据空域的安全性，无人机飞行空域可简单分为隔离空域与融合空域。隔离空域尤其是超低空或者低空与有人机隔离运行的空域是目前各国关注的重点，如美国限定了 UTM (无人机空域管理)使用的空域为真高 400 ft(约 122 m)以下的空域；欧洲 U-space 重点解决超低空飞行的 X、Y、Z 空域；新加坡则聚焦于城市飞行的轻小型无人机，将其使用的空域规定为与有人机隔离的空域。关于融合空域，则以 ICAO 为主，重点研究基于 IFR 的 RPAS 在有人机的管制空域运行。

未来，无人机空域分类除考虑空域的安全性外，应基于无人机运行风险与所需性能的准则，考虑空域中空中交通的容量、复杂性，设计微型、轻型、小型、中型、大型无人机在不同飞行高度上的空域类型，提出无人机空域的间隔要求、所需交通管理服务及运行保障能力要求。

2. 空域表征

无人机飞行空域表现形态为自由空域(full mix airspace)、分层空域(layers airspace)、轮辐空域(zones airspace)、管道空域(tubes airspace)、网格化空域(gridded airspace)。

针对自由空域、分层空域、轮辐空域、管道空域，有学者通过仿真分析城市环境对这四类空域容量、复杂性、安全性的影响，认为分层空域在安全性方面表现最好，即通过在高度层的划分，明确不同飞行空域的间隔标准，降低无人机碰撞风险。针对分层空域，亚马逊公司建议将真高 400～500 ft 的区域设为无人机与有人机的缓冲区，且真高 400 ft 以下空域根据无人机飞行性能分为高速区和低速区。

3. 航路网络规划

无人机航路网络规划属于战略规划问题，类似于空中交通管理体系中航路网络设计，最终需要明确无人机起降点和空中航路节点的位置与数量、空中航路上下限高度和宽度、节点与节点的连接。针对隔离运行无人机航路网规划，有学者提出隔离空域内无人机低空公共航路分为骨干航路、主干航路、支线航路和末端航路四级，同时基于多源地理空间数据和改进的蚁群算法，规划在既定起降点基础上的无人机低空公共航路网络。该分层规划方法在理论上提供了一种规划低空无人机航路网络的方法，但在实际应用过程中存在以下不足：仅规划同一高度平面的航路网络，没有考虑地面障碍物导致的飞行高度变化情况，未建立符合实际的不同高度三维航路网络；低空飞行空域的构建要素没有系统考虑通信、导航和监视设施的服务能力，实际飞行中存在数据链路丢失的风险；无人机航路连接仅仅通过起降点，没有设置空中航路点，存在飞行隐患；空中航路上下限高度和宽度不明确，无法指导各种无人机的实际飞行。

针对融合运行无人机航空网络规划，尽管建立了遥控驾驶航空器系统(RPAS)在融合空域内应遵循的安全飞行航路框架，基于空域的几何属性和空中交通的运行特性，设计了航路复杂性、交叉点复杂性等静态指标，航路占有率、交叉点占有率、航路可用性等动态指标，以及航路风险、交叉点风险的混合指标，并以西班牙 LECMZGZ 空域 FL250 到 300 为例进行了分析验证，但基于融合运行的无人机航路网络规划的研究还不成体系。虽然有研究建议无人机融合飞行应遵从现有空中交通管理体系，但由于无人机类型、性能不一，起降场设施有固定、临时之分，并非所有融合飞行的无人机均满足空中交通管理体系的要求。因此，需细分无人机运行场景，规划融合空域无人机航路网络。

相比有人机航路的常态化、固定化，无人机航路网络规划应注重时效性，充分考虑无人机运行场景的特有属性，在规划基础上动态调整，即构建带有时间维度的四维无人机航路网络，以切实释放空域需求，满足日益增长的无人机飞行需求。

11.5.4 无人机运行安全与间隔管理

无人机运行风险评估是确保无人机飞行安全的前提，其评估对象是针对运行人的无人机单次飞行。相比传统有人机运行基于事故率可接受程度标定安全指标，无人机由于运行场景差异大、飞行规模大、自主智能化等特征，需设计无人机运行对应的等效安全指标。无人机运行安全指标可基于社会公众对无人机飞行事件造成空中和地面损失的可接受程度为原则。值得注意的是，无人机运行风险评估不是无人机风险评估，前者侧重飞行过程的风险，以满足空管的需求；后者侧重无人机系统本身的风险，以满足适航的需求。为提高无人机运行风险评估方法的适用性和准确性，应基于运行场景明确运行风险类型，选择科学的风险评估方法。

(1) 运行风险类型

目前，无人机运行风险研究主要聚焦于低空轻小型无人机隔离运行、高空RPAS融合运行场景，也有研究者开始关注低空无人机与有人机的混合运行场景、无人机临近民用机场区域的飞行场景。

无人机运行风险分为空中风险和地面风险。空中风险主要包括无人机与无人机碰撞风险、无人机与有人机碰撞风险、无人机与空中障碍物（如鸟群）碰撞风险，刻画空中风险的模型包括 Reich Marks 模型、交叉模型、几何冲突模型等；地面风险主要包括无人机与地面人群碰撞风险、无人机与地面财产（如高楼）碰撞风险，刻画地面风险的模型包括失效模型（failure model）、影响定位模型（impact location model）、恢复模型（recovery model）、压力模型（stress model）、暴露模型（exposure model）、事件压力模型（incident stress model）、伤害模型（harm model）等。但这些风险模型大都针对特定的无人机飞行风险类型，如无人机失效坠落伤人，并不能完全适用所有的运行场景。

(2) 运行风险评估方法

在评估方法上，大量文献基于特许运行风险评估（Specific Operations Risk Assessment, SORA）方法，即通过定性评估相关输入参数，计算无人机在特定条件下飞行的地面风险等级、空中风险等级，然后得到特定保证等级和完整级别，以及对应的无人机运行安全目标。SORA 评估方法给出了空中风险、地面风险量化的分级，但风险的定级与计算大都基于定性分析，侧重飞行前、特定类无人机的风险评估，具有局限性。相比 SORA 评估飞行前的风险，也有研究者开展了基于定量分析的飞行中实时风险评估。Ancel 等基于贝叶斯网络，构建了美国无人机系统交通管理(UAV System Traffic Management，UTM)概念下的低空小型无人机实时运行风险评估框架(UTM Risk Assessment Framework，URAF)，并着重分析了低空飞行对地面人群造成的可能影响范围与影响程度。

(3) 间隔标定

在传统空中交通管理体系中，有人机在各种飞行阶段的水平及垂直间隔有清晰的定义。然而到目前为止，由于民用无人机类型及飞行场景差异巨大，UTM 体系中还没有系统成熟的无人机飞行间隔标准。设计无人机间隔标准，首先需要明确不同运行场景下无人机安全间隔类型，然后再设计相应的间隔策略。

1) 安全间隔类型

美国的 UTM 运行概念提出，超低空运行场景间隔标准应包括 VLOS 无人机与 VLOS 无人机、VLOS 无人机与 BVLOS 无人机、BVLOS 无人机与 BVLOS 无人机、VLOS 无人机与低空飞行有人机、BVLOS 无人机与低空飞行有人机。我国的《无人驾驶航空器飞行管理暂行条例》(征求意见稿)提出，间隔标准应包括微型无人机与其他无人机、轻型无人机与其他无人机、小型无人机与其他无人机、中型无人机与其他无人机、大型无人机与其他无人机、无人机与有人机，同时也规定无人机要主动避让地面、水上交通工具，不得危害人员及财产安全。

每种场景所需的无人机安全间隔不同，其中在超低空运行场景，重点关注无人机与地面障碍物的间隔，尤其是在城市人口密集区域飞行；在低空运行场景，重点关注按航线飞行的无人机间的间隔、无人机与通用航空有人机的间隔；在高空运行场景，重点关注无人机与通用航空有人机的间隔、无人机与运输航空有人机的间隔；在超高空运行场景，重点关注无人机与运输航空有人机的间隔。

2) 安全间隔策略设计

无人机安全间隔策略包括基于距离、基于时间、基于距离和时间的组合。基于距离的间隔策略是以无人机为中心点，形成一个圆柱的保护区域，一旦受到入侵，则认为失去安全间隔标准，但该策略没有考虑入侵航空器的速度，无法适用于无人机融合运行场景；基于时间的间隔策略则是考虑无人机与入侵航空器的相对速度，如果反应时间多于冲突临近时间，则认为失去安全间隔标准，但该策略很难可视化；基于距离和时间的组合间隔策略充分发挥了前两者策略的优势，是标定无人机安全间隔的发展趋势。

11.5.5 无人机运行起降、冲突管理

无人机类型多样、起降模式不一、运行场景广泛，不同起降场条件下所需的起

降管理技术能力要求不同。

民用机场作为无人机起降场的一种重要类型，是大型无人机运行的核心枢纽，也是飞行程序的第一环节。欧洲机场协会（ACI Europe）首次提出民用机场无人机运行概念，民用机场无人机运行包括三种模式：第一种为隔离运行模式，在一个隔离区域内运行，不需要与空中交通管制进行交互；第二种为协调运行模式，开展风险评估，建立标准的无人机缓冲地带，与有人机保持间隔，与空中交通管制进行交互；第三种为一体化运行模式，与空中交通管制建立双向联系，无人机基于 IFR 飞行，遵循有人机管制间隔规定，需升级现有空中交通管理相关设备。无人机垂直起降场是城市空中交通网络的重要节点，是智能交通的基础设施。

综上，关于无人机起降管理目前主要聚焦在无人机起降场概念模型和城市无人机垂直起降场流量管理上。未来应根据起降场类型，尤其是无人机与有人机共用、不同构型无人机共用情形，综合考虑安全和效率目标，研究无人机起降场三维数字化、民用机场无人机起降控制策略、不同类型无人机协同起降流量管理、无人机与有人机协同起降流量管理、无人机起降交通控制运行性能评估，实现自动计算无人机起降顺序、时间、地点及流量管理策略，保障无人机在起降阶段的飞行安全和提高通行效率。

无人机冲突管理与标定的安全间隔标准密切相关，冲突管理的目的是能察觉、感知或探测碰撞或其他风险，并采取适当应对措施确保安全的飞行间隔，具有类似有人机的感知避让系统能力。冲突管理在流程上可分为态势感知、冲突探测和冲突解脱。态势感知指如何建立无人机飞行态势情景意识，实现对周围环境的感知；冲突探测指通过精准预测航迹，判断是否与障碍物存在飞行冲突；冲突解脱指无人机探测到飞行冲突后，如何设计解脱策略保证安全飞行间隔。

1. 冲突类型

在飞行冲突类型上，无人机飞行冲突可分为无人机与无人机的飞行冲突、无人机与通用航空有人机的飞行冲突、无人机与运输航空有人机的飞行冲突、无人机与其他障碍物的飞行冲突（如鸟群、危险天气、地面人群、地形或地面障碍物、管控区域边界）。

总体而言，无人机飞行冲突障碍物具有静态和动态属性，其中静态属性主要面临地面固定障碍物的威胁，动态属性主要面临空中移动障碍物的威胁。

目前，由于无人机飞行间隔标准没有清晰的定义，各国也未达成统一共识，意味着无人机飞行管理处于粗放式管理阶段，如何在动态空域开展无人机实时冲突管理研究是未来精细化管理阶段的重点。

2. 冲突管理策略

冲突管理策略包括战略交通流量管理、战术冲突解脱。无人机战略交通流量管理包括两种类型，一种是在隔离空域内，不同构型无人机之间流量协同管理，包括载货无人机和载人无人机协同；第二种是在融合空域内，无人机与有人机之间流量协同管理，包括无人机与通用航空有人机协同、无人机与运输航空有人机协同。除此之外，未来无人机交通流量管理技术应体现空域与流量一体化管理概念，使空域资源适应飞行需求，使飞行流量适应空域容量。

无人机战术冲突解脱包括加速、减速、左转向、右转向、爬升、下降六种基本类型和组合类型。具体的冲突解脱算法有智能优化算法、势场法、几何分析法、视觉避让法、随机模型法等。

参考文献

［1］ 吴桐水．通用航空，蓄势待发[J]．中国民用航空，2011(12)：151．

［2］ 刘大响．通用航空和应急救援体系建设，安国利民的重大战略举措[J]．中国减灾，2021(1)：23．

［3］ 张波，黄涛，杨凤田．通用航空工业市场的培育瓶颈与运营模式[J]．宏观经济管理，2019(1)：78-84．

［4］ 吕人力，于一．省域通用机场布局规划的方法与案例研究[J]．民航管理，2019(5)：67-70．

［5］ Flores B，Insua D R，Alfaro C，et al. Forecasting aviation safety occurrences[J]．Applied Stochastic Models in Business and Industry，2022，38(3)：545-567．

［6］ 中国民航局．通用航空安全读本[M]．北京：中国民航出版社，2021．

［7］ 高远洋，王鹏，薛傅龙，等．航空应急救援应用基础培训[M]．北京：北京航空航天大学出版社，2022．

［8］ 李章萍，刘光才．我国通用航空人才需求现状及人才培养路径研究[J]．综合运输，2019，41(12)：86-90．

［9］ 李艳华．京津冀通用航空产业链协同发展研究[J]．区域经济评价，2021(6)：125-132．

［10］ 王华伟，吕德峰，姜雨，等．通用航空安全工程[M]．北京：北京航空航天大学出版社，2020．

［11］ 宋微微，邹玉明．通用航空安全管理[M]．北京：中国民航出版社，2018．

［12］ 孙鹏飞，王江锋．通用航空产业发展研究与政策解读[M]．厦门：鹭江出版社，2015．

［13］ 夏洪山．现代航空运输管理[M]．北京：科学出版社，2012．

［14］ 耿建华，王霞，谢钧，等．通用航空概论[M]．北京：航空工业出版

社,2005.

[15] 刘得一. 民航概论[M]. 北京:中国民航出版社,2000.

[16] 中国民用航空局. 从统计看民航 2020 [M]. 北京:中国民航出版社,2020.

[17] 中国民用航空局. 从统计看民航 2021 [M]. 北京:中国民航出版社,2021.

[18] Abousada W. Design technology research of aircraft engine health management (EHM) technologies[J]. Advances in Aerospace Science and Technology, 2021, 6(1):9-23.

[19] 郑红运, 吴立鹏, 陈道刚, 等. 基于 SEM 的通用航空公司安全管理能力实证研究[J]. 中国民航飞行学院学报,2015, 27(3):14-18.

[20] 朱亮, 张建鹏, 肖静. "豁免""专用条件"和"等效安全"在适航管理中的差异[J]. 中国民用航空, 2012, (12):67-69.

[21] 花迎春, 邹葆华, 田玲玲. 航空维修系统危险源识别和风险分析方法[J]. 中国安全生产科学技术, 2013, 4(3):104-107.

[22] 吕勉哉, 王华伟. 基于贝叶斯网络的通用航空安全风险评估研究[J]. 舰船电子工程, 2021, 41(3):14-17.

[23] 胥郁. 基于关键成功因素的我国通用航空安全管理体系实施路径选择[J]. 安全与环境工程, 2019, 26(1):127-132.

[24] 高扬, 武文涛, 曹媛, 等. 基于灰色关联分析的通用机场安全风险影响因素研究[J]. 综合运输, 2019, 41(12):74-80.

[25] 樊芃. 基于事故的无人机飞行安全性分析方法研究[D]. 南京:南京航空航天大学,2019.

[26] 李明捷,黄诗轶. 通用机场机坪运行安全风险评估方法研究[J]. 航空工程进展,2022, (1):1-7.

[27] 路娜, 赵延豪, 孟斌. 通用机场空管应急保障设备配备现状分析及保障方案初探[J]. 大众标准化, 2021, (7):166-168.

[28] 陈农田, 周长春, 谭鑫. 我国通用航空安全监管问题研究[J]. 中国安全生产科学技术, 2012, 8(3): 198-201.

[29] 熊升华,陈勇刚,徐艺,等. 考虑组织者风险态度的通航危险源评估模型[J]. 中国安全科学学报,2019,29(5):151-158.

[30] WangY, Chang R C, Jiang W. Assessment of flight dynamic and static aeroelastic behaviors for jet transport aircraft subjected to instantaneous high g-loads[J]. Aircraft Engineering and Aerospace Technology, 2022 (4):94.

[31] 韩静茹. 以风险管理为导向的航空安全信息管理探讨[J]. 民航学报,

2018，2(5)：50-53.

[32] 师梦. A通用航空公司生产运行系统安全管理体系建设研究[D]. 成都：四川师范大学，2017.

[33] 王一箐. Z市通用航空安全监管问题研究[D]. 郑州：郑州大学，2020.

[34] 杨璐源. 关于促进我国通用航空发展的政策绩效研究[D]. 天津：中国民航大学，2020.

[35] 张雷. 基于SD卡的通用航空飞行品质监控系统设计与实现[D]. 广汉：中国民用航空飞行学院，2019.

[36] 朱志童. 基于飞行数据可视化的通用航空事故调查技术研究与应用[D]. 广汉：中国民用航空飞行学院，2019.

[37] 仇争平. 基于人因分析框架的通用航空事故调查方法与应用研究[D]. 广汉：中国民用航空飞行学院，2018.

[38] 常健. 面向数据的通用航空风险及控制建模研究[D]. 南京：南京航空航天大学，2019.

[39] 佘雅莉. 民航空管危险源识别及其应用研究[D]. 南京：南京航空航天大学，2018.

[40] Piwek D G. Air traffic safety management：ANSP perspective[J]. WUT Journal of Transportation Engineering，2021，132(1)：19-28.

[41] 韩以欣. 民航空管运行中危险源的识别和处理方法[J]. 计算机产品与流通，2017，(9)：246.

[42] 李诗瑶. 民航危险源管理系统及其关键技术研究[D]. 南京：南京航空航天大学，2017.

[43] 曹慧明. 通用航空SMS建设研究及航空安全管理信息系统开发[D]. 成都：电子科技大学，2010.

[44] Ng C，Bil C，O'Bree T. An expert system framework to support aircraft accident and incident investigations[J]. The Aeronautical Journal，2021，125(1289)：1131-1156.

[45] 于思璇. 通用航空安全风险分析研究[D]. 南京：南京航空航天大学，2019.

[46] 郎鑫星. 通用航空不安全事件信息系统开发与应用[D]. 广汉：中国民用航空飞行学院，2018.

[47] 陈程. 通用航空产业发展法律环境研究[D]. 南京：南京航空航天大学，2010.

[48] 王一姮. 通用航空公司安全运行保障能力模型研究[D]. 天津：中国民航大学，2014.

［49］ 刘洛言．通用航空应急救援法律制度比较研究［D］．天津：中国民航大学，2017.
［50］ 于思璇．通用航空安全风险分析研究［D］．南京：南京航空航天大学，2020.
［51］ 柳晨曦．完善我国航空应急救援管理体系对策研究［D］．长春：吉林财经大学，2022.
［52］ 赵益．我国典型通用机场安全风险管理方法研究［D］．天津：中国民航大学，2020.
［53］ 徐淑杰．我国航空应急救援运行模式研究［D］．天津：中国民航大学，2014.
［54］ 朱晓云．我国通用航空安全管理体系建设研究［D］．重庆：西南大学，2014.
［55］ 孔航．我国通用航空安全监管法律问题研究［D］．南京：南京航空航天大学，2017.
［56］ 涂天鹤．无人机物流规范运营发展的策略研究［D］．南昌：南昌航空大学，2021.
［57］ 薛宇敬阳．我国通用航空飞行事故原因研究［D］．北京：中国矿业大学，2019.